“超材料前沿交叉科学丛书”编委会

主　编　周　济　崔铁军

副主编　陈延峰　范润华　彭华新　徐　卓

编　委　（按姓氏汉语拼音排序）

白本锋　蔡定平　陈　焱　陈红胜　陈伟球
陈玉丽　程　强　邓龙江　范同祥　冯一军
官建国　胡更开　胡小永　黄吉平　金飚兵
李　龙　李　涛　李　垚　李晓雁　刘　辉
刘晓春　刘正猷　卢明辉　陆延青　彭茹雯
屈绍波　帅　永　孙洪波　严　密　杨　槐
于相龙　张　荻　张　霜　张雅鑫　张冶文
赵晓鹏　赵治亚　周　磊　周小阳　祝　捷

超材料前沿交叉科学丛书

负介材料

范润华 著

科学出版社
龍門書局
北京

内 容 简 介

电介质广泛用于通信、能源、传感、探测等领域，近年发展起来的负介材料赋予了电介质新的内涵。超材料的诞生在某种程度上始于对负介电的探索。本书在介绍负介材料基本概念基础上，从逾渗构型超材料的角度阐述了基于逾渗理论的负介材料构型设计和制备策略。关于负介材料蕴含的丰富物理现象，阐述了等效介质近似等宏观现象和载流子输运等微观机制。针对负介材料催生的新原理电子元器件，介绍了超构电容器、非绕线电感、场效应晶体管等研究的进展。本书对各类介质的其他负物性参数，如负折射率、负泊松比、负热膨胀系数等，也进行了介绍。

本书适用于高等学校材料科学与工程专业教师、研究生和高年级本科生，也可供相关专业科技人员参考。

图书在版编目(CIP)数据

负介材料 / 范润华著. -- 北京 : 龙门书局, 2024. 11. -- (超材料前沿交叉科学丛书). -- ISBN 978-7-5088-6488-4

I. TB33

中国国家版本馆 CIP 数据核字第 2024DP1943 号

责任编辑：陈艳峰　崔慧娴 / 责任校对：高辰雷
责任印制：张　伟 / 封面设计：无极书装

科学出版社
龍門書局 出版

北京东黄城根北街 16 号
邮政编码：100717
http://www.sciencep.com

北京建宏印刷有限公司印刷

科学出版社发行　各地新华书店经销

*

2024 年 11 月第　一　版　开本: 720×1000　1/16
2024 年 11 月第一次印刷　印张: 15 1/2
字数: 308 000

定价: 128.00 元

(如有印装质量问题，我社负责调换)

丛　书　序

酝酿于世纪之交的第四次科技革命催生了一系列新思想、新概念、新理论和新技术，正在成为改变人类文明的新动能。其中一个重要的成果便是超材料。进入 21 世纪以来，“超材料”作为一种新的概念进入了人们的视野，引起了广泛关注，并成为跨越物理学、材料科学和信息学等学科的活跃的研究前沿，并为信息技术、高端装备技术、能源技术、空天与军事技术、生物医学工程、土建工程等诸多工程技术领域提供了颠覆性技术。

超材料 (metamaterials) 一词是由美国得克萨斯大学奥斯汀分校 Rodger M. Walser 教授于 1999 年提出的，最初用来描述自然界不存在的、人工制造的复合材料。其概念和内涵在此后若干年中经历了一系列演化和迭代，形成了目前被广泛接受的定义：通过设计获得的、具有自然材料不具备的超常物理性能的人工材料，其超常性质主要来源于人工结构而非构成其结构的材料组分。可以说，超材料的出现是人类从“必然王国”走向“自由王国”的一次实践。

60 多年前，美国著名物理学家费曼说过：“假如在某次大灾难里，所有的科学知识都要被毁灭，只有一句话可以留存给新世代的生物，哪句话可以用最少的字包含最多的讯息呢？**我相信那会是原子假说。**”所谓的原子假说，是来自古希腊思想家德谟克利特的一个哲学判断，认为世间万物的性质都决定于构成其结构的基本单元，这一单元就是“原子”。原子假说之所以重要，是因为它影响了整个西方的世界观、自然观和方法论，进而导致了 16—17 世纪的科学革命，从而加速了人类文明的演进。19 世纪英国科学家道尔顿借助科学革命的成果，尝试寻找德谟克利特假说中的“原子”，结果发现了我们今天大家熟知的原子。然而，站在今天人类的认知视野上，德谟克利特的“原子”并不等同于道尔顿的原子，而后者可能仅仅是前者的一个个例，因为原子既不是构成物质的最基本单元，也不一定是决定物质性质的单元。对于不同的性质，决定它的结构单元也是千差万别的，可能是比原子更大尺度的自然结构 (如分子、化学键、团簇、晶粒等)，也可能是在原子内更微观层次的结构或状态 (如电子、电子轨道、电子自旋、中子等)。从这样的分析中就可以引出一个问题：我们能否人工构造某种特殊“原子”，使其构成的材料具有自然物质所不具备的性质呢？答案是肯定的。用人工原子构造的物质就是超材料。

超材料的实现不再依赖于自然结构的材料功能单元，而是依赖于已有的物理学原理、通过人工结构重构材料基本功能单元，为新型功能材料的设计提供了一个广阔的空间——昭示人们可以在不违背基本的物理学规律的前提下，获得与自然材料具有迥然不同的超常物理性质的“新物质”。常规材料的性质主要决定于构成材料的基本单元及其结构——原子、分子、电子、价键、晶格等。这些单元和结构之间相互关联、相互影响。因此，在材料的设计中需要考虑多种复杂的因素，这些因素的相互影响也往往是决定材料性能极限的原因。而将“超材料”作为结构单元，则可望简化影响材料的因素，进而打破制约自然材料功能的极限，发展出自然材料所无法获得的新型功能材料，人类或因此成为“造物主”。

进一步讲，超材料的实现也标志着人类进入了重构物质的时代。材料是人类文明的基础和基石，人类文明进程中最基本、最重要的活动是人与物质的互动。我个人的观点是：这个活动可包括三个方面的内容。(1) 对物质的“建构”：人类与自然互动的基本活动就是将自然物质变成有用物质，进而产生了材料技术，发展出了种类繁多、功能各异的材料和制品。这一过程可以称之为人类对物质的建构过程，迄今已经历了数十万年。(2) 对物质的“解构”：对物质性质本源和规律的探索，并用来指导对物质的建构，这一过程产生了材料科学。相对于材料技术，材料科学相当年轻，还不足百年。(3) 对物质的“重构”：基于已有的物理学及材料科学原理和材料加工技术，重新构造物质的功能单元，进而发展出超越自然功能的“新物质”，这一进程取得的一个重要成果是产生了为数众多的超材料。而这一进程才刚刚开始，未来可期。

20 多年来，超材料研究风起云涌、异彩纷呈。其性能从最早对电磁波的调控，到对声波、机械波的调控，再从对波的调控发展到对流 (热流、物质流等) 的调控，再到对场 (力场、电场、磁场) 的调控；其应用从完美透镜到减震降噪，从特性到暗物质探测。因此，超材料被 *Science* 评为“21 世纪前 10 年中的 10 大科学进展”之一，被 *Materials Today* 评为“材料科学 50 年中的 10 项重大突破”之一，被美国国防部列为“六大颠覆性基础研究领域”之首，也被中国工程院列为“7 项战略制高点技术”之一。

我国超材料的研究后来居上，发展非常迅速。21 世纪初，国内从事超材料研究的团队屈指可数，但研究颇具特色和开拓性，在国际学术界产生了一定的影响。从 2010 年前后开始，随着国家对这一新的研究方向的重视，研究力量逐渐集聚，形成了具有一定规模的学术共同体，其重要标志是**中国材料研究学会超材料分会**的成立。近年来，国内超材料研究迅速崛起，越来越多的优秀科技工作者从不同的学科进入了这个跨学科领域，研究队伍的规模已居国际前列，产生了很多为学术界瞩目的新成果。科学出版社组织出版的这套“超材料前沿交叉科学丛书”既是对我国科学工作者对超材料研究主要成果的总结，也为有志于从事超材料研究和应用的年轻科技工作者提供了研究指南。相信这套丛书对于推动我国超材料的发展会发挥应有的作用。

感谢丛书作者们的辛勤工作，感谢科学出版社编辑同志的无私奉献，同时感谢编委会的各位同仁！

周济

2023 年 11 月 27 日

前　　言

材料是否可以呈现负介电？随着超材料的发展，人们提出了各种构型化材料以获得负介电，一个崭新的领域——负介电子学正在形成。负介材料为电子元器件提供了全新的选材用材方案。比如电感，虽然薄膜印刷和流延技术极大地推动了片式电感的小型化，但仍没改变原有的绕线工艺，基于负介材料设计的非绕线电感，其性能直接取决于材料属性，与平行板电容器类似也可以有平行板电感，非常契合电路的平面化发展要求。比如电容，目前常用的片式多层陶瓷电容 (MLCC) 多年没有重大变化，基于负介材料设计的超构电容器使用了完全不同的材质，适合高温等特殊环境要求。比如场效应晶体管，负介材料作为栅极有望突破玻尔兹曼极限的亚阈值摆幅，降低电子器件功耗，克服芯片小型化的原理限制。对于超构电路，摒弃了传导电流直接使用位移电流进行逻辑运算和信息传递，其信号载体是位移电流，不再是具有质量的电子，具有低能耗、信号无延迟、抗干扰能力强的优势，有望突破集成电路小型化的量子效应限制。

负介电与等离态材料密切相关。以金属为例，从直流到光频的不同频段，金属分别呈现导电态、等离态和绝缘态，其中等离态是在电场作用下自由电子的集体激发。金属等离振荡频率取决于电子的浓度和有效质量。由于自由电子浓度高达 $10^{28} \sim 10^{29}\mathrm{m}^{-3}$，其具有极高的电导率和热导率，并且其等离振荡发生在光频段，因而金属的光频介电常数实部为负，因此研究者利用负介电特性开发了非线性光学器件。除了使用膜材，金属纳米颗粒以其表面等离激元增强等优异的特性，广泛应用于光电子、光催化和传感器等领域。然而，与光频相比，电子学频段相对极低，金属呈现导电态，其电学特性符合经典的 Hagen-Rubens 关系，介电函数的实部消失，变为纯虚数。由此可见，体金属的负介电存在固有的低频难题。由于降低电子浓度和有效质量可以使等离振荡频率降低，研究者在氧化铟锡等掺杂半导体材料中调控载流子浓度实现负介特性，但是也只能降低到红外频段。有必要指出的是，考虑到电子输运特性，金属仍然是等离态材料的选择。研究者提出金属线人工结构和等效电磁参数的概念，并以铜、铝等金属线进行实验验证，把等离振荡频率由光频降低至微波频段。金属低维化、构型化及其等离现象的研究是超材料发展史上奠基性工作之一。

物性参数是选材用材的依据，包括负介材料在内的负参数材料打开了性能空间。既然物性参数可以为负，对近零参数就不难理解了。负 (零) 参数材料已成为超材料家族的重要成员。“超材料”中文术语和相对应的英文术语“metamaterials”在 21 世纪之初几乎同时出现，目前已发展为以人工结构或负物性参数为主要特点的新兴交叉科技领域。超材料的学术源流可追溯到中国科学家早期的研究。20 世纪 50 年代，黄昆先生提出了电磁波与晶格振动耦合形成极化激元，推动了固体光学和电磁性质各种元激发的研究，这其中包括等离激元。60 年代后期，苏联学者 V.G.Veselago 提出了介电常数和磁导率同时为负的电磁介质科学猜想，并衍生出负折射等一系列新特性。80 年代开始，在天然周期结构的晶体启发下，国际国内利用有序微结构构筑人工介质，陆续提出了介电超晶格、光子晶体、声子晶体等。随着相关领域的发展，90 年代后期英国帝国理工学院 J. B. Pendry 等利用金属人工结构在一定程度上解决了“Veselago 猜想”。不同学术源流在新世纪汇成滚滚洪流。“超材料”名称目前已被广泛接受，既涵盖“超构材料”这一专业名称，也涉及人工结构、微结构材料、等离激元、超表面、超晶格、左手材料、负 (零) 物性参数材料、序构材料、光子晶体、频率选择表面等。

作者二十年前开始相关研究时，很幸运地遇到了超材料。周济教授当时首先使用了“超材料”这个中文名称，这一名词广为人知大约在 2010 年之后。2018 年 5 月，中国材料研究学会超材料分会在上海成立，这是中国超材料发展史上里程碑式的事件，标志着该领域已经达到了相当的研究规模。

中国材料研究学会超材料分会 2018 年 5 月在上海成立

感谢本丛书的两位主编周济院士和崔铁军院士，作者的研究工作得益于他们的学术思想。有多位研究生参与了负介材料的研究，包括已毕业的博士张子栋、史志成、燕克兰、程传兵、潘士兵、孙凯、陈敏、解培涛、王忠阳、范国华、魏再新、宋萧婷，以及即将毕业的王宗祥、田加红。感谢国家自然科学基金项目 (No.50772061, No.51172131, No.51871146, No.52271182)、上海市教育委员会科研创新自然科

学重大项目 (No. 2019-01-07-00-10-E00053)、东方英才计划领军项目的资助和支持。本书撰写分工如下：范润华统筹全书并撰写第 1 章，刘峣撰写第 2 章，解培涛撰写第 3 章，孙凯撰写第 4 章，范国华撰写第 5 章，杨鹏涛、何麒发参与了全书统稿。

范润华

2024 年 8 月 3 日于济南兴隆山

目　　录

第 1 章　绪　　论

负介材料 (epsilon-negative materials, ENMs) 是从光频到工频的某些频段复介电常数的实部为负、电磁性质异于以往材料的一类新型介质。严格说来，它利用了常规材料和工艺，从广义上说也包括了人工结构。

介电常数是材料的基本物性参数之一，其值一直被认为是正的，负介电常数则被视为超材料的典型特性之一。尽管对于金、银、铝等金属而言，其介电常数在低于等离振荡的频段为负值，然而金属的等离振荡频率往往在光学波段，相对极低频的射频频段，介电常数尽管为负但是近乎虚数。近二十年，研究者对自光频至射频频段的负介现象开展了大量研究。作者团队利用逾渗构型复合材料建立了射频负介材料的原理框架和构筑策略：对于导体/绝缘体复合材料，在导电相含量超过但仍然接近逾渗阈值情况下，绝缘基体中连通的导电相作为电感 (L) 功能体，通过射频等离振荡这一自由电子集体行为导致负介电；孤立的导电相则作为电容 (C) 功能体，并通过 LC 谐振影响负介行为。逾渗构型复合材料为负介性能调控提供了丰富的手段，导电相可以是金属、碳等不同材质，也可以是颗粒、纤维、片层等不同形貌；绝缘基体可以是树脂，也可以是陶瓷。此外，对于单相材料 (如某些陶瓷和共轭聚合物) 而言，其载流子浓度可通过掺杂调控，也可为负介材料。纵观新材料的发展，其融入了当代众多学科的先进成果，成为支撑国民经济发展的基础产业之一。新性能是材料科学持续不变的追求，负参数为新性能的探索提供了空间。负介电常数等负物性参数是超材料的主要特性，然而并非人工结构的超材料独有，常规材料也可以实现这类特性。负介材料，作为“具有超材料某些性能的常规材料”，或者说“利用常规材料技术实现的超材料”，顺应了超材料与常规材料融合发展的趋势，有望推动电子元器件的应用取得变革性突破。

1.1　射频负介材料的发现

2003 年，范润华在研究导体/绝缘体复合材料的介电性质时偶然观察到，材料在射频和交流频段竟然可以呈现负的介电常数；随后，在开展隐身、电子元件等相关应用研究的同时，对负介材料开展了一系列研究。

导体/绝缘体复合材料异质两相的电学性质差异巨大，属于逾渗构型复合材料。在导电相为金属、绝缘相为陶瓷的情况下，这类材料事实上是工程上早已广泛应用的金属陶瓷，可以采用粉末冶金或特种陶瓷工艺制备。图 1.1 是热压烧结制备的不同铁含量的 Fe/Al_2O_3 金属陶瓷微观组织的光学显微照片，照片中衬度浅的物相是 Fe[1]。Al_2O_3 陶瓷基体中金属 Fe 导电相的连接和聚集随其含量变化很大。单相金属的射频复介电常数很难定量测量，一般认为是虚数，即实部为量级很大的负值，虚部为量级比实部更大的正值。在陶瓷基体中加入金属，当其含量达到一定临界值时，复合材料的介电性能发生显著变化，由类绝缘体性质转变为类金属性质，这就是逾渗现象，临界的金属体积分数称为逾渗阈值。逾渗阈值取决于金属的类别、形貌，以及在陶瓷基体中的分布状态。

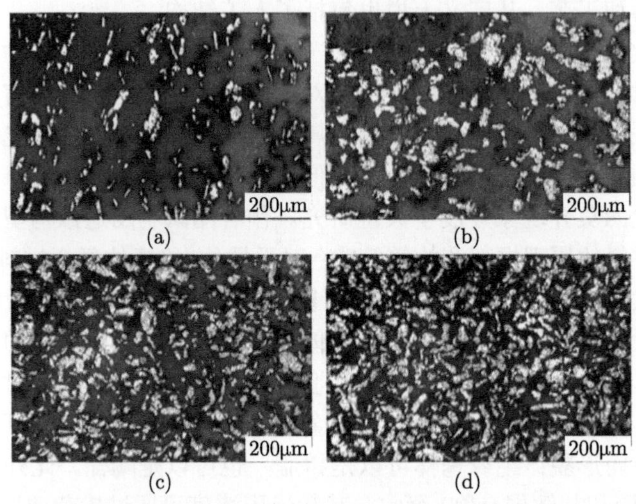

图 1.1　不同铁含量的 Fe/Al_2O_3 金属陶瓷微观组织的光学显微照片

为了更好地控制金属陶瓷微结构，范润华团队发展了原位制备技术：首先烧结制备多孔陶瓷，然后采用液相浸渍技术将金属前驱体负载到多孔陶瓷中，最后还原处理，在陶瓷的孔壁上形成不同形貌的金属相 [2]。其特点是：与通常的金属陶瓷制备工艺相比，可以比较方便地对材料微结构进行剪裁，金属相的形貌、粒径也可以比较方便地得到控制；制备温度可以降低到 300℃，避免了金属与陶瓷两相的反应，适用于更多种类的金属陶瓷。图 1.2 为不同镍含量 Ni/Al_2O_3 金属陶瓷的介电谱 [3]，由图可见，镍质量分数为 17%的 Ni/Al_2O_3(图中的 Ni17)，其介电常数和氧化铝类似；镍质量分数增加到 26%时 (Ni26)，介电常数仍为正值，但是数值增大，频散变得显著；镍质量分数进一步增加至 31%时 (Ni31)，较低频段介电常数为负值，并在 530MHz 附近出现法诺共振 (Fano resonance)。镍质量分数进一步增加至 35%(Ni35)，复合材料的介电常数在整个测试频段均为负值。此外，在同样技术、不同工艺条件制备的多孔化 Fe/Al_2O_3 等金属陶瓷中也发现了类似现象 [4]。逾渗构型复合材料为负介性能调控提供了丰富的手段，复合材料基体可以是陶瓷，也可以是树脂。与陶瓷基复合材料相比，树脂基复合材料易于成型加工，并可用于柔性器件。

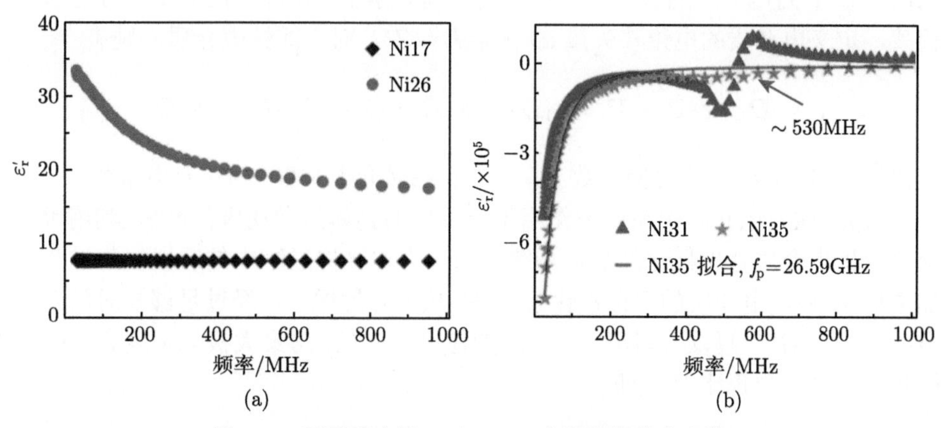

(a) (b)

图 1.2 不同镍含量 Ni/Al_2O_3 金属陶瓷的介电谱

负介材料的主要机制是等离，也不可避免地涉及极化。从微观上看，电介质的极化主要包括电子位移极化、离子位移极化、偶极子转向极化和空间电荷极化四种典型的极化机制。介电常数是一个能综合反映上述多种微观极化过程的宏观物性参数。电子位移极化和离子位移极化耗时极短，故介电常数几乎不随外电场的频率变化而变化。相对而言，偶极子转向极化和空间电荷极化耗时较长，介电常数的变化依赖于外电场的频率。当频率升高时，偶极子转向极化会逐渐落后于外电场的变化，导致介电常数减小；空间电荷极化通常只发生在静电场和低频条件下，多种微观极化过程参与作用时，电介质材料的介电常数通常是频率的函数。当所施加的外电场撤掉时，电子位移极化和离子位移极化会迅速消失，材料重新呈现为电中性，电子位移极化和离子位移极化均属于弹性极化，极化过程中没有能量耗散；而偶极子转向极化和空间电荷极化均属于非弹性极化，极化过程中消耗的电场能在极化恢复时不能得到还原，因此偶极子和空间电荷的极化过程是有能量耗散的。交变场条件下的介电常数取复数形式，即

$$\varepsilon(\omega)=\varepsilon'(\omega)-\mathrm{i}\varepsilon''(\omega) \tag{1.1}$$

其中，ω 为外电场的角频率；$\varepsilon'(\omega)$ 为介电常数的实部，表征极化发生时电介质储存电场能的能力；$\varepsilon''(\omega)$ 为介电常数的虚部，是表征电场能在电介质中损耗的系数；另外，定义 $\varepsilon''(\omega)/\varepsilon'(\omega)$ 的值为电介质的损耗角正切值 ($\tan\delta$)，用于表征材料的介电损耗。

引入电极化强度矢量 $\boldsymbol{P}$ 用于表征电介质内的极化程度和极化方向，在电介质内，任意一处的电极化强度矢量 $\boldsymbol{P}$ 是由电场强度 $\boldsymbol{E}$ 决定的，对于大多数线性

电介质而言，$\boldsymbol{P}$ 和 $\boldsymbol{E}$ 满足正比关系，即 $\boldsymbol{P} = \chi\varepsilon_0\boldsymbol{E}$，式中 ε_0 为真空介电常数，比例系数 χ 为电介质的极化率。在经典电动力学中，电介质的介电常数与极化率相关，定义电介质的电位移矢量 $\boldsymbol{D} = \varepsilon_0\boldsymbol{E} + \boldsymbol{P}$，对于线性电介质，则有

$$\boldsymbol{D} = \varepsilon_0\boldsymbol{E} + \boldsymbol{P} = \varepsilon_0\boldsymbol{E} + \chi\varepsilon_0\boldsymbol{E} = (1+\chi)\varepsilon_0\boldsymbol{E} = \varepsilon\varepsilon_0\boldsymbol{E} \tag{1.2}$$

类似地，$\boldsymbol{D}$ 与 $\varepsilon_0\boldsymbol{E}$ 的比例系数 $\varepsilon = 1+\chi$ 叫做介电常数 (相对介电常数)。

首先，撇开电介质中在电场作用下所发生的具体的微观极化过程，利用唯象理论来分析电介质弛豫极化的响应规律。对于介电弛豫过程中的缓慢极化过程，施加电场 E 后，电介质的缓慢极化强度 $P_{\rm r}$ 从零开始增加，经过足够长时间后达到最大值 $\chi_{\rm re}\varepsilon_0 E$，假设 t 时刻 $P_{\rm r}$ 的增加速度 ${\rm d}P_{\rm r}/{\rm d}t$ 与最大极化强度和该时刻的极化强度之差成正比 [5]，即

$$\frac{{\rm d}P_{\rm r}}{{\rm d}t} = \frac{1}{\tau}\left(\chi_{\rm re}\varepsilon_0 E - P_{\rm r}\right) \tag{1.3}$$

其中，$1/\tau$ 为比例系数，τ 为弛豫时间，$\chi_{\rm re} = \varepsilon_{\rm s} - \varepsilon_\infty, \varepsilon_{\rm s} = \varepsilon_{(0)}, \varepsilon_\infty = \varepsilon(\infty)$，分别为频率趋近于 0 和 ∞ 时的相对介电常数。若施加的电场为 $E = E_0{\rm e}^{-{\rm i}\omega t}$，则通过对上式求解，可以得到经过足够长时间后 $P_{\rm r}$ 的稳态解为

$$P_{\rm r}(\omega) = \frac{\chi_{\rm re}}{1+{\rm i}\omega\tau}\varepsilon_0 E \tag{1.4}$$

此时电介质总的极化强度为瞬时极化强度 $P_\infty = \chi_\infty\varepsilon_0 E$ 和缓慢极化强度 $P_{\rm r}$ 之和：

$$P(\omega) = \left(\chi_\infty + \frac{\chi_{\rm re}}{1+{\rm i}\omega\tau}\right)\varepsilon_0 E \tag{1.5}$$

式中，χ_∞ 为频率趋近于 ∞ 时的极化率。结合式 (1.2)，可得此时电介质的介电常数为

$$\varepsilon = 1 + \chi_\infty + \frac{\chi_{\rm re}}{1+{\rm i}\omega\tau} = \varepsilon_\infty + \frac{\varepsilon_{\rm s} - \varepsilon_\infty}{1+{\rm i}\omega\tau} \tag{1.6}$$

上式即为用于描述介电弛豫的德拜 (Debye) 方程。

而从微观角度上看，电介质材料的一切宏观响应都是通过极化电荷的微观运动实现的，在电场中，电介质内电荷的运动状态可以用受迫阻尼振动模型进行分析，在电场 $E = E_0{\rm e}^{-{\rm i}\omega t}$ 作用下，荷电粒子产生电位移 x，同时受到与位移方向相反的恢复力 [6]，根据牛顿第二定律，有

$$m\frac{{\rm d}^2x}{{\rm d}t^2} = Eq - m\gamma\frac{{\rm d}x}{{\rm d}t} - m\omega_0^2 x \tag{1.7}$$

其中，q 为荷电粒子的电荷量；m 为荷电粒子的有效质量；ω_0 为荷电粒子的固有振动频率；$m\omega_0^2x$ 为荷电粒子受到的恢复力；γ 为阻尼系数；$m\gamma\dfrac{\mathrm{d}x}{\mathrm{d}t}$ 为荷电粒子在极化和恢复过程中由于碰撞或辐射而形成的阻尼力。解式 (1.7)，得

$$x=\frac{q}{m}\frac{E}{\omega_0^2-\omega^2-\mathrm{i}\gamma\omega} \tag{1.8}$$

假设单位体积内的电荷数量为 n，那么电介质材料的电极化强度 P 为

$$P=nqx=\frac{nq^2E}{m\left(\omega_0^2-\omega^2-\mathrm{i}\gamma\omega\right)} \tag{1.9}$$

结合式 (1.9) 和式 (1.2)，可以得出介电常数的表达式为

$$\varepsilon=1+\chi=1+\frac{nq^2}{m\varepsilon_0}\frac{1}{\omega_0^2-\omega^2-\mathrm{i}\gamma\omega} \tag{1.10}$$

以上即为描述介电谐振的洛伦兹 (Lorentz) 模型。如果极化过程中无阻尼 ($\gamma=0$)，则当外场频率 ω 等于谐振子的固有振荡频率 ω_0 时，极化率 χ 趋于无穷大，也即极化趋于无穷大，此时介电常数随频率的变化表现出强烈的色散。

从唯象的角度 (图 1.3)，可认为介质材料的介电特性直接影响其内部的电流和电压的相位关系。在理想情况下，对于正介电材料，电容电流的相位领先于电压相位 90°，负介材料中的电感电流的相位滞后于电压相位 90°。然而，由于实际材料存在与电压同相位的电导，故无论是正介材料还是负介材料，电流与电压的相位角均小于 90°，但领先或滞后的相位关系仍然存在 [7]。

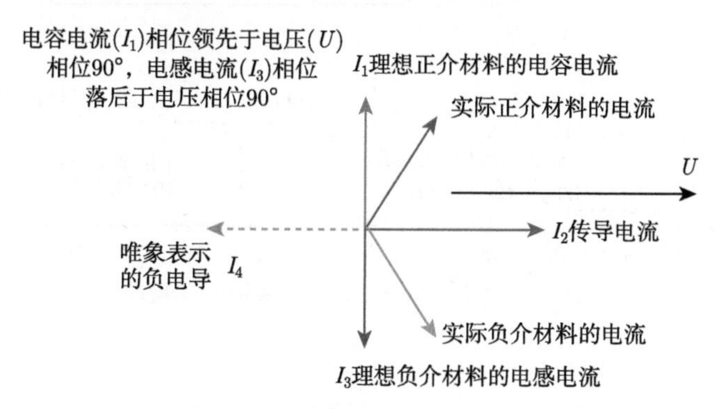

图 1.3 介质材料内的电流和电压的相位关系

材料在交变场中的介电特性可以利用 LCR 数字电桥、阻抗分析仪和矢量网络分析仪等测试设备测得 (图 1.4)。LCR 法通常主要用于介电常数测试，通过电

桥原理测试得到材料的阻抗，然后经过计算得到介电常数。利用阻抗分析仪可以分别进行介电常数和磁导率测试，然而两者测试的原理不同。利用阻抗分析仪进行介电常数测试时，依据平行板电容器原理，将材料置于平行板电极夹具间；通过输入高频电压或电流信号，测试得到材料的阻抗频谱，然后根据夹具的具体参数计算得到材料的介电常数。利用阻抗分析仪进行磁导率测试时，依据电感线圈原理，将材料加工成环形，然后在环形样品上缠绕线圈，此时的样品等效于一个电感和电阻的串联电路；通过输入高频电压或电流信号，测试得到材料的阻抗及电感，从而计算得到材料的磁导率。目前，利用阻抗分析仪测量磁导率过程得到简化，不需要缠绕线圈，只需将环形样品放于短路同轴腔中，通过测试样品对同轴腔电感的影响，便可计算得到样品的磁导率。进行测试时，在不同的频段，适用的测试方法不同，所需选择的测试设备也会不同。由于受阻抗分析测试原理限制，目前两者的测试频率均处于较低频段 (最高约为 3GHz)，很难达到微波段。对微波频段的介电频谱，需要利用矢量网络分析仪，通过测试材料的透射系数和反射系数反演得到介电常数和磁导率。网络分析仪由信号源、接收器和显示器组成。先利用信号源向被测试样品发射一个单频信号，同时用接收器将接收频率调至发射信号频率，然后测试经过被测样品反射和透射的信号强度 (参数)，将测得的反射信号和透射信号转换为信号振幅和相位，最后根据测试需要，计算得到介电常数和磁导率。

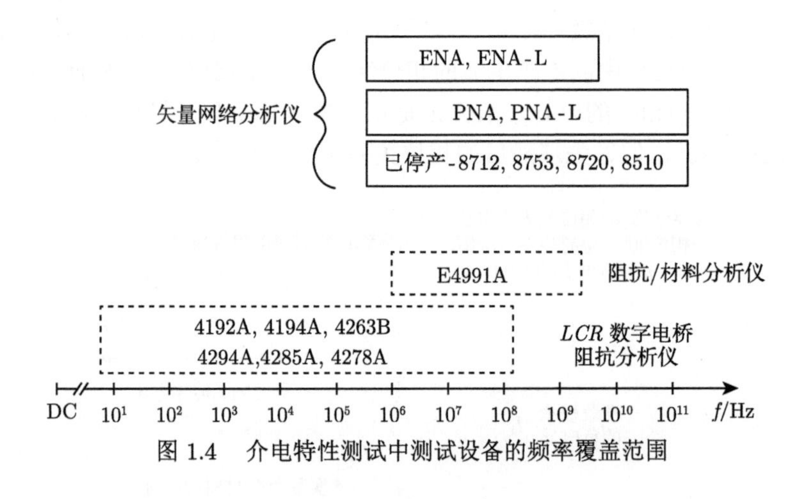

图 1.4　介电特性测试中测试设备的频率覆盖范围

1.2　等离振荡机制

对于超过逾渗阈值的导体–绝缘体复合材料，呈现出类金属性质。考虑自由电子，式 (1.7) 中的恢复力项为 0，电子的运动仍遵循牛顿第二定律，表达式变为

$$m\frac{\mathrm{d}^2x}{\mathrm{d}t^2}=-eE-m\gamma\frac{\mathrm{d}x}{\mathrm{d}t} \tag{1.11}$$

解之，得到电子在该运动过程中的位移 x 为

$$x=\frac{eE}{m\left(\omega^2+\mathrm{i}\gamma\omega\right)} \tag{1.12}$$

从而产生的电极化强度为 $\boldsymbol{P}=-ne\boldsymbol{x}$，则电位移矢量为

$$\boldsymbol{D}=\varepsilon\varepsilon_0\boldsymbol{E}=\varepsilon_0\boldsymbol{E}+\boldsymbol{P}=\varepsilon_0\boldsymbol{E}-\frac{ne^2\boldsymbol{E}}{m\left(\omega^2+\mathrm{i}\gamma\omega\right)} \tag{1.13}$$

由此可得出介电常数的表达式为

$$\varepsilon=1-\frac{ne^2}{m\varepsilon_0}\frac{1}{\omega^2+\mathrm{i}\gamma\omega} \tag{1.14}$$

记 $\omega_{\mathrm{p}}=\left(\dfrac{ne^2}{m\varepsilon_0}\right)^{\frac{1}{2}}$，则式 (1-14) 变为

$$\varepsilon=1-\frac{\omega_{\mathrm{p}}^2}{\omega^2+\mathrm{i}\gamma\omega} \tag{1.15}$$

上式即为德鲁德 (Drude) 模型，用以描述自由电子集体的介电函数。其中 ω_{p} 称为等离振荡频率，由电子浓度 n 和有效质量 m 决定，在该频率以下，存在自由电子气以体等离振荡的自由纵振荡模式 [8]。

自由电子体系的微观图像为：自由电子像气体中的分子一样，总是在不停地做无规热运动，在没有外电场或其他原因的情况下，电子的热运动是杂乱无章的，它们朝任一方向运动的概率都是一样的。从宏观角度上看，自由电子的无规热运动没有集体定向的效果，不形成电流，同时，这种在空间电荷密度上正负离子大体相等且使整个区域保持为电中性的状态，通常称之为等离体态。金属中大量的价电子为晶格所共有，组成了所谓的费米电子气体，而离子实处于晶格的格点上，正负离子的浓度都非常高而且数目一样，这种体系称为等离体。

等离体与常态下普通气体有所不同，普通气体中分子间的相互作用力是短程力，仅当碰撞时分子间才有相互作用，在一个分子与另一个分子碰撞前，这个分子的运动可被视为不受干扰的直线运动，这些短程碰撞效应支配了气体粒子的运动状态。而在等离体中，粒子之间的相互作用力是长程库仑力，这使得它们在无规的热运动之外能够产生“等离振荡”这种带电粒子的集体运动。

金属中自由电子的等离振荡如图 1.5 所示，其中 “+” 表示金属中的正离子实，灰色背景表示自由电子集体，由于离子实质量较电子大得多，可以仅考虑电子的运动。图 1.5(a) 为电中性条件下的薄金属板或薄膜，正、负电荷的电性相互抵消，在任意一个宏观小、微观大的区域内对外都不显示带电性；当受到外界扰动或热起伏影响时，金属中的自由电子集体产生向上的均匀位移 u，如图 1.5(b) 所示，这个位移使得金属板上表面的表面电荷密度为 $\sigma=-neu$，同时下表面的表面电荷密度为 $\sigma=+neu$，这样在金属板内部形成电场 $E=4\pi neu$，受该电场作用，自由电子集体倾向于回复到图 1.5(a) 所示的平衡状态，产生向下的宏观位移，而由于这种运动是加速的，自由电子集体在惯性作用下越过平衡位置又使新的不平衡出现，重新受到反方向电场力的作用，从而朝相反方向运动，如此往复，形成振荡。由于金属中正离子实的质量较大，所以金属的等离振荡主要是自由电子集体的密度起伏变化，它将以波的形式在金属中传播，并有确定的波矢 [9]。在金属中，激发一份这种振荡的能量 $h\omega_{\mathrm{p}}$，叫做等离振荡量子或等离激元 (plasmon)，它是一种准粒子。对于一般金属材料，自由电子的浓度 n 约为 $10^{20}\mathrm{m}^{-3}$，可求得 ω_{p} 约为 $2\times10^{16}\mathrm{Hz}$，一份等离激元的能量 $h\omega_{\mathrm{p}}$ 约为 12eV，在常温下，热激发不足以产生等离激元，金属中电子的行为可视为是自由的。除金属之外，在半导体中也存在由价电子组成的自由电子集体的等离振荡，这与金属中的等离振荡在物理上是相同的，整个价电子海相对于离子实来回振荡 [10]。

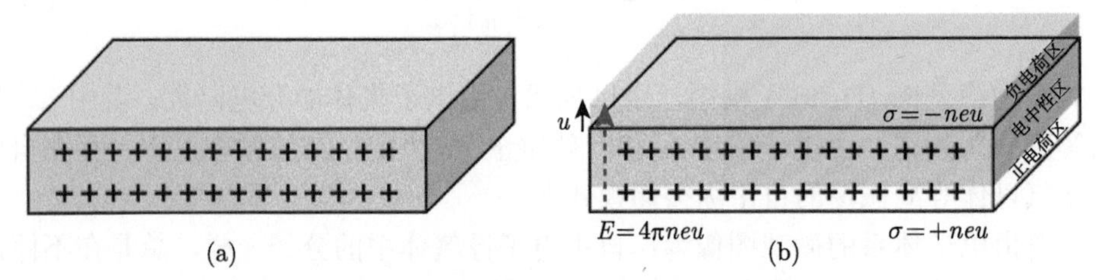

图 1.5 金属中自由电子的等离振荡示意图

(a) 平衡状态；(b) 电子向上位移

由式 (1.15) 可得出介电常数的实部和虚部分别为

$$\varepsilon'=1-\frac{\omega_{\mathrm{p}}^2}{\omega^2+\gamma^2},\quad \varepsilon''=\frac{\gamma\omega_{\mathrm{p}}^2}{\omega\left(\omega^2+\gamma^2\right)} \tag{1.16}$$

实际的金属中，$\gamma\ll\omega_{\mathrm{p}}$，故一般可认为当外场频率低于金属的等离振荡频率 ω_{p} 时，介电常数的实部 ε' 为负值，因此，可利用自由电子集体的等离振荡机制获得负介电常数。另外，在非磁性的各向同性材料中，电磁波的色散可以描述为 [8]

$$\varepsilon(\omega,K)\varepsilon_0\mu_0\omega^2=K^2 \tag{1.17}$$

可见，自由电子气的介电函数 $\varepsilon(\omega, K)$ 及它对于频率及波矢的强烈依赖性，将对固体的物理性质产生显著的影响。在 $\varepsilon(\omega, 0)$ 这个极限下，它描述费米电子气体的集体激发，即体等离激元及表面等离激元；在另一极限下，即 $\varepsilon(\omega, K)$，描述晶体中电子–电子、电子–晶格及电子–杂质相互作用的静电屏蔽。当介电常数为负数时，波矢 K 为虚数，入射波被介质全反射，不能在介质内传播；只有当介电常数为正数时，波矢 K 为实数，入射波才可向介质内传播 (图 1.6)。

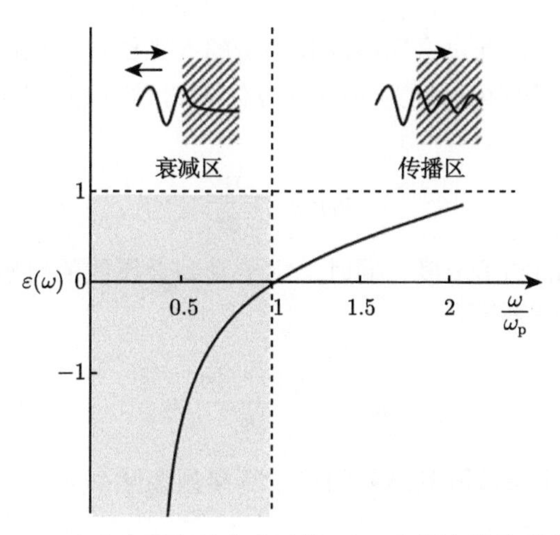

图 1.6 自由电子气的介电函数 $\varepsilon(\omega)$ 和频率的关系曲线

1.3 材料化路线

负介材料是超材料的一个分支，可以说是针对负介电性能由人工结构到常规材料的材料化产物。中文术语“超材料”和相对应的英文术语“metamaterials”2000 年前后几乎同时出现，目前已发展成为以人工结构为主要特点，涉及光与电磁波领域的等离激元、负折射、光子晶体等。此外，力学、热学、声学等领域的发展也很快。具备负介电常数、负磁导率、负折射率、负泊松比、负热膨胀系数和负刚度等负参数的材料通常被视为超材料范畴。

超材料的学术源流可追溯到中国科学家早期的研究。20 世纪 50 年代，黄昆先生提出了电磁波与晶格振动耦合形成极化激元，1963 年被美国用磷化镓半导体拉曼散射实验所证实，现在极化激元已经成为研究固体光学和电磁性质的一种基本运动形式。80 年代，黄昆预见到大规模集成电路技术将会快速发展，提出发展半导体超晶格，于是他与朱邦芬研究员合作提出了被国际上称为“黄–朱模型”的半导体超晶格光学声子模式理论，阐释了超晶格光学声子拉曼散射的微观机制。俄罗斯也是超材料源流之一，60 年代，V. G. Veselago 提出了负介电常数和负磁导率的电磁介质科学猜想。直至 90 年代，英国帝国理工学院的 J. B. Pendry 教授提出了金属线阵列模型和等效电磁参数的概念，把金属的等离振荡频率由光学频段降低至微波频段，并讨论了微波波段内金属人工结构的“极低频”等离态，实现了可调控的负介电性能 [11]，而后，美国加利福尼亚大学的 D. R. Smith 等在实验上实现并证实了微波频段“双负”参数导致的负折射特性。

早期实现负介电是通过金属线阵列构造的人工结构，如图 1.7 所示，假设半径为 r 的金属线被排列成间距为 d 的立方体阵列, 则该立方体单元结构的等效电子浓度为

$$n_{\mathrm{eff}} = n\frac{\pi r^2}{d^2} \tag{1.18}$$

其中，n 为金属线的电子浓度。同时，由于受到金属线的自感影响，金属线结构中电子的有效质量可表示为

$$m_{\mathrm{eff}} = \frac{\mu_0 \pi r^2 e^2 n}{2\pi}\ln\frac{d}{r} \tag{1.19}$$

因此，可以计算出金属线阵列结构的等效等离振荡频率为

$$\omega_{\mathrm{p}} = \left[\frac{2\pi\mu_0\varepsilon_0}{d^2\ln(d/r)}\right]^{1/2} \tag{1.20}$$

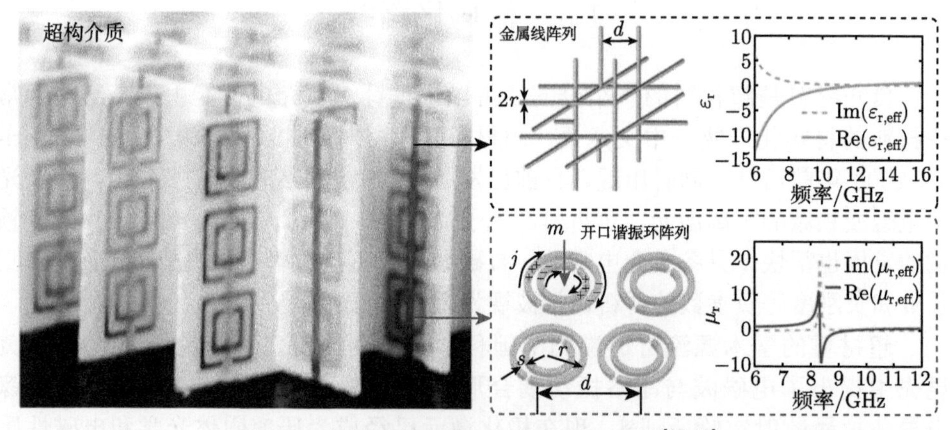

图 1.7 超材料的负介电常数和负磁导率 [12,13]

可以看出，该等离振荡频率与金属线的直径、排布方式和本征电子浓度有关，通过改变金属线的粗细、调节金属线的排布，可将等离振荡频率由紫外光波段降

低到微波波段。结合式 (1.15) 和式 (1.16) 可知，当频率低于该等离振荡频率时，即可得到负介电常数，且负介电常数的数值和出现的频段可以通过调整金属线的阵列结构得到精准调控。以半径为 1μm 的铝线 ($n = 1.806\times10^{29}\text{m}^{-3}$) 为例，将其排列成 0.5cm 的立方体阵列结构，该结构的等效等离振荡频率约为 8.2GHz，介电常数的实部在低于该频率的频段内为负值 [11]。超材料正是借助这种人工设计的金属线阵列结构，在远低于金属等离振荡频率的波段内实现了可调控的负介电性能，但相对而言不同金属的本征电子浓度差别较小，因此，超材料所实现的可调控的负介电性能，更多地取决于金属功能单元的结构设计。

金属线的人工结构明显不同于常规材料。利用常规材料实现负介电可以拓宽超材料的内涵。实际上，在陶瓷基体内引入金属相，早就引起了电介质领域研究者的关注 [14,15]。Moya 等在 $BaTiO_3$ 陶瓷基体内引入 Ni、Mo 等金属相，由于金属/陶瓷异质界面上的界面极化效应，复合材料的介电常数可高达 80000[16]。从逾渗理论看，当金属相含量低于逾渗阈值时，随着金属相含量升高，材料介电常数增大；当金属相含量在逾渗阈值附近时，介电常数由正变负；当金属相含量超过逾渗阈值时，为负介电常数。有必要指出的是，高介电、负介电并非简单地取决于金属含量，金属相的尺度、维度、形貌及其在陶瓷基体中的分布对其也有重要影响，并且与制备工艺密切相关 [17-19]。图 1.8 为金属/陶瓷复合材料的液相制备工艺示意图。将 Al_2O_3、$Y_3Fe_5O_{12}$(YIG)、Si_3N_4 等多孔陶瓷在 Ni[3]、Fe[4]、Co[20]、Cu[21]、Ag[22] 等金属的盐溶液中浸渍后，进行充分干燥和煅烧，然后在还原气氛中

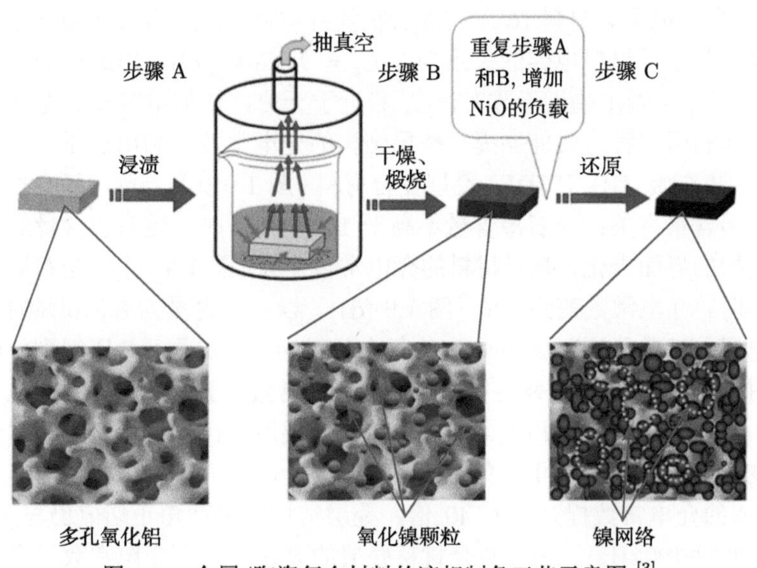

图 1.8 金属/陶瓷复合材料的液相制备工艺示意图 [3]

将多孔陶瓷所负载的金属氧化物充分还原，便可得到金属/陶瓷复合材料。通常，陶瓷材料的烧结温度高达上千摄氏度，而在这种浸渍和还原相结合的工艺中，最终的还原反应仅在几百摄氏度的条件下便可完成，远低于陶瓷烧结温度，有效地避免了高温时金属和陶瓷的副反应，保证了最终材料中的功能相为金属单质。因此，利用这种方式实现了陶瓷基复合材料中金属功能相的有效制备，开辟了利用常规材料实现超常电磁物性的材料化路线。

1.4 应用前景

介质材料是信息传输和能量转换等领域电容、电感、基片、芯片、传感等器件的基础材料。负介材料在电磁场中的响应机制不同于以往的介质材料，当其磁导率也为负值时，双负材料可满足阻抗匹配并实现负折射，有望用于电磁衰减和吸波、隐身等领域；仅当介电常数为负值时，负介材料在电介质电容器、非绕线式电感、场效应晶体管、电磁屏蔽等方面也展现出颠覆性的应用潜力。

高储能密度的电容器要求电介质材料的介电常数高、介电损耗低、耐压强度高，陶瓷介质材料通常具有较高的介电常数，但耐压强度低，而树脂材料的介电常数较低，但耐压强度高，因此，通常利用逾渗复合材料兼顾陶瓷材料和树脂材料的优势来设计电介质材料，获得高介电常数且保持高耐压强度 [23]。与利用逾渗效应提高复合材料介电常数的机制不同，在层状复合材料中引入负介电层，利用正、负介电协同增强效应来提高介电常数 [24]。如图 1.9 (a) 所示，正介电常数材料 (C_1) 和负介电常数材料 (C_2) 构成层状复合材料 (C_s)，类似于电容串联，叠层结构的电容与单层材料电容的关系为 $1/C_s = 1/C_1+1/C_2$，由此可知，当两层电容的差值 $|C_1| - |C_2|$ 趋近于零时，C_s 趋近于无穷，依据电容和介电常数的对应关系，可知利用这种方式能够提高叠层结构的介电常数；利用热压工艺制备了石墨/聚偏二氟乙烯 (GR/PVDF) 叠层复合材料 (图 1.9 (b))，单层复合材料的介电常数与石墨含量有关：当石墨含量不高于 14.9vol%①时，随石墨含量的增加，由于异质结构的界面极化，复合材料的介电常数变大 (图 1.9 (c))，当石墨含量达到 20.3vol%时，介电常数变为负值 (图 1.9 (d))。以石墨含量为 8.6vol%的复合材料为正介电层、石墨含量为 29.6vol%的复合材料为负介电层，热压得到叠层复合材料。由图 1.9 (e) 可知，该叠层复合材料的介电常数得到了提升，而介电常数的提升与正、负介电层的厚度相关，即随着负介电层厚度比例的提高，整体结构的介电常数变大，当正、负介电层的厚度比为 1:20 时，介电常数高达 400，相较于纯 PVDF 的介电常数提升了近 40 倍，叠层结构的损耗角正切值仍与 PVDF 相近 (约 0.065@100kHz)。正、负介材料叠层的设计为提高介电常数提供了新的方

① vol%表示体积分数。

式。利用 $BaFe_{0.5}Ta_{0.5}O_3$/PVDF 复合材料为正介电层、62vol% Ti_3SiC_2/PVDF 复合材料为负介电层，制备了类似的层状复合材料，介电常数高达 250(@ 100Hz, $\tan\delta = 0.78$)[25]。

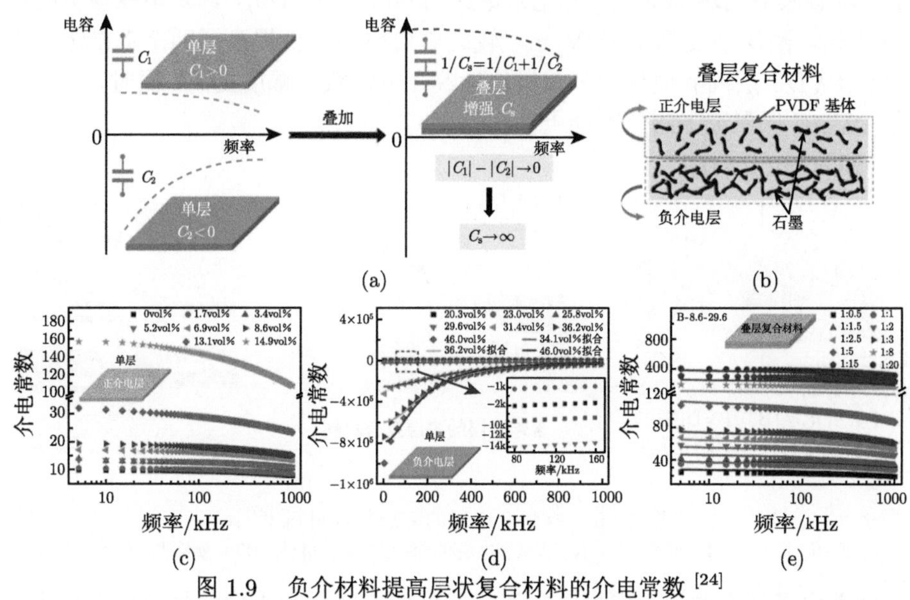

图 1.9 负介材料提高层状复合材料的介电常数 [24]

(a) 介电增强机制；(b) 结构示意图；(c)、(d) 单层复合材料的电常数；(e) 叠层复合材料的介电常数

在层状复合材料中引入负介电层，正–负叠层整体结构的介电常数会比原结构有显著提高，同时保持与正介电层相当的介电损耗。增大负介电层的厚度比例，尽管可以获得更高的介电常数，但不利于保持较高的耐压强度，也会影响储能密度。在正–负两层叠层结构的基础上，进一步提出了正–负–正“三明治”结构的多层复合材料 (图 1.10(a))：以 $BaTiO_3$/PVDF 复合材料为正介电层、20.3vol%石墨/PVDF 复合材料为负介电层，热压得到三层叠层的复合材料，当厚度比例为 1∶2∶1 时，介电常数为 90(@ 10kHz, $\tan\delta = 0.025$)，耐压强度达 189kV/cm，与不含负介电层的“三明治”结构复合材料相比，该复合材料的储能密度被提高了近 3 倍 [26]。Gong 等在正、负介材料的叠层结构中又引入了绝缘材料层 (图 1.10 (b))[27]：以石墨烯/$K_{0.5}Na_{0.5}NbO_3$/CEP①多相为正介电层、33.3wt%②石墨/PVDF 多相为负介电层、h-BN/CEP 多相为绝缘层，研究了层状复合材料的介电常数和叠层顺序的关系，以负介层–正介层–绝缘层–正介层–负介层顺序堆叠的五层复合材料，介电常数最大 (886 @ 100Hz)，与传统的电介质相比，这种叠层结构的耐

① CEP：环氧树脂与双酚 A 二氰酸酯的混合物。

② wt%表示质量分数。

压强度提高了 72%，储能密度提高了 720%，正介电层和负介电层叠层的协同效应有助于介电常数的提高，绝缘材料层有效地避免了过高的介电损耗和耐压性能的恶化。此外，Zhu 等利用挤出成型将 PVDF 和 15wt%① 炭黑/PVDF 多相进行堆叠，堆叠层数高达 256 层，介电常数约为 60 (@ 10^3 Hz)，约是串联模型的计算值的 4 倍，耐压强度为 2.4MV/m，较之单层材料至少提高了两个数量级，多相材料和 PVDF 层间界面处的多重极化导致介电常数大幅度提高，同时，叠层结构中的 PVDF 层保证了耐压性能 [28]。

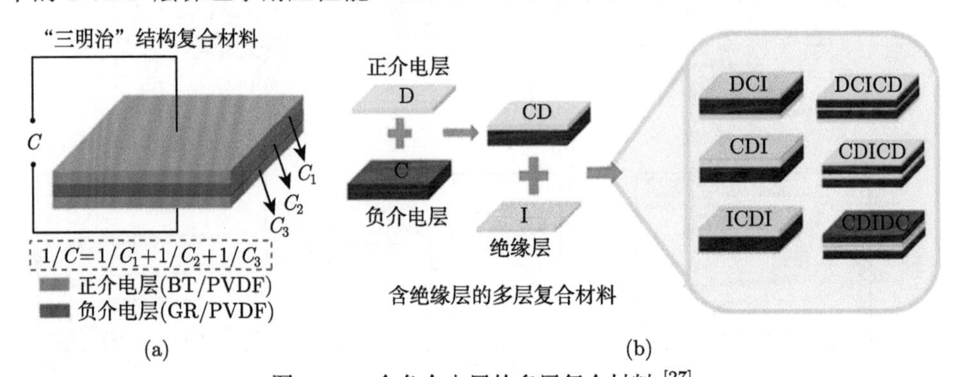

图 1.10　含负介电层的多层复合材料 [27]

(a) 正–负–正 "三明治" 结构 [30]；(b) 含负介电层和绝缘层的复合材料；BT：钛酸钡；GR：石墨烯

随着电子技术的快速发展，电子元器件的集成化和小型化趋势更为显著。电感也是集成电路中最为常用的一类电子元器件，在无源器件片式化进程中，电感类元器件的发展相对落后于阻容类元器件，常用的电感器往往仍由导电材料盘绕磁芯制成。20 世纪 90 年代，表面安装技术逐渐成为现代电路组装技术的主流，催生了叠层片式电感的出现，其关键是实现磁介质材料 (如软磁铁氧体) 和内导体 (银较为常用) 共烧结 [29]。相较于传统绕线式电感，叠层片式电感具有体积小、重量轻、磁屏蔽良好、漏磁通小、适于高密度集成化组装等一系列优点。近年来，负介材料的出现及对其阻抗行为的分析，为新一代非绕线式电感的设计提供了新的思路。Yan 等通过在聚碳酸酯薄膜表面注入电荷，所改性的聚合物材料在 1Hz ~ 10kHz 的频率范围内具有负介电特性，对其所展现出的螺旋曲线型的复阻抗图谱 (图 1.11 (a)) 进行分析发现，当介电常数为负数时，材料的特性对应于电感行为，这在无磁芯和无绕线的状态下值得关注 [30]。结合式 (1.16)，当 $\omega < \omega_{\mathrm{p}}$ 时，负介电常数的近似解为

$$\varepsilon' = 1 - \frac{\omega_{\mathrm{p}}^2}{\omega^2} \tag{1.21}$$

此时有

① wt%表示质量分数。

$$(\mathrm{i}\omega C')=[\mathrm{i}\omega(\varepsilon'+\varepsilon)c]^{-1}\approx(\mathrm{i}\omega\varepsilon'c)^{-1}=-\left(\mathrm{i}\omega c\frac{\omega_{\mathrm{p}}^2}{\omega^2}\right)^{-1}=\mathrm{i}\omega\left(c\omega_{\mathrm{p}}^2\right)^{-1}=\mathrm{i}\omega L \quad (1.22)$$

式中，c 是真空介电常数。可见，当介电常数由正值变为负值时，电容即变成了电感。电容介质内电流相位领先于电压相位 90°，而在电感内电流相位滞后于电压相位 90°，传统的电容器通常是由两个平行电极板及其中间的介质材料所构成，如果将两电极间的介质材料替换为负介材料，则电流相位滞后于电压相位，此两平行电极与负介材料所构成的结构呈现出电感性，且此电感结构无需线圈，关键在于电极间的负介材料对电流/电压相位的影响 (图 1.11(b))[31]。Tanabe 等提出利用非欧姆导体设计非绕线式电感的思路，以单晶 Ca_2RuO_4 为介质，获得了高达 42H 的电感值，这对于电感器件的小型化、片式化和集成化具有重要工程应用意义 (图 1.11(c))[32]。

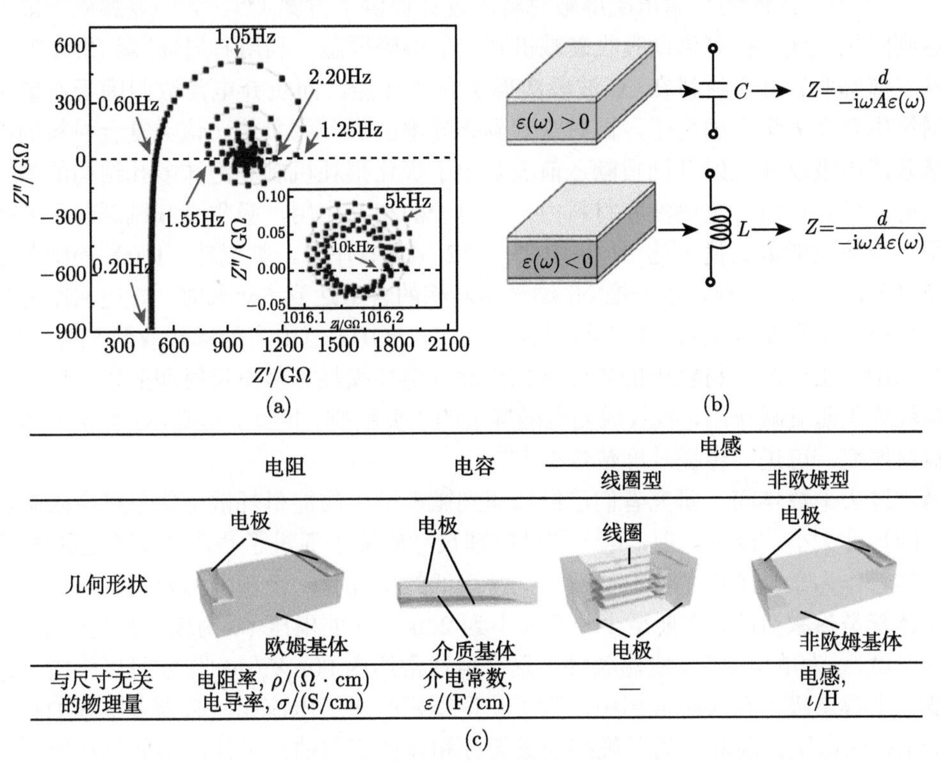

图 1.11 负介材料的阻抗性能和非绕线式电感设计思路 [30-32]

在高频电路中，为了消除有害电磁波对电子元器件的干扰，需对电路进行电磁屏蔽保护，电磁波入射到屏蔽材料时，常以反射和衰减的形式被耗散掉。常用于电磁屏蔽的材料是金属，由于自由空间与金属表面处的阻抗不连续，入射电磁波的能量可在此处反射掉。近年来，针对一些更轻质的、高效的屏蔽材料的研究也在快速发展。依据麦克斯韦方程，当某种物质仅介电常数或磁导率为负值时，电磁波不能在该物质内部传播，而是在表面发生反射，因此，负介材料在电磁屏蔽领域具有极大的应用潜力。

利用浸渍–煅烧工艺制备了 Ag/Si_3N_4 金属陶瓷复合材料，在 2 ~ 18GHz 频率范围内研究了其电磁性能，如图 1.12 (a)~(c) 所示，当 Ag 的含量达到 38wt%时，出现负介电常数，由于阻抗失配导致电磁波反射，这类具有负介电常数的复合材料的屏蔽效能 SE_T 超过 20dB，Ag 含量继续增多导致负介电常数的数量级变大，阻抗失配的影响更为显著，SE_T 最高值达到 30.7dB[33]。Qing 等制备了石墨烯/Al_2O_3 陶瓷基复合材料，当石墨烯含量为 2.0vol%，且当温度升高至 400℃ 时，在 X 波段 (8.2 ~ 12.4GHz) 观察到负介电常数，同时该复合材料表现出较好的电磁屏蔽性能，在 400℃ 条件下，厚度仅为 1.5mm 的陶瓷复合材料的屏蔽效能 SE_T 高达 37.4dB，由此为高温电磁屏蔽材料的设计提供了方案 [34]。如能兼顾磁性能以达到阻抗连续，也可借助吸收衰减机制实现电磁屏蔽，利用石墨烯/聚 (3, 4-亚乙基二氧噻吩) 复合材料在 X 波段实现负介电性能，而负介电常数归因于石墨烯网络中存在大量自由电子，同时观察到磁导率的虚部为负值。该类复合材料的屏蔽效能由吸收和反射共同贡献，前者是由于极化损耗机制和泡沫多孔结构的多重散射，后者是由于电磁波和材料内自由电子的相互作用，吸收衰减机制起主要作用，屏蔽效能最高值可达 91.9 dB(图 1.12 (d)~(f))[35]。类似地，Park 等制备了 Ni/PVDF 复合材料，当一维 Ni 纳米功能相的含量达到 6wt%时，导电网络的形成使介电常数变为负数，复合材料在 18 ~ 26.5GHz 范围内的屏蔽效能 SE_T 超过 24.7dB，由于复合材料中的界面极化损耗、电导损耗、多重反射和散射，以及磁损耗等电磁衰减作用，吸收成为电磁屏蔽的主要机制，因此，提高 Ni 含量或增加材料厚度，可进一步提升屏蔽效果 [36]。

过去十数年间，研究者们已经认识到微电子中的能量耗散可能最终会限制器件的尺寸大小。截至目前，电子器件物理尺寸的缩小促进了芯片产业的迅猛发展，晶体管作为微电子设备的核心器件，其最低的功耗有一个基本的限制，即传统的晶体管是热激活的，需要至少一个大小为 $2.3kT/q$ 的电压 (k 为玻尔兹曼常量，T 为温度，q 为单位电荷，室温条件下这个值通常约为 60mV/dec①) 才可以将电流改变一个数量级。在实际应用中，为了获得良好的通断电流比，必须多次施加超过 60mV 的电压。因此，为了维持稳健运行和保持正常的开关比，不能将传统晶体管的电源电压继续降低，而继续缩小晶体管器件尺寸则会增加能量耗散密度，导致器件因发热而损坏，这一情况通常被称为“玻尔兹曼暴政”[37]。Salahuddin 论述了使用负介 (电容) 材料代替晶体管的栅极电介质后 (即 C_{ins} 变为负值)，晶体管的亚阈值摆幅 ($2.3kT/q \times (1 + C_s/C_{ins})$) 小于 60mV/dec (图 1.13)[38]。

① dec 是 decade 的简写，表十进位。

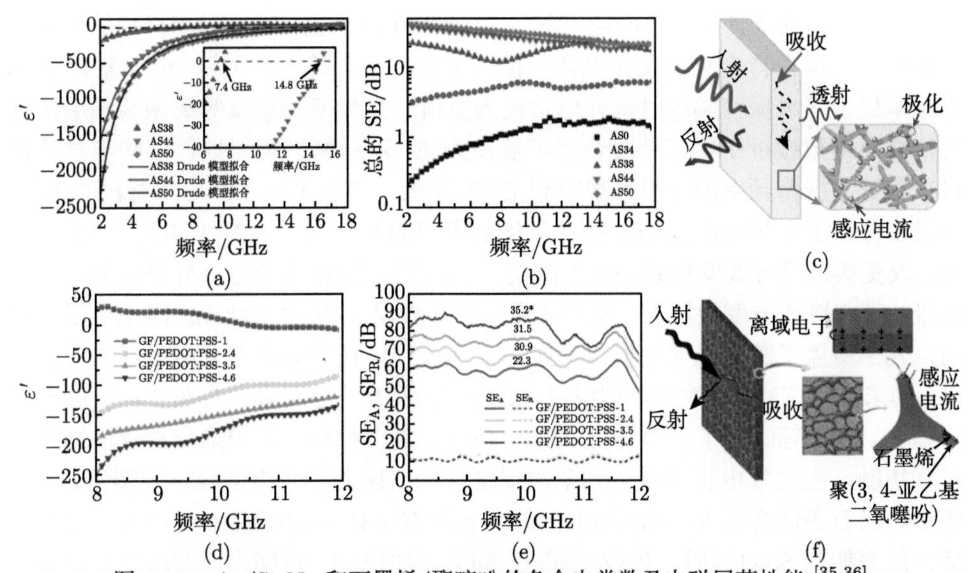

图 1.12 Ag/Si_3N_4 和石墨烯/聚噻吩的负介电常数及电磁屏蔽性能 [35,36]

(a) Ag/Si_3N_4 材料负介电性能；(b-c)Ag/Si_3N_4 材料电磁屏蔽性能及示意图；(d) 石墨烯/聚噻吩材料负介电性能；(e-f) 石墨烯/聚噻吩材料电磁屏蔽性能及示意图.

* 各条曲线上方的数据的单位是 S/cm

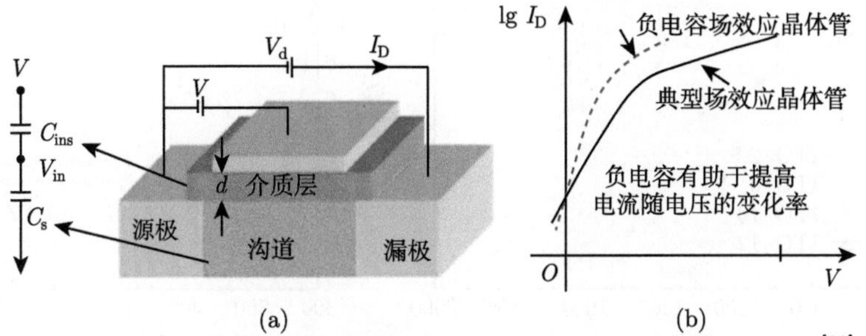

图 1.13 负介 (电容) 材料取代栅极电介质后降低亚阈值摆幅原理图 [38]

(a) 场效应晶体管结构示意图；(b) 电流随电压的变化率

目前，该方向的研究主要集中在以铁电材料代替场效应晶体管的绝缘栅极层。如在都采用负电容状态的 P(VDF-TrFE) 铁电材料作为栅极材料的情况下，Song 等的研究工作将 GaN 场效应晶体管的亚阈值摆幅降低至 36.3mV/dec[39]；Choi 等将 MoS_2 场效应晶体管的亚阈值摆幅降低至 32mV/dec[40]；Xu 等将 In_2O_3 场效应晶体管的亚阈值摆幅降低至 10mV/dec[41]。需要注意的是，铁电体在静电场下的负电容状态不稳定，其机制目前尚未完全阐明，因此寻找低损耗的负介材料仍然是未来努力的方向。

材料的介电常数既然可以为负，近零也就不难理解。介电近零 (ENZ) 材料是指在特定频率处介电常数接近于零的材料。ENZ 材料在电磁波吸收、非线性光学、移相器等领域具有广泛的应用前景 [42,43]。在理论上，通过对超材料结构参数的调整，可以在特定频段使介电常数接近于零，甚至等于零 [44]；对于金属材料，当频率低于等离振荡频率时，介电常数为负值；当频率与金属等离振荡频率接近时，介电常数接近于零，此时金属可被视为 ENZ 材料。类似地，一些半导体材料在其等离振荡频率附近也可观察到 ENZ 现象，通常金属和半导体材料的 ENZ 频段多分布于光学波段。Guo 等在氧化铟锡 (ITO) 纳米晶材料中实现了 ENZ 现象，改变掺杂量可改变体系的电子浓度，ENZ 可出现在整个近红外及部分中红外波段：随着掺杂浓度的增加，电子浓度升高，ENZ 波长由 1600nm 向 1300nm 移动，几乎覆盖了整个光通信窗口 (图 1.14 (a))[45]。在射频甚至频率更低的交流频段，尚未报道 ENZ 特性的单相材料，以往都是利用人工结构。在负介材料的研究基础上，Qiu 等制备了石墨烯/聚烯烃 (POE) 复合材料，石墨烯随含量增加逐渐相互接触，当等效电子浓度达到某种程度时，出现弱负介电常数，如图 1.14 (b) 所示，当石墨烯含量为 40wt%时，ENZ 出现在 331 ~ 361MHz 范围内，当石墨烯含量增加到 50wt%时，ENZ 出现在 365 ~ 491MHz 范围内，即改变石墨烯含量，可以调控该复合材料的 ENZ 性能 [46]。

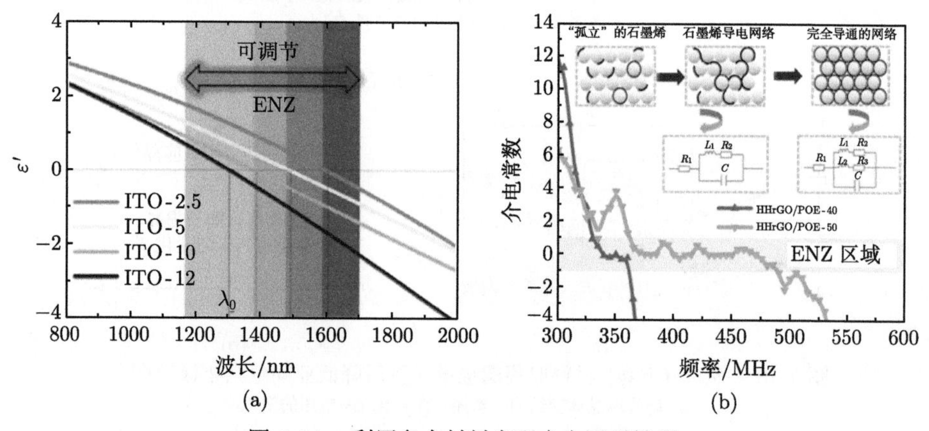

图 1.14 利用负介材料实现介电近零性质

(a) ITO[45]；(b) 石墨烯/POE 复合材料 [46]

参 考 文 献

[1] Gao M, Shi Z C, Fan R H, et al. High-frequency negative permittivity from Fe/Al_2O_3 composites with high metal contents. J Am Ceram Soc, 2012, 95 (1): 67-70.

[2] Shi Z, Fan R, Zhang Z, et al. Experimental and theoretical investigation on the high frequency dielectric properties of Ag/Al_2O_3 composites. Appl Phys Lett, 2011, 99: 032903.

[3] Shi Z, Fan R, Zhang Z, et al. Random composites of nickel networks supported by porous alumina toward double negative materials. Adv Mater, 2012, 24 (17): 2349-2352.

[4] Shi Z, Fan R, Yan K, et al. Preparation of iron networks hosted in porous alumina with tunable negative permittivity and permeability. Adv Funct Mater, 2013, 23 (33): 4123-4132.

[5] 张良莹, 姚熹. 电介质物理. 西安: 西安交通大学出版社, 1991.

[6] 燕克兰. 锰酸锶镧的掺杂改性与双负机理. 济南: 山东大学, 2015.

[7] Fan G, Wang Z, Sun K, et al. Doping-dependent negative dielectric permittivity realized in mono-phase antimony tin oxide ceramics. J Mater Chem C, 2020, 8 (33): 11610-11617.

[8] 基泰尔. 固体物理导论 (原著第八版). 项金钟, 吴兴惠, 译. 北京: 化学工业出版社, 2005.

[9] Ashcroft N W, Mermin N D. Solid State Physics. Beijing: World Publishing Corporation, 2004.

[10] 陆栋, 蒋平, 徐至中. 固体物理学. 上海: 上海科学技术出版社, 2010.

[11] Pendry J B, Holden A J, Stewart W J, et al. Extremely low frequency plasmons in metallic mesostructures. Phys Rev Lett, 1996, 76 (25): 4773-4776.

[12] Shelby R A, Smith D R, Schultz S. Experimental verification of a negative index of refraction. Science, 2001, 292 (5514): 77-79.

[13] Liu Y, Zhang X. Metamaterials: A new frontier of science and technology. Chem Soc Rev, 2011, 40 (5): 2494-2507.

[14] 郝元恺, 肖加余. 高性能复合材料学. 北京: 化学工业出版社, 2004.

[15] 范润华. 负介材料: 超材料的分支. 中国材料进展, 2019, 38 (4): 313-318.

[16] Pecharroman C, Esteban-Betegon F, Bartolome J F, et al. New percolative $BaTiO_3$-Ni composites with a high and frequency-independent dielectric constant ($\varepsilon_r \approx 80000$). Adv Mater, 2001, 13 (20): 1541-1544.

[17] Pecharromán C, Moya J S. Experimental evidence of a giant capacitance in insulator-conductor composites at the percolation threshold. Adv Mater, 2000, 12 (4): 294-297.

[18] Nan C, Shen Y, Ma J. Physical properties of composites near percolation. Annu Rev Mater Res, 2010, 40: 131-151.

[19] Du H, Lin X, Zheng H, et al. Colossal permittivity in percolative ceramic/metal dielectric composites. J Alloy Compd, 2016, 663: 848-861.

[20] Shi Z, Fan R, Yan K, et al. Preparation of iron networks hosted in porous alumina with tunable negative permittivity and permeability. Adv Funct Mater, 2013, 23 (33): 4123-4132.

[21] Wang X, Shi Z, Chen M, et al. Tunable electromagnetic properties in Co/Al_2O_3 cermets prepared by wet chemical method. J Am Ceram Soc, 2015, 97 (10): 3223-3229.

[22] Shi Z, Fan R, Wang X, et al. Radio-frequency permeability and permittivity spectra of copper/yttrium iron garnet cermet prepared at low temperatures. J Eur Ceram Soc, 2015, 35 (4): 1219-1225.

[23] Zhang Z, Fan R, Shi Z, et al. Tunable negative permittivity behavior and conductor-insulator transition in dual composites prepared by selective reduction reaction. J Mater Chem C, 2013, 1 (1): 79-85.

[24] Sun K, Fan R, Yin Y, et al. Tunable negative permittivity with Fano-like resonance and magnetic property in percolative silver/yttrium iron garnet nanocomposites. J Phys Chem C, 2017, 121 (13): 7564-7571.

[25] Wang Z, Sun K, Xie P, et al. Generation mechanism of negative permittivity and Kramers-Kronig relations in $BaTiO_3/Y_3Fe_5O_{12}$ multiferroic composites. J Phys Condens Matter, 2017, 29 (36): 365703.

[26] Wang Z, Li H, Hu H, et al. Direct observation of stable negative capacitance in $SrTiO_3$@$BaTiO_3$ heterostructure. Adv Electron Mater, 2020, 6 (2): 1901005.

[27] Gong R, Yuan L, Liang G, et al. Preparation and mechanism of high energy density cyanate ester composites with ultralow loss tangent and higher permittivity through building a multilayered structure with conductive, dielectric, and insulating layers. J Phys Chem C, 2019, 123 (22): 13482-13490.

[28] Zhu J, Shen J, Guo S, et al. Confined distribution of conductive particles in polyvinylidene fluoride-based multilayered dielectrics: Toward high permittivity and breakdown strength. Carbon, 2015, 84 (1): 355-364.

[29] 张洪国, 周济, 岳振星, 等. 高性能叠层片式电感 (MLCI) 材料研究进展. 高技术通讯, 2000, 10 (10): 3.

[30] Yan H, Zhao C, Wang K, et al. Negative dielectric constant manifested by static electricity. Appl Phys Lett, 2013, 102: 062904.

[31] Li Y, Engheta N. Capacitor-inspired metamaterial inductors. Phys Rev Appl, 2018, 10: 054021.

[32] Tanabe K, Taniguchi H, Nakamura F, et al. Giant inductance in non-ohmic conductor. Appl Phys Express, 2017, 10: 081801.

[33] Cheng C, Jiang Y, Sun X, et al. Tunable negative permittivity behavior and electromagnetic shielding performance of silver/silicon nitride metacomposites. Compos Part A-Appl S, 2020, 130: 105753.

[34] Qing Y, Wen Q, Luo F, et al. Temperature dependence of the electromagnetic properties of graphene nanosheet reinforced alumina ceramics in the X-band. J Mater Chem C, 2016, 4 (22): 4853-4862.

[35] Wu Y, Wang Z, Liu X, et al. Ultralight graphene foam/conductive polymer composites for exceptional electromagnetic interference shielding. ACS Appl Mater Interfaces, 2017, 9 (10): 9059-9069.

[36] Zhao B, Park C B. Tunable electromagnetic shielding properties of conductive poly (vinylidene fluoride)/Ni chain composite films with negative permittivity. J Mater Chem C, 2017, 5 (28): 6954-6961.

[37] Theis T N, Solomon P M. It's time to reinvent the transistor! Science, 2010, 327 (5973): 1600-1601.

[38] Salahuddin S, Datta S. Use of negative capacitance to provide voltage amplification for low power nanoscale devices. Nano Lett, 2008, 8 (2): 405-410.

[39] Song W, Li Y, Zhang K, et al. Steep subthreshold swing in GaN negative capacitance field-effect transistors. IEEE T Electron Dev, 2019, 66: 4148-4150.

[40] Choi H, Shin C. Negative capacitance transistor with two-dimensional channel material (Molybdenum disulfide, MoS_2). Phys Status Solidi A, 2019, 216 (16): 1900177.

[41] Xu Q, Liu X, Wan B, et al. In_2O_3 nanowire field-effect transistors with sub-60mV/dec subthreshold swing stemming from negative capacitance and their logic applications. ACS Nano, 2018, 12 (9): 9608-9616.

[42] Lobet M, Majerus B, Henrard L, et al. Perfect electromagnetic absorption using graphene and epsilon-near-zero metamaterials. Phys Rev B, 2016, 93: 235424.

[43] Engheta N. Pursuing near-zero response. Science, 2013, 340 (6130): 286-287.

[44] Liu R, Cheng Q, Hand T, et al. Experimental demonstration of electromagnetic tunneling through an epsilon-near-zero metamaterial at microwave frequencies. Phys Rev Lett, 2008, 100: 023903.

[45] Guo Q, Cui Y, Yao Y, et al. A solution-processed ultrafast optical switch based on a nanostructured epsilon-near-zero medium. Adv Mater, 2017, 29 (27): 1700754.

[46] Dai J, Luo H, Moloney M, et al. Adjustable graphene/polyolefin elastomer epsilon-near-zero metamaterials at radiofrequency range. ACS Appl Mater Interfaces, 2020, 12 (19): 22019-22028.

第 2 章　材料构型设计

负介电是超材料的主要特性之一。不同于精细加工的人工结构，在均质材料中实现负介电也一直备受关注。各类材料本身有丰富的构型，其中逾渗构型材料提供了丰富的手段。在电学材料领域，人们早已利用逾渗构型设计材料，比如，在树脂中加入导电填料获得导电塑料，在电介质中加入金属提高介电常数。但是，对于超过逾渗阈值组分的材料的介电性能研究极少。

2.1　逾 渗 理 论

逾渗理论是统计物理的一个分支，是处理强无序和具有随机几何结构系统的常用理论方法，在定量表征宏观传导、传输性质与多孔介质空间拓扑结构间的普适性规律等方面具有较强的适用性。早期就有研究人员利用与逾渗理论相同的思想来描述高分子聚合作用 [1]，后来在研究无序多孔介质中的流体流动时正式引入"逾渗理论"这一基本概念 [2]。该理论的核心内容是：当无序系统的某种成分或密度变化达到某一定值 (逾渗阈值) 时，系统的一些物理性质将会发生明显的变化，即在逾渗阈值处系统的一些物理现象会突然消失或出现。

目前，逾渗理论是处理无序和随机结构问题的常用方法之一 [3,4]，广泛地用于多孔介质中的流体流动、导体/绝缘体复合材料、群体中疾病的传播、通信或电阻网络等问题 [5]，见表 2.1。逾渗理论中的"流体"可以是液体或气体等在一个无序随机系统中传导/流动的介质，如大火在森林中的扩散、电荷在颗粒介质中的输运、疾病在社会人群中的传播等。从广义上讲，流体在介质中流动都具有一定程度的随机性。需要注意的是，电流/流体在无序介质中的流动/传导过程具有两种随机类型：① 流体物质在空间中的流动本身具有随机性，即流体可以自己"决定"向任意方向流动，这一现象被称为"扩散"过程；② 电流或流体的流动路径具有随机性。电流/流体在多孔介质中的流动受到多孔介质孔隙空间的随机性特征影响，因此这一过程可以采用逾渗理论进行描述。

以多孔介质的流体流动为例，在多孔介质模型中，可以将逾渗理论形象地描述为：当流体流过一个可渗透的多孔模型时，模型中的固体骨架和孔隙处于随机分布状态，如果孔隙在多孔模型中所占的比例低于某一临界值，那么多孔模型在宏观特性上将会由导通状态变为不导通状态。图 2.1 为二维网格逾渗通道变化示意图，其中，黑色立方体表示骨架区域，白色立方体表示孔隙区域。假设微立方

体是孔隙的概率为 p，即孔隙率为 ϕ，骨架的概率为 $1-p=1-\phi$，且各微立方体之间互不影响。随着孔隙的增加，网格中会出现相互连通的有限大小的团，贯穿密封界面的两侧，形成逾渗通道。

表 2.1 逾渗理论的应用

现象	转变
多孔介质中的流体流动	堵塞/流通
群体中疾病的传播	抑制/流行
通信或电阻网络	断开/联结
导体/绝缘体复合材料	绝缘/导电
非晶态半导体迁移	局域态/扩展态
聚合物凝胶化/流化	液体/凝胶
核物质中的夸克	禁闭/非禁闭

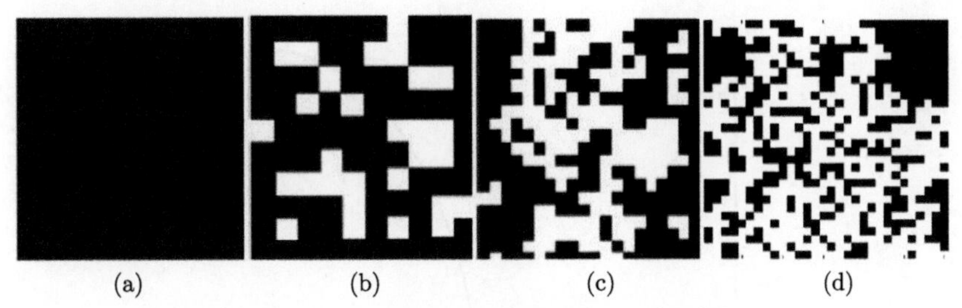

(a) (b) (c) (d)

图 2.1 二维网格逾渗通道变化示意图 [6]

(a) $\phi_1=0$；(b) $\phi_1<\phi_2<\phi_c$；(c) $\phi_3=\phi_c$；(d) $\phi_4>\phi_c$

在逾渗理论中，逾渗阈值 ϕ_c 是一个重要参数。当孔隙率 ϕ 小于逾渗阈值 ϕ_c 时，逾渗网格中的孔隙不会贯穿密封界面的两侧；当孔隙率 ϕ 等于逾渗阈值 ϕ_c 时，逾渗网格密封界面完全逾渗，即不只是几个逾渗点，而是出现大的孔隙群，中间点缀有大量的骨架碎块；当孔隙率 ϕ 大于逾渗阈值 ϕ_c 时，逾渗概率急剧增加。通过计算机模拟，逾渗概率与孔隙率的关系如图 2.2 所示，当 $\phi<\phi_c$ 时，不发生逾渗；当 $\phi\geqslant\phi_c$ 时，发生逾渗。发生逾渗时最大团称为逾渗团，此时将最大的孔隙团与总网格数量的比值定义为逾渗概率，如式 (2.1) 所示，相应的孔隙率称为逾渗阈值 (ϕ_c)。

$$P(p)=\frac{M(L)}{L^{\mathrm{d}}} \tag{2.1}$$

式中，$P(p)$ 为逾渗概率；$M(L)$ 为最大的孔隙团；L^{d} 为总网格数量。

在导体/绝缘体复合材料体系中，随着导电填料的增加，材料内部逐渐形成导电通路，材料从绝缘体逐渐转变为导体，即发生导电逾渗转变。逾渗理论认为，在复合材料体系中，只有当导电填料之间距离为零时，电子才会在导电填料之间进行迁移，因此，当基体中导电填料的填充量达到一定比例时，体系才会发生电子迁移，呈现出导电特性。当导电填料的添加达到一定比例时，材料体系的电阻率或电导率会发生急剧变化，称为逾渗现象，如图 2.3 所示，常用发生逾渗时填料的体积分数 ϕ_c 表示逾渗阈值。逾渗现象的发生通常包含以下三个阶段：① 当体系中导电填料较少时，体系中的填料不足以形成导电通路，此时体系的电流形式主要为隧道效应和场致发射产生的跃迁电子，由于存在电子跃迁势垒，在这个阶段中跃迁电子很少，因此电流很小，对材料整体导电性能的贡献有限；② 当体系中导电填料达到一定含量时，导电网络开始逐渐形成，此时体系的电阻率减小，因此这一阶段体系的电阻率受填料的填充量影响较大；③ 当体系中的导电网络逐渐完善，导电填料的填充量对体系的电阻率影响减弱，电阻率增加速率减慢。逾渗理论只是在宏观上对复合材料进行了解释，并没有对导电的本质进行解释，同时也无法解释填料对体系的影响。

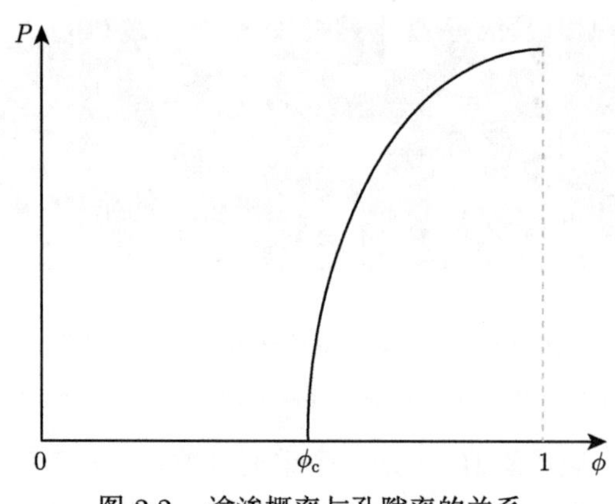

图 2.2　逾渗概率与孔隙率的关系

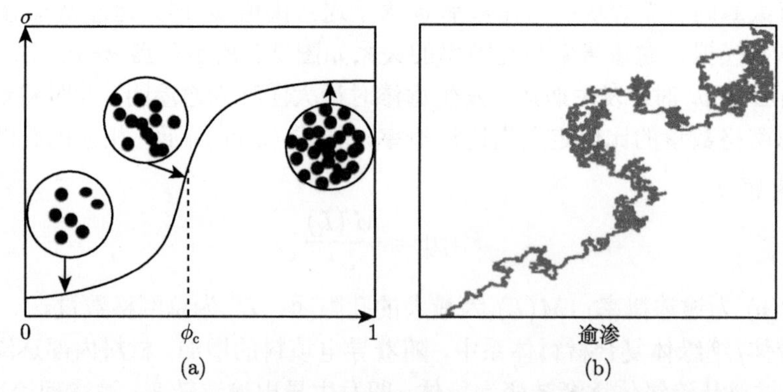

图 2.3　电导率与导电填料体积分数的关系 (a) 及逾渗现象示意图 (b)

对于导体/绝缘体复合材料，当填料体积分数不超过逾渗阈值时，材料的宏观介电特性与填料体积分数的关系 [7] 为

$$\varepsilon = \varepsilon_0 \left(\frac{\phi_c - \phi}{\phi_c} \right)^{-q} \tag{2.2}$$

式中，ε 为介电复合材料的介电常数；ε_0 为聚合物基体的介电常数；ϕ_c 为逾渗阈值；ϕ 为导电填料体积分数；q 为临界指数，是与体系维数相关的系数。当导电填料的体积分数接近逾渗阈值时，复合材料的介电常数呈指数倍增，对于这种异常变化，目前主要有两种解释。① 界面极化：填料和绝缘基体的电导率差异很大，当复合材料处于电场中时，电荷会大量聚集在这种导体与绝缘体界面处，从而导致介电常数显著增大；② 微电容理论：当填料体积分数接近逾渗阈值时，复合材料内部形成了无数个像导体–绝缘体–导体一样的微电容，且相互并联，最终导致介电常数急剧增大。

因此，上述逾渗构型介电材料的导电填料含量往往低于逾渗阈值，其性能调控的目标围绕着“高介电常数”。可见，逾渗阈值是逾渗构型材料最重要的参数。当导电填料含量进一步增加，直至超过逾渗阈值后，材料整体性能变化是否仍符合逾渗理论？在导体/绝缘体复合材料中，当导电填料体积分数增加至某个含量附近时，电导率剧烈增加，达到逾渗阈值，如图 2.4(a) 所示，与其相对应的介电常数在逾渗阈值附近获得最大值，如图 2.4(b) 所示。导电填料的体积分数继续增加，在过逾渗阈值区，介电常数开始减小，当超过某个临界值后，介电常数转变为负 (图 2.4(b))[8]。这种基于逾渗理论设计的负介材料也称为逾渗构型负介材料。

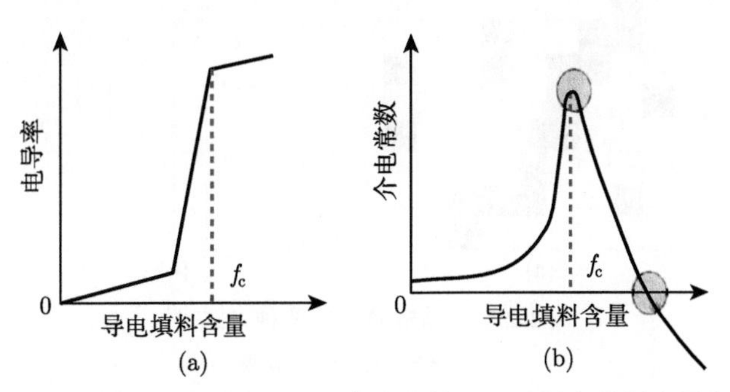

图 2.4 逾渗复合材料中电导率 (a) 和介电常数 (b) 随导电填料含量变化趋势 [8]

2.2 电子输运

逾渗构型负介材料的出现，开启了超材料研究的新篇章，时至今日，相关理论、机制仍在不断完善。由等离振荡机制可知，金属的等离振荡会产生负介电，但主要发生在光学和红外波段，在射频波段导体的复介电常数是虚数，主要用电导

率来描述其电学性能。因此，降低等离振荡频率，有望在射频波段实现负介电性能。由于等离振荡频率与自由电子浓度和等效电子质量有关，所以降低自由电子浓度，可以获得更低的等离振荡频率。在过逾渗阈值区域，可以认为逾渗构型负介材料中的等效自由电子浓度相对于导体被稀释了，从而将等离振荡频率移至射频波段，实现了射频负介电性能。从材料角度看，射频负介电性能与材料内部导电填料的含量及分布状态密切相关。负介行为的产生与否取决于材料内部三维导电网络的构建及微观导电粒子的集体性行为。本节将结合多种逾渗模型及隧穿效应讨论材料内部导电粒子对介电性能的影响。

可以将导电填料作为二维或者三维的点或者键，而整个高分子基体作为一个有边界的阵列，点或者键以一定占有率随机分布在阵列中 [9]。当阵列中的点或键占有率达到临界值时，即相连的点或键将贯穿整个阵列，形成导电通路，此时占有率可表示为 P_{c}。在晶格模型中，其逾渗形式主要有两种：座逾渗和键逾渗，分别如图 2.5 (a) 和 (b) 所示。键逾渗是最简单的逾渗形式，在键逾渗理论中，键的形态由概率决定，若设 p 为键与键之间连接状态的概率，$1-p$ 即为未连接状态的概率，p 与临界状态无关。键是键逾渗导电路径的最小构成体，而座逾渗与键逾渗的不同之处在于最小构成体为晶格，若座被占据，相邻占座之间是彼此相连的。在图 2.5(a) 和 (b) 中黑色晶格和红色键分别间接连接了上边界和下边界，形成一条导电通路，即体系发生了逾渗。

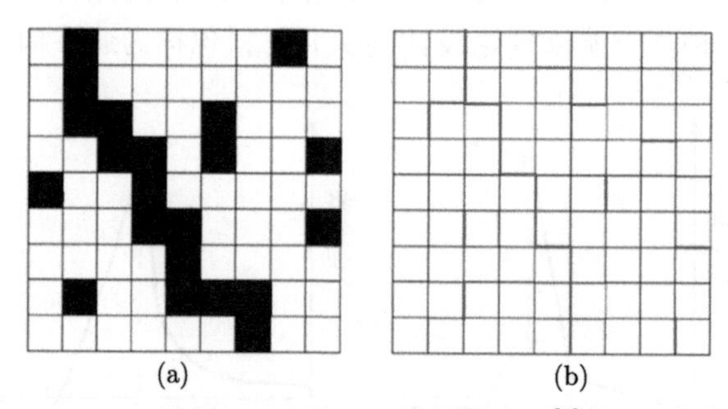

图 2.5 晶格逾渗的两种方式 [9]

(a) 座逾渗；(b) 键逾渗

上述理论认为：若导电粒子之间相互直接接触或者导电粒子之间的距离在 1nm 以内，则两个粒子之间可以相互连接，并给出了在逾渗阈值附近，导电填料的体积分数与复合材料电导率之间的关系式为

$$\sigma=\sigma_{\mathrm{p}}\left(\varphi-\varphi_{\mathrm{c}}\right)^{t} \tag{2.3}$$

式中，σ 为复合材料电导率；σ_{p} 为导电填料电导率；φ 为填料体积分数；φ_{c} 为发生逾渗时的临界体积分数；t 是临界指数，通常 t 与体系维数及导电填料的尺寸和

形态有关，这完全符合逾渗理论中的幂次定律。一般情况下，二维体系的临界值为 1.3，三维体系的临界值通常为 1.65~2.0。当体系中球形导电填料的占比达到 16%时，体系形成导电网络。上述模型建立了填料含量对体系电导率的影响，并且通过分析 t 与 φ 得到填料在体系内的空间分布，但是在实际填料体系中，由于填料的形态等综合因素的影响，t 的值通常比理论值要大。

导电网络模型则认为导电填料在聚合物内部呈现相互连接的聚集体形式，将聚集体展开得到类似分子链的结构，新添加的导电颗粒导入聚集体中的概率为 [10]

$$W = 1 - \frac{(1-\alpha)^2}{(1-y)^2\alpha} \tag{2.4}$$

式中，y 是方程 (2.5) 的最小根：

$$\alpha(1-\alpha)^{f-2} = y(1-y)^{f-2} \tag{2.5}$$

式中，f 为导电粒子的配位数或功能因子，即一个导电粒子中与其他粒子的配位数；α 为一种粒子发生接触的概率。对于球形导电粒子，复合材料的电阻率 ρ 与导电粒子体积分数 φ 之间的关系式为

$$\frac{\rho}{\rho_{\mathrm{m}}} = \left[1-\varphi+\varphi\cdot W\left(\frac{\rho_{\mathrm{m}}}{\rho_{\mathrm{p}}}\right)\right]^{-1} \tag{2.6}$$

式中，ρ 为复合材料的电阻率；ρ_{m} 为基体的电阻率；ρ_{p} 为导电粒子的电阻率；φ 为导电粒子的体积分数。该模型考虑了基体电阻率对复合材料体系的影响。

研究者在描述复合材料导电网络时，提出了导电粒子的"平均接触数 m"这一概念 [11]。m 通常指的是平均每个粒子与周围其他粒子的接触数量。研究者在进行银粉/酚醛树脂导电实验后，发现体系电阻率的突变与银粉粒子的平均接触数 m 密切相关。之后，研究者发现，当 $m=1$ 时，材料体系中开始形成导电网络，当 $m=2$ 时，材料体系中网络基本形成，在这之后添加导电粒子对体系电阻率的影响不大，并根据以上结果提出了新的关系式 [12]

$$(\varphi_2/\varphi_{\mathrm{c}})^{3/2} = 2 \tag{2.7}$$

式中，φ_2 为 $m=2$ 时的体积分数；φ_{c} 为临界体积分数。随后的研究者根据理论推导得出了渗流方程

$$\varphi_{\mathrm{c}} = (1+0.67f\lambda\tau)^{-1} \tag{2.8}$$

式中，f 为配位数；λ 为填料粒子密度；τ 为填料粒子的比空隙体积。这一逾渗模型基于统计学理论，解释了导电粒子形貌及含量之间的关系，同时在一定程度上解释了导电网络的形成。但是，理论本身也存在着一定的局限性，在进行电导率计算的时候，并没有体现出不同填料、不同基体的区别。

对于逾渗复合材料，无论功能填料是颗粒、纤维还是片，随着含量的升高均能形成三维导电网络，此时其内部结构的几何构型均是功能体呈一维线性连接，也就是说，三维几何导电网络的形成是逾渗现象发生的前提条件。实际上，电逾渗机制除了几何导通外，还有隧穿效应引起的逾渗现象。即当导电颗粒之间的距离小于最大隧穿距离，但是还未形成几何接触时，也能够形成传导电流 [13-15]。

在逾渗复合材料中，负介行为是否也受隧穿效应的影响？如果隧穿效应可以产生负介行为，那么在构建负介材料时，尤其是在纳米尺度上构建负介电器件时，将具有更高的自由度，因为通过隧穿效应实现电连接的纳米颗粒比线形的几何构型更容易制备。

为了验证隧穿效应对负介电行为的影响，通过生物矿化法制备镍/氧化亚锰纳米复合材料，其中的镍纳米颗粒在几何上相互孤立分布，却能够通过隧穿效应实现电连接 [16-18]。生物矿化法制备镍/氧化亚锰纳米复合材料的工艺流程如图 2.6 所示。镍的含量通过控制 $NiCl_2$ 和 $MnCl_2$ 的摩尔比例实现调控。我们制备了镍的摩尔分数 (f_{Ni}) 为 0%、20%、40%和 60%的 Ni/MnO 复合材料，样品代号分别为 MnO、Ni20、Ni40 和 Ni60。

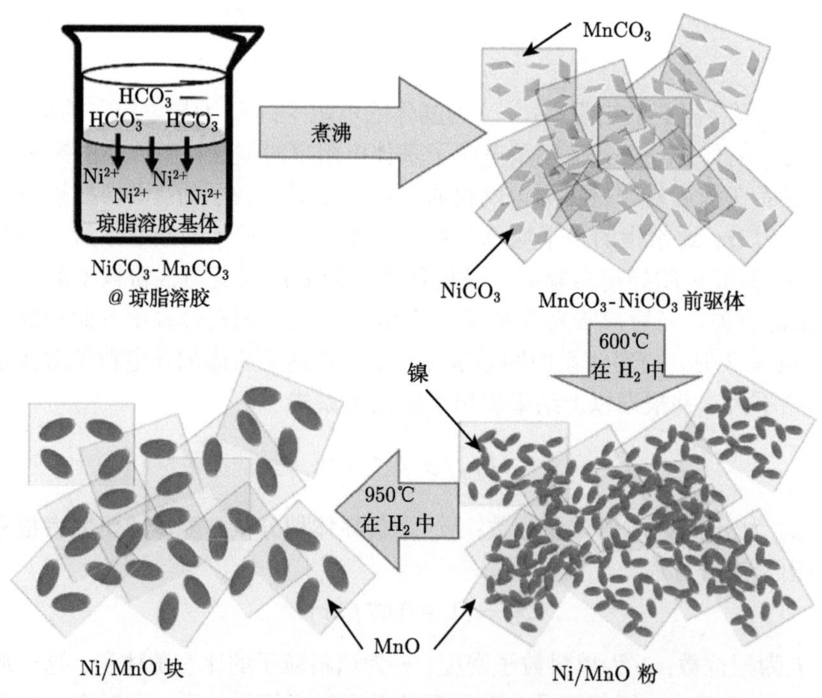

图 2.6 生物矿化法制备镍/氧化亚锰纳米复合材料的工艺流程图

图 2.7 是 $NiCO_3/MnCO_3$ 前驱体和 Ni/MnO 粉体的 XRD 谱。$NiCO_3/MnCO_3$ 前驱体的衍射峰对应菱锰矿晶型的 $MnCO_3$，$R\text{-}3c$ (No.167) 的六角空间群，晶格尺寸为 $a = b = 4.7901\text{Å}$，$c = 15.694\text{Å}$。在 X 射线衍射 (XRD) 谱中未检测到 $NiCO_3$ 的衍射峰，这是因为其衍射峰的强度远小于 $MnCO_3$ 的衍射峰强度。当在 600 ℃ 下氢气还原后，XRD 结果表明，复合粉体由镍和 MnO 组成，无其他的杂质相。这说明 $NiCO_3$ 和 $MnCO_3$ 分解并完全还原，通过生物矿化法成功制备出 Ni/MnO 复合粉体。

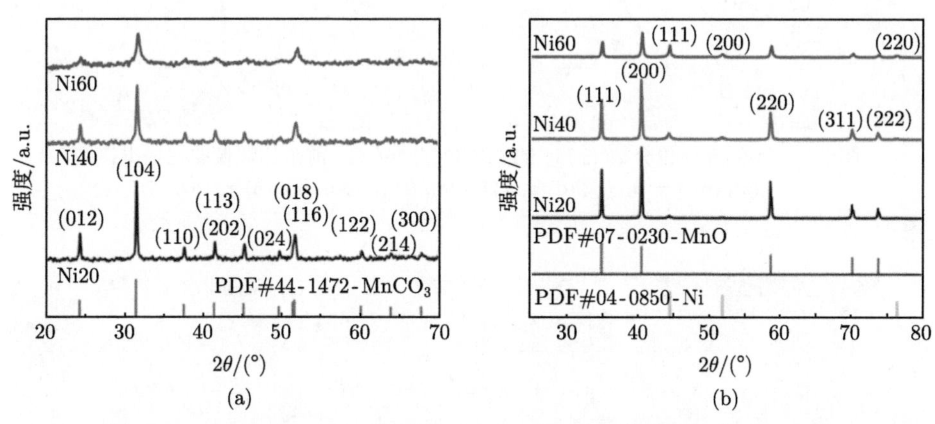

图 2.7 $NiCO_3/MnCO_3$ 前驱体 (a) 和 Ni/MnO 粉体 (b) 的 XRD 谱

图 2.8 是不同镍质量分数的 $NiCO_3/MnCO_3$ 前驱体颗粒的扫描电镜图。由图可见，当 f_{Ni} 为 0%时，颗粒呈立方形，大小约为 12μm，颗粒的形状随着 Ni、Mn 比而变化；当 $f_{Ni} = 40\%$时，颗粒的形状逐渐变为橄榄形；当 $f_{Ni} = 60\%$时，颗粒的形状变为球形。从高倍扫描电镜图中可以看出，$NiCO_3/MnCO_3$ 前驱体颗粒是由无数纳米颗粒组成的，且纳米颗粒的尺寸随着镍含量的增加而逐渐减小，当 $f_{Ni} = 0\%$时，纳米颗粒的尺寸约为 400nm；当 $f_{Ni} = 20\%$时，纳米颗粒的尺寸约为 70nm；当 $f_{Ni} = 40\%$时，纳米颗粒的尺寸约为 45nm；当 $f_{Ni} = 60\%$时，纳米颗粒的尺寸约为 30nm。这表明镍元素的加入能够加快前驱体颗粒的形核过程，从而影响前驱体的形貌。

图 2.9 是不同镍含量的 Ni/MnO 粉体的扫描电镜图。由图可知，前驱体颗粒的形状在原位还原的过程中得到了保持。从高倍扫描电镜图中可以看出，MnO 的骨架结构是多孔的，这是碳酸盐的分解导致的；在 MnO 的骨架上均匀地分布着镍纳米颗粒。当 $f_{Ni} = 20\%$时，镍颗粒尺寸约为 20nm；当 $f_{Ni} = 40\%$和 60%时，镍颗粒尺寸约为 30nm。随着镍含量的增加，镍纳米颗粒间的距离也逐渐减小，当 $f_{Ni} = 60\%$时，镍纳米颗粒之间相互接触并形成几何网络。因此，镍纳米颗粒可

以通过 $NiCO_3$ 前驱体的原位转化获得，且前驱体颗粒的纳米结构能够保留下来。生物矿化为制备纳米金属陶瓷提供了新的方法。

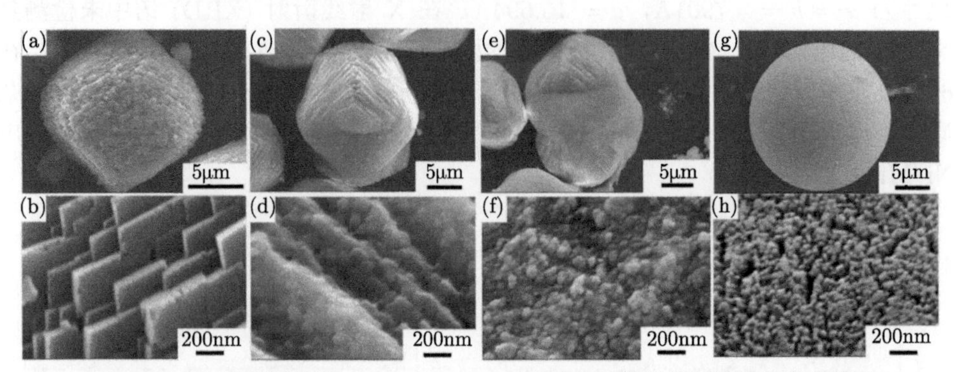

图 2.8 不同镍质量分数 (x%) 的 $NiCO_3/MnCO_3$ 前驱体颗粒的扫描电镜图

(a), (b) $x = 0$；(c), (d) $x = 20$；(e), (f) $x = 40$；(g), (h) $x = 60$

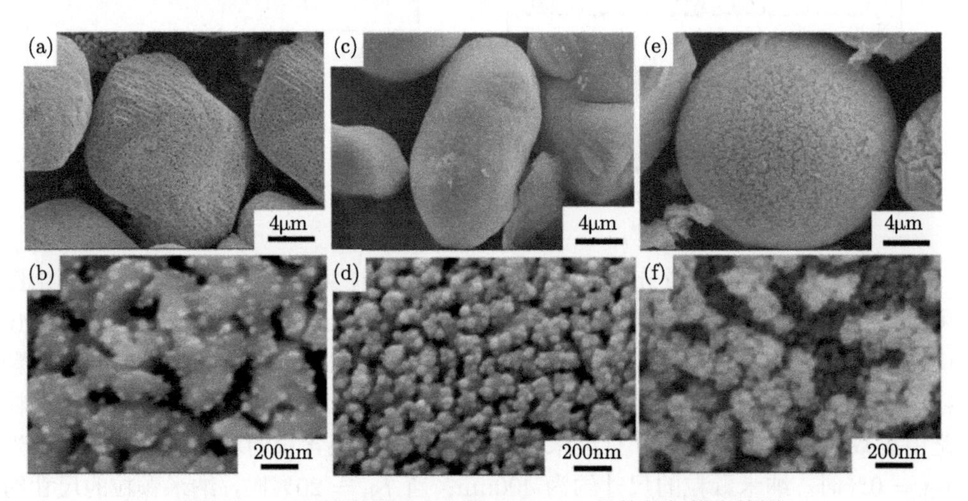

图 2.9 不同镍含量 (x%) 的 Ni/MnO 粉体的扫描电镜图

(a), (b) $x = 20$；(c), (d) $x = 40$；(e), (f) $x = 60$

图 2.10 是不同镍含量的 Ni/MnO 块体复合材料断面的扫描电镜图。经过烧结之后，当 $f_{Ni} = 20\%$时，MnO 的晶粒尺寸为 400nm，镍纳米颗粒的尺寸长大到约 100nm，但镍颗粒之间的距离也增加到 100nm；当 $f_{Ni} = 40\%$时，镍颗粒的尺寸生长到约 60nm，镍纳米颗粒之间的距离约为 50nm；当 $f_{Ni} = 60\%$时，镍颗粒的尺寸生长到约 50nm，镍纳米颗粒之间的距离约为 20nm；对于 $f_{Ni} = 60\%$的块体复合材料，与其粉体相比，内部的镍纳米颗粒均匀且孤立地分布于复合材料中，不再相互接触，这是由于镍纳米颗粒在烧结过程中发生了长大。因此可知，在 f_{Ni}

$= 60\%$的样品中，镍纳米颗粒之间没有形成几何网络，且镍纳米颗粒之间的距离为纳米级，这为研究隧穿效应提供了可能。

图 2.10 不同镍含量 ($x\%$) 的 Ni/MnO 块体复合材料断面的扫描电镜图

(a), (b) $x = 20$；(c), (d) $x = 40$；(e), (f) $x = 60$

图 2.11(a) 是不同镍含量的 Ni/MnO 复合材料的电导率频谱。当镍含量为 0%、20%和 40%时，交流电导率随着频率的增加而增加，通过幂次定律对实验数据进行拟合，理论计算数据与实验数据拟合度高，说明符合跳跃电导机制；当镍含量为 60%时，交流电导率随着频率的增加而降低，此为类导体电导，受趋肤效应的影响。不同的电导率频散特性表明电导机制不同，随着镍含量的增加出现了逾渗现象。

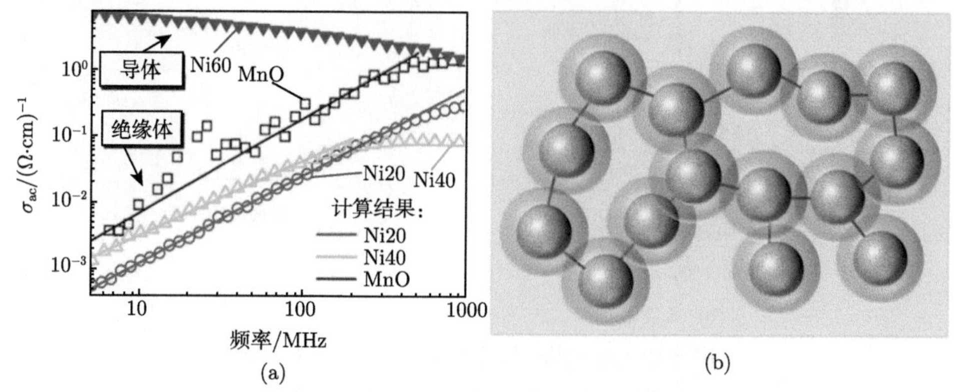

图 2.11 不同镍含量的 Ni/MnO 复合材料的电导率频谱 (a)及隧穿电流形成导电网络示意图 (b)

因为在 $f_{Ni} = 60\%$的复合材料中，镍纳米颗粒之间是孤立分布的，无几何连接，因此，其表现出的类导体电导特性来源于镍纳米颗粒之间的隧穿效应。隧穿效应是基于量子力学的相关理论，在宏观导电理论中认为，导电粒子直接接触时，电子才能进行传递，产生电流，而在隧道效应理论中，电流的定向流动并不需要直接接触，当两个导电粒子间距在 1nm 以内时，电子就会在填料之间迁移，产生导电现象；当两个导电粒子之间的距离为 1~10nm 时，也可能产生导电现象，而填料之间存在填料基体包裹层，基体包裹层产生的势垒会阻碍体系中粒子的迁移。根据量子力学理论，对任何电子，当其受到的能量大于势垒能量时，电子能够穿越势垒，发生跃迁，产生电流效应，这就是隧穿效应。在纳米异质复合材料中，当导电颗粒之间的距离足够小时，这种隧穿电导是可以发生的 [19,20]。例如，在炭黑/树脂复合材料中，隧穿距离仅仅为几纳米，远小于炭黑颗粒的粒径；在钨/氧化铝复合材料中，其隧穿距离要大一些，约为 15nm，与钨颗粒的粒径相当，约 20nm，因为金属比炭黑电导率要高 [21,22]。类似的隧穿现象也能在通过等离子喷涂制备的 Ni/SiO_2 纳米复合薄膜材料中观察到 [23,24]。图 2.11(b) 是隧穿电流形成导电网络的示意图。镍颗粒拥有有效隧穿距离，当相邻的镍颗粒间距小于有效隧穿距离时，隧穿导电网络将会形成，而且由于有效隧穿距离较小，隧穿电流仅能在最相邻的镍颗粒之间形成。

为了进一步研究隧穿效应，基于密度泛函理论和非平衡格林函数，使用第一性原理计算了隧穿电流，使用的软件包是 Atomistix ToolKit。模型由三部分组成，即两个镍电极和电极之间的空隙，每个电极是 3×3 的镍原子阵列，并计算了三个晶面方向上的隧穿电流，分别是 (111)、(100) 和 (110)，如图 2.12 所示 [24]。

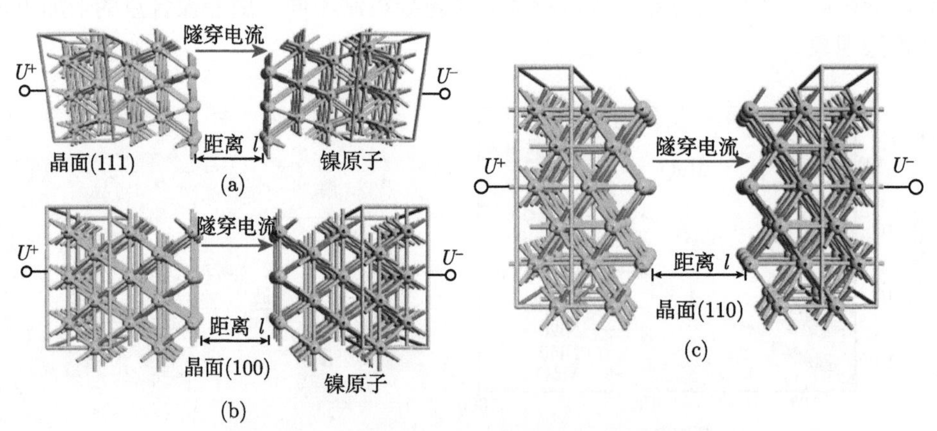

图 2.12　基于第一性原理计算隧穿电流的模型

(a) (111) 晶面；(b) (100) 晶面；(c) (110) 晶面

计算参数和计算结果如表 2.2 所示，隧穿电流的大小几乎不受镍的晶面方向的影响。隧穿效应贡献的电导率约为 5.5×10^3S/cm，比块体镍的电导率要小 (约

10^5S/cm)，这是隧穿电阻导致的。计算的电导率比图 2.11 测试的电导率要高，实际上，计算的结果是两个镍颗粒之间的隧穿电导率，而不是整个复合材料的隧穿电导率，因此会有偏差。首先，本节用 Nano Measurer 软件统计了镍颗粒在 $f_{\mathrm{Ni}}=60\%$的 Ni/MnO 复合材料中所占的面积比，如图 2.13 所示。镍颗粒所占的面积为

$$S=\sum_i \frac{\pi d_i^2}{4} \tag{2.9}$$

其中，S 是镍颗粒所占的总面积；d_i 是镍颗粒的直径。总面积 $S=104574.64\mathrm{nm}^2$，扫描电镜图片所覆盖的面积为 $1791521.49\mathrm{nm}^2$，因此镍颗粒仅仅覆盖了 5.84%的面积。另外，仅最相邻的镍颗粒之间才有隧穿电流产生，因此对复合材料的电导有贡献的镍颗粒数量比扫描电镜图中显示的要少得多。因为镍颗粒有一定的形状(近似为球形)，每个镍颗粒形成有效隧穿的横截面积比计算的面积要小；而且所建的模型与实际材料也有一定的差别，模型中的空隙为真空，而实际的材料是 MnO，实际形成的隧穿势垒要比模型中的大。因此，实验测得的电导率比计算的电导率要低 2~3 个数量级，说明计算结果是合理的。至此，制备得到了由隧穿效应主导的逾渗复合材料，其内部自由电子的传导是通过隧穿效应形成的。

表 2.2 基于第一性原理计算隧穿电流的结果

晶面	距离 l/nm	电压 U/V	电流 I/μA
(111)	0.5	1	30
(110)	0.5	1	27
(100)	0.5	1	29

(a) (b)

图 2.13 $f_{\mathrm{Ni}}=60\%$的 Ni/MnO 复合材料中的镍颗粒的尺寸分布

图 2.14 是不同镍含量的 Ni/MnO 复合材料的介电常数实部频谱。当镍含量为 0%、20%和 40%时，介电常数实部为正值，且随着镍含量的增加而变大，这是由界面极化导致的。任何两个由 MnO 隔开的镍颗粒可以看成一个微电容，因此，Ni/MnO 复合材料可以看成一个微电容网络。无数的微电容通过储存电荷贡献电容量，从而使得复合材料具有了较高的介电常数，该现象也称为 Maxwell-Wagner-Sillars 效应，这是逾渗复合材料中存在的一个普遍现象。MnO 和 $f_{\mathrm{Ni}} = 20\%$的 Ni/MnO 复合材料的介电常数实部在整个测试频段为常数，由于其频率稳定性好，可在较宽的频段内得到应用。

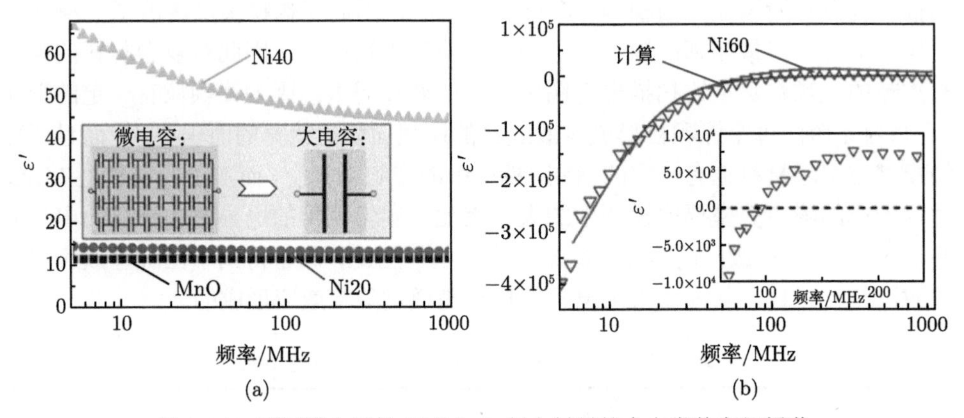

图 2.14 不同镍含量的 Ni/MnO 复合材料的介电常数实部频谱

当镍含量增加到 60%时，复合材料的介电常数变为负值，且负介电常数在约 90MHz 处转为正值。实际上，负介电行为是由金属中自由电子在交流电场下形成的振荡运动产生的。$f_{\mathrm{Ni}} = 60\%$的 Ni/MnO 复合材料中产生了负介电常数，这说明镍颗粒中的自由电子可以在由隧穿效应形成的三维导电网络中形成振荡运动。也就是说，隧穿效应也能产生负介电行为。然而，在之前关于负介电行为的研究中，导电填料的粒径往往远大于隧穿有效距离或者几何导电网络已经形成，因此忽略了隧穿效应对负介电行为的影响。

从负介电常数的结果可知，隧穿效应引起的负介电行为与几何网络引起的负介电行为在本质上没有差别。无论是几何网络还是隧穿效应形成的导电网络，都可以为自由电子提供有效的运动路径，从而在交流电场下产生负介电常数。但是，由隧穿效应产生的负介电性能在纳米器件设计和制备中具有重要的意义。因为当使用纳米颗粒的点阵结构代替纳米线或者网格结构时，将大幅度降低制备成本，且使得负介材料的设计更具自由度。

2.3 物相组成

导体/绝缘体逾渗构型复合材料为射频负介材料提供了丰富的材料体系。一般导体可以为金属或导电碳材料，绝缘基体可以为陶瓷或树脂。近年来，关于陶瓷基逾渗复合材料和树脂基逾渗复合材料均报道了负介电性能。在 Ni/Al_2O_3 复合材料中，当 Ni 的含量达到 31wt%时，出现负介电常数，随着 Ni 的含量进一步增加至 35wt%，在整个测试频段 (10MHz~1GHz) 表现为负介电常数，且负介电数值较大，约为 -10^5(图 2.15(a))。通过浸渍–碳化的方法在 Si_3N_4 基体中负载蔗糖，进一步碳化可以得到无定形导电碳网络，并在 10MHz~1GHz 获得较低的负介电数值，约为 -10^2(图 2.15(b))。

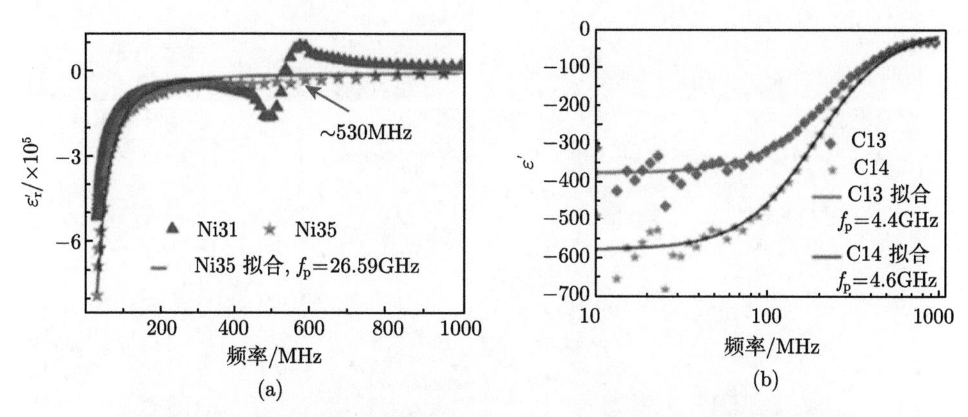

图 2.15 Ni/Al_2O_3 复合材料 (a) 和 C/Si_3N_4 复合材料 (b) 的介电频谱

显然，在逾渗复合材料中，材料的组分和物理特性、导电填料的形貌和分布对负介电的数值大小及出现的频段、频宽具有显著影响。以 Cu/YIG 金属/陶瓷复合材料为例：多孔 YIG 陶瓷在 $Cu(NO_3)_2$ 溶液中浸渍后，经干燥和煅烧步骤，多孔陶瓷内壁黏附的 $Cu(NO_3)_2$ 在 350℃ 下被热分解为 CuO，最终在 400℃、氢气气氛中 CuO 被还原为单质 Cu，得到 Cu/YIG 复合材料 [25]。上述工作中，通过反复进行浸渍和还原的步骤可以改变金属功能相的含量，同时，也可以通过改变浸渍或还原条件调控多孔陶瓷内负载的金属功能相的形貌和分布状态。如图 2.16 所示，当复合材料中 Cu 的含量较少时，陶瓷内壁负载的 Cu 颗粒较小且呈孤立分布状；随着 Cu 含量的增加，Cu 颗粒变大，逐渐相互接触。Cu 含量的增多和微观结构的变化引起复合材料的介电性能发生显著变化：Cu 含量少时，复合材料的介电常数随 Cu 含量增加而变大，含 13wt% Cu 的复合材料的介电频散表现出弛豫特征；当 Cu 含量达到 19wt%时，金属陶瓷开始具有负介电常数，Cu 含量进一步增多，负介电常数的绝对值增大，并表现出类法诺共振的频散特征。实现负介电常数的机制为：随着金属功能相含量增多，复合材料内形成逾渗路径，金属功能相中的电子不再局限于单个颗粒内，在相互连通的颗粒间可发生长程输运，因此，受到电场作用时，过逾渗的金属/陶瓷复合材料中自由电子可以形成等离振荡状态，当频率低于材料的等离振荡频率时，介电常数变为负数。

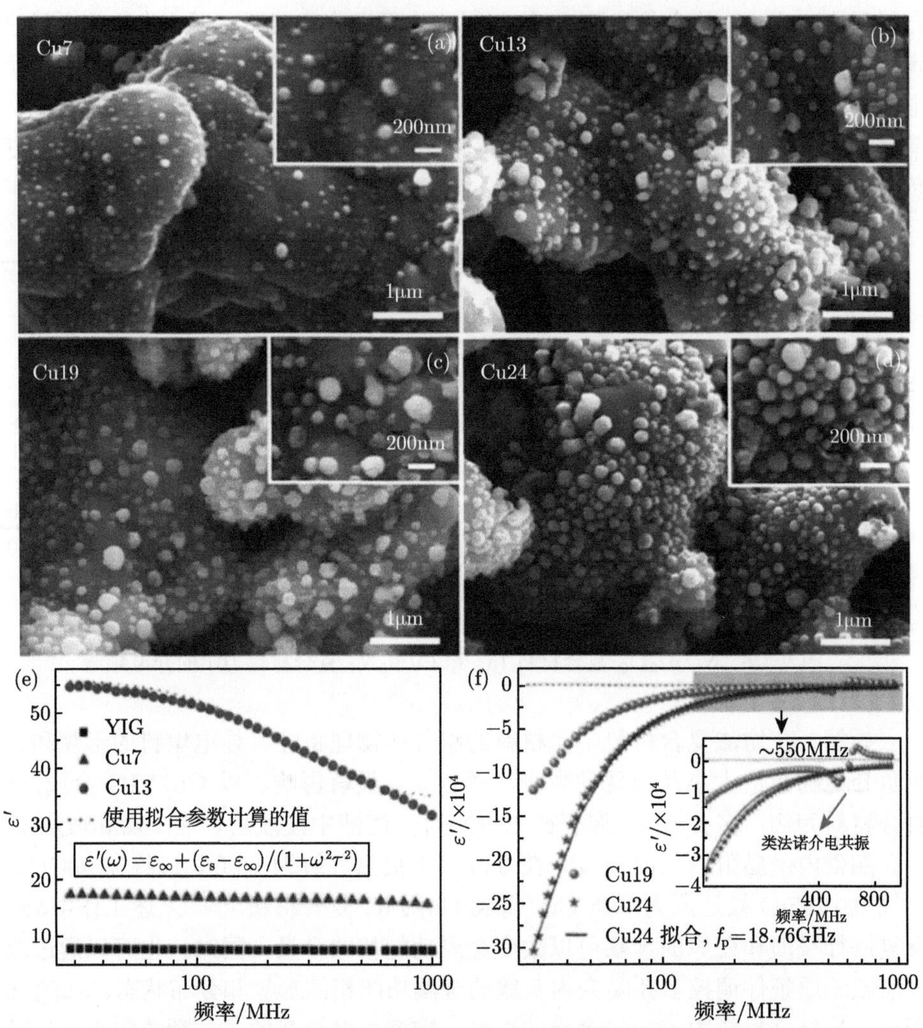

图 2.16　不同铜质量分数 (x%) 的 Cu/YIG 复合材料的微观结构和介电常数 [25]

(a) $x=7$；(b) $x=13$；(c) $x=19$；(d) $x=24$；(e), (f) 介电频谱

金属/陶瓷复合材料丰富了逾渗构型负介材料的设计体系，利用浸渍–还原工艺可以制备 Co/Al_2O_3 复合材料。通过增加浸渍–还原的次数不断地提高陶瓷基

体内金属 Co 的含量，当 Co 的质量分数达到 20%时，在陶瓷内壁上形成网络状的金属功能相，同时观察到负介电常数 (图 2.17(a))[26]；将 Al_2O_3 和 Fe_2O_3 共烧，并利用选择性还原的手段可以制备 Fe/Al_2O_3 二元复合材料，当原材料中 Fe_2O_3 的质量分数高于 40%时，最终材料中的富 Fe 组织形成连续相，伴随逾渗的发生，复合材料经历从绝缘材料向导电材料的转变，同时出现负介电常数 (图 2.17 (b))[27]；利用陶瓷基复合材料的共烧技术也可制备出其他的金属/陶瓷复合材料，如 Ni/$CaCu_3Ti_4O_{12}$[28]、Ag/YIG[29] 等，当功能相的含量超过逾渗阈值时，金属填料形成的逾渗网络结构使复合材料出现负介电常数 (图 2.17 (c)、(d))。

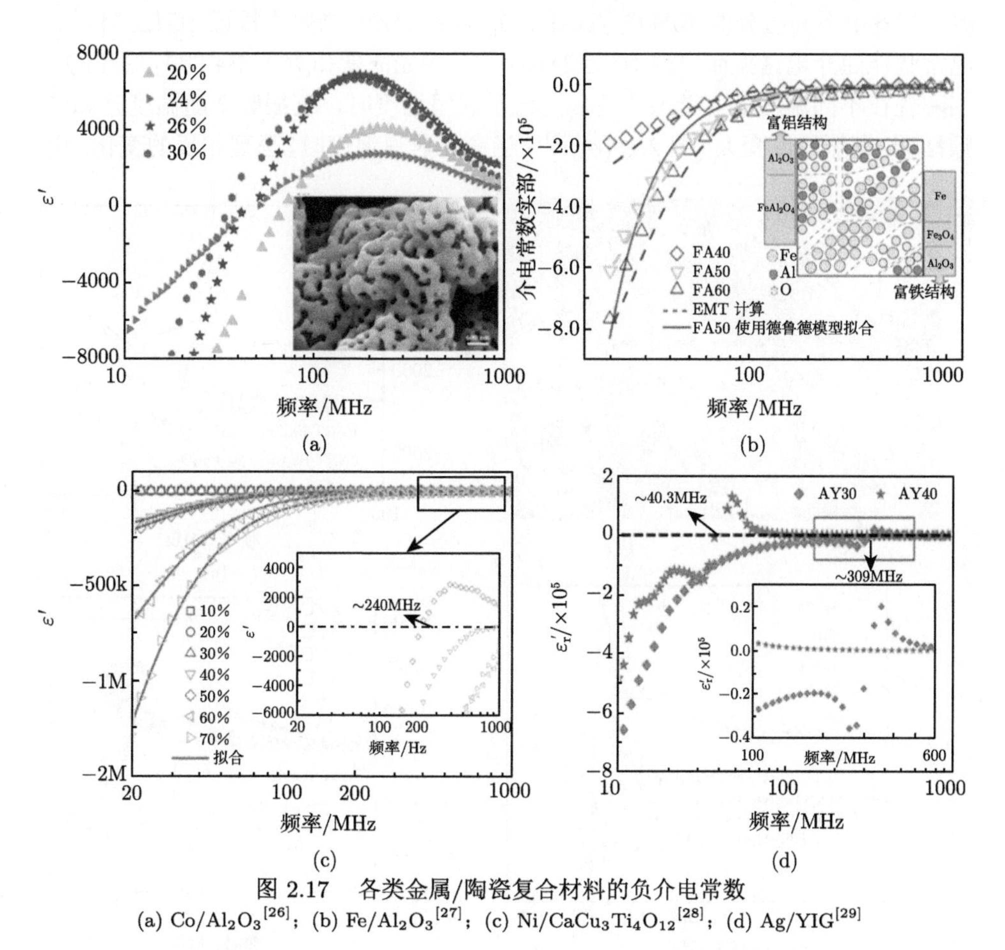

图 2.17 各类金属/陶瓷复合材料的负介电常数

(a) Co/Al_2O_3[26]；(b) Fe/Al_2O_3[27]；(c) Ni/$CaCu_3Ti_4O_{12}$[28]；(d) Ag/YIG[29]

除金属/陶瓷复合材料之外，在某些含 $BaTiO_3$[30]、$SrTiO_3$[31] 和 $BiFeO_3$[32] 等铁电陶瓷功能相的复相陶瓷中也观察到负介电常数，与金属/陶瓷复合材料不同的是，含铁电相的复相陶瓷中出现负介电常数的原因是介电谐振。两类材料实现负介电常数的区别在于：前者归因于导电功能相逾渗路径中自由电子的等离振荡，在频率低于等离振荡频率很宽的频率范围内均可观察到负介电常数；而含铁电相的复相陶瓷中没有引入自由电子，当外场频率与铁电介质中偶极子的固有振荡频率相当时，出现介电谐振，在谐振频率附近可以观察到介电常数由正变负的现象，然而这种情况下负介电常数的频段很窄。如图 2.18(a)~(c) 所示，Bai 等利用铁电相固溶体 $0.8Pb(Ni_{1/3}Nb_{2/3})O_3$-$0.2PbTiO_3$ (PNNT) 和铁氧体材料 $Ba_2Zn_{1.2-x}Co_xCu_{0.8}Fe_{12}O_{22}$ ($x = 0, 1.2$) 共烧得到复相陶瓷，发现该复相陶瓷的谐振强度和谐振频率与铁氧体的种类有关 (图 2.18(c))；另外，随着铁氧体的含量增多，谐振特征逐渐消失，介电色散向弛豫特征转变 [33]。Li 等通过控制烧结温度，制备了不同组分的 $BiFeO_3/Bi_2Fe_4O_9$ 复相陶瓷，当频率接近 1GHz 时，负介电常数伴随介电谐振而出现 (图 2.18(d))[32]。Wang 等研究了 $BaTiO_3/SrTiO_3$ 复相陶瓷在不同温度下的谐振特性，当低于居里温度时，谐振频率随温度升高向低频移动，谐振强度变大 (图 2.18(e))[31]；当高于居里温度时，呈现相反的变化。由于

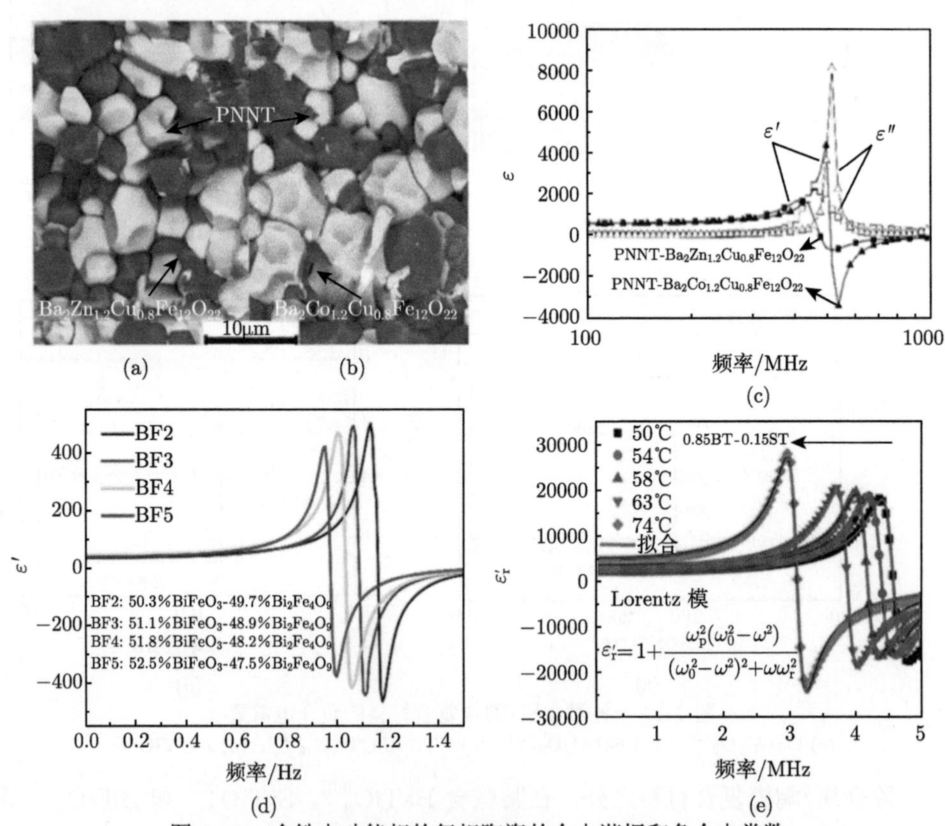

图 2.18　含铁电功能相的复相陶瓷的介电谐振和负介电常数

(a)~(c) $PNNT/Ba_2Zn_{1.2-x}Co_xCu_{0.8}Fe_{12}O_{22}$ ((a) $x = 0$, (c) $x = 1.2$) [33]；(d) $BiFeO_3/Bi_2Fe_4O_9$ [32]；(e) $BaTiO_3/SrTiO_3$ [31]

含铁电相的复相陶瓷的介电谐振和负介电常数受到材料成分、制备工艺及温度和压力等因素的影响，可以利用介电谐振机制实现材料在特定频率的负介电性能。

碳质材料对陶瓷基体的结构性能和物理性能也有显著的影响，石墨烯、碳纳米管、碳纤维等具有电导率高、耐氧化、密度低、强度高等优点，可用于改善陶瓷基复合材料的强度、韧性和电学性能 [34-36]。碳材料作为功能相为陶瓷基复合材料的负介电性能提供了新的实现方式和调控手段。Singh 等以单壁碳纳米管 (SWCNTs) 为功能相，利用热压工艺制备了氮化铝 (AlN) 陶瓷基复合材料，SWCNTs 极大的长径比使该类复合材料的逾渗阈值很低，在含 1vol% SWCNTs 的复合材料中即观察到负介电常数，随 SWCNTs 含量增多，负介电常数的数值变大，含 1vol% SWCNTs 的复合材料在出现负介电常数的同时，也具有较高的热导率 ($62W·m^{-1}·K^{-1}$)[37]。Yin 等利用放电等离子烧结 (SPS) 工艺得到石墨烯/氮化铝复合材料，当石墨烯的负载量增加到 19wt%时，复合材料的电导率极大地提高，介电常数由正变负，同时热导率也得到改善，表现出电学和热学的“双逾渗”效应，这类具有负介电常数且热导率可观的陶瓷基复合材料，有望用于电磁屏蔽和衰减 [38]。Cheng 等以 Al_2O_3 和 Si_3N_4 等多孔陶瓷为基体，在蔗糖溶液浸渍后碳化 (图 2.19(a))，得到含碳功能相的陶瓷基复合材料。这类材料的负介电常数的出现受两个因素影响：一是碳功能相的最终含量，碳功能相的构筑密切依赖于浸渍和碳化的过程，反复进行以上两个步骤，可以提高陶瓷基体内裂解碳的含量，当碳功能相的含量被逐步提高至逾渗阈值以上时，在陶瓷基体内形成连通的逾渗路径，复合材料的介电常数出现由正向负的转变 (图 2.19(b))[39]；二是碳化温度，由于裂解碳的成分和结构受碳化温度的影响，当碳化温度高时，石墨化程度较高，高度结晶的碳功能相更有利于在陶瓷基体内形成逾渗路径，基于导电网络中自由电子的等离振荡，复合材料可表现出负介电性能 (图 2.19(c))[40]，因此，这类复合材料的负介电常数也取决于碳功能相的结构，而碳化温度是影响其结构的直接因素。提高碳功能相的含量或提高碳化温度，均可使负介电常数的数值变大，这为调控该类复合材料的负介电性能提供了手段。

值得注意的是，与金属/陶瓷复合材料相比，以碳材料为功能相的陶瓷基复合材料的负介电常数的绝对值较小 ($10^2 \sim 10^3$ 量级)，这与碳材料本身的特性相关。一方面，相较于零维的金属颗粒，碳纳米管、碳纤维和石墨烯等几何维度较高，更容易以较低的含量在陶瓷基体内发生逾渗，形成导电网络 [41,42]；另一方面，利用自由电子的等离振荡机制实现的负介电常数的数值和频散行为受材料体系内自由电子浓度的影响，与金属材料相比，碳质材料的本征电子浓度较低，因此，利用碳质材料作为功能相得到的这类低电子浓度的复合材料体系更容易实现近零负介电性能。具有近零负介电性能的负介材料，有利于实现阻抗匹配特性，进而拓展负介材料在吸波和衰减等领域的应用 [43]。

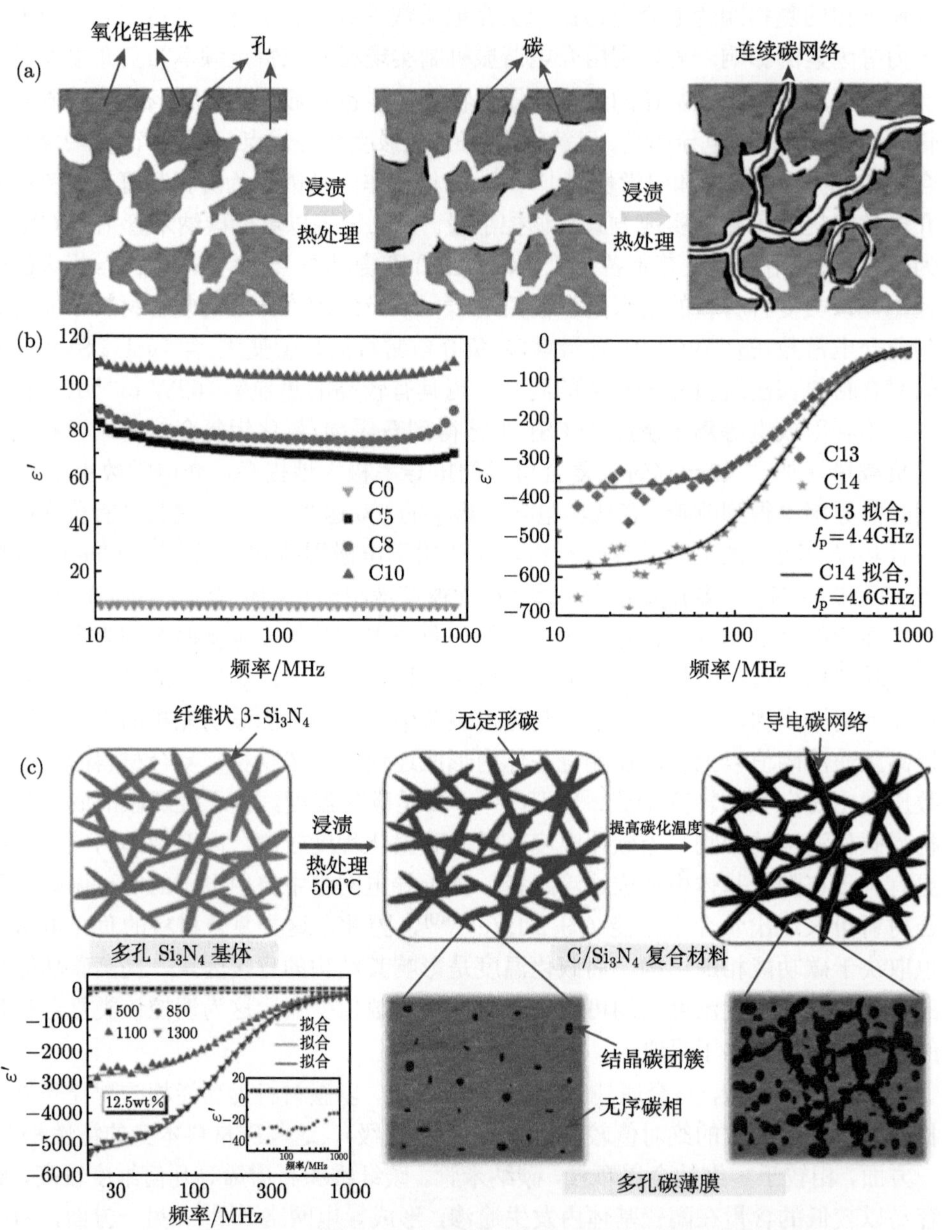

图 2.19　具有负介电性能的含碳陶瓷基复合材料结构示意图及介电频谱

(a) 浸渍-碳化工艺示意图；(b) C/Al_2O_3 复合材料 [39]；(c) C/Si_3N_4 复合材料 [40]

树脂基复合材料是以环氧树脂 (epoxy, EP)、酚醛树脂等高分子材料为基体相，以粒状、片状或纤维状填料为功能相的一类复合材料 [44]。与陶瓷基复合材料类似，当树脂基体内的导电功能相足够多时，复合材料的介电常数也有望变成负数。日本广岛大学的 Tsutaoka 等在 300℃、31.83MPa 条件下通过热压成型制备了以聚苯硫醚 (PPS) 为基体，以单质金属 Cu[45]、Ni[46] 和坡莫合金 $Fe_{53}Ni_{47}$[47] 等为导电功能相的树脂基复合材料，当金属功能相的含量超过逾渗阈值时，该类复合材料在 0.1~10GHz 范围内出现负介电常数 (图 2.20(a)~(c))；在此基础上，向复合材料中继续添加磁性功能相，则可借助磁共振得到负磁导率，由此实现微波段复合材料的双负特性 [48]。Li 等把碳纤维 (CNFs) 复合入聚醚酰亚胺 (PEI) 中，当 CNFs 的质量分数超过 1%时，在 1kHz ~ 3MHz 范围内观察到负介电常数 (图 2.20(d))[49]。Sun 等利用三乙胺和多壁碳纳米管制备了聚酰亚胺基复合材料 (MWCNTs/PI)，当 MWCNTs 的含量超过逾渗阈值 8.01vol%时，MWCNTs 相互接触形成逾渗路径，导致出现负介电常数 (图 2.20(e))[50]。Gu 利用环氧树脂为基体相，利用导电高分子聚苯胺 (PANI) 包覆的 $BaFe_{12}O_{19}$ 纳米棒作为功能相，制备了具有磁性的树脂基负介材料 (图 2.20(f))[51]。

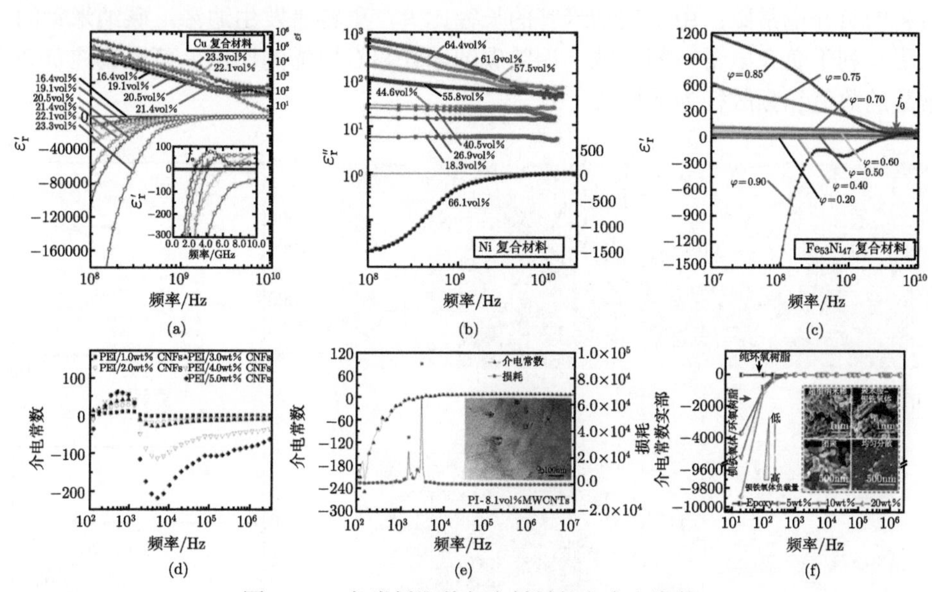

图 2.20 各类树脂基复合材料的负介电常数

(a) Cu/PPS[45]；(b) Ni/PPS[46]；(c) $Fe_{53}Ni_{47}$/PPS[47]；(d) CNFs/PEI[49]；(e) MWCNTs/PI[50]；(f) $BaFe_{12}O_{19}$ @ PANI/epoxy[51]

与陶瓷材料不同，树脂基复合材料的制备不涉及高温烧结，反应条件往往较为温和，因此，可以通过功能相组分的灵活改性实现对树脂基复合材料负介电性能的调控。利用热压成型的方法可以制备环氧树脂基复合材料，树脂基体内含有两种功能相，即铁粉和 SiO_2 包覆的铁粉，当功能相的含量超过逾渗阈值时，金属相在树脂基体内形成逾渗网络，导致复合材料出现负介电常数；当引入 SiO_2 包覆的铁粉时，由于绝缘包覆层的存在，这类功能相切断了金属相形成的逾渗网络，由此实现了对复合材料微观结构的剪裁 (图 2.21 (a)、(b))。另外，由金属相形成的导电网络在电学意义上表现为电感性 (L)，而包覆的铁粉表现为电容性 (C)，由此该类复合材料在交变场中可以等效为一个 LC 谐振电路，基于 LC 谐振，可实现对负介电性能的调控 (图 2.21(c))[52,53]。Estevez 等制备了有机硅树脂基复合材料，利用碳纳米管 (CNT) 包覆的合金非晶丝作为功能相，当 CNT 的包覆层较薄时 (1.73μm)，CNT 的分布多呈孤立状，此时电导机制为跳跃电导 (图 2.21 (d))；当 CNT 包覆层的厚度增加到 3.11μm 时，形成可供电子长距离迁移的导电路径，电导机制转变为金属电导 (图 2.21(e))；此外，当 CNT 呈孤立状时，介电响应以 CNT 中偶极子的共振响应为主，当 CNT 呈连续相时，以自由电子的等离振荡响应为主，因此复合材料的负介电行为由 Lorentz 型向 Drude 型转变 (图 2.21 (f))[53]。Wu 等利用一维碳纳米管和二维石墨烯作为功能相制备了以酚醛树脂为基体的三元复合材料，研究发现碳纳米管和石墨烯的协同效应会影响复合材料的负介电常数：由于碳纳米管的长径比大，更容易发生逾渗，碳纳米管的引入更有利于负介电常数的出现，调整碳纳米管和石墨烯的比例，可以调控负介电常数的数值和频散行为 [54]。

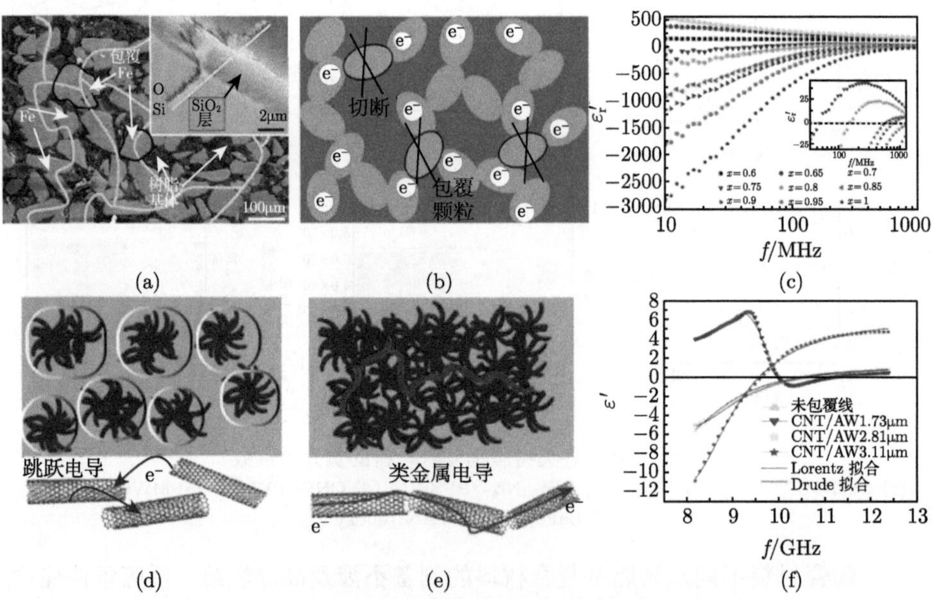

图 2.21　功能相改性对树脂基复合材料的负介电常数的调控

(a)∼(c) Fe 及 Fe@SiO_2 微观结构及介电频谱 [52,53]；(d)∼(f) 碳管包覆合金非晶丝示意图及介电频谱 [53]

利用树脂基复合材料丰富了负介材料的制备方式和负介电性能的调控手段，一些耐压强度高、温度稳定好的树脂基体也保证了复合材料的负介电性能可借助外加激励进行调控。Zhang 等通过对 MWCNTs/PI 复合材料施加偏置电压观察到负介电常数，且负介电常数的绝对值随偏置电压的升高而变大[55]。同样以 MWCNTs 为导电功能相，Özdemir 等在聚芳酯基复合材料中观察到负介电常数的绝对值随温度升高而变大[56]。偏置电压和温度升高均是由外场激励影响到自由电子的等离振荡状态，进而影响复合材料的负介电性能。除此之外，树脂基复合材料还有利于负介材料结构性能的多样化设计，Sun 等制备了聚二甲基硅氧烷 (PDMS) 基负介材料，实现了负介材料的柔性设计，同时，在银纳米线/聚氨酯复合材料中验证了负介电常数和复合材料形变量之间的关系：复合材料受到压缩而产生形变，导致树脂基体内分散的导电功能相互接触连通，从而使复合材料的负介电常数的数值发生变化[57,58]。

除了上述复合材料，也可考虑单相材料。对单相材料进行掺杂可以改变电子浓度，实现负介电性能。我们利用溶胶–凝胶法制备了掺 Sr 的 $La_{1-x}Sr_xMnO_3$ ($x = 0.1 \sim 0.5$) 粉体，研究了烧结后块体陶瓷材料的电磁性能，由于 Sr 掺杂影响 Mn^{4+}-Mn^{3+} 双交换效应，$La_{1-x}Sr_xMnO_3$ 陶瓷的电子浓度和电导率明显改变，Sr 掺杂也对材料的介电性能产生了显著的影响[59]。如图 2.22(a)、(b) 所示，当 Sr 的掺杂比为 0.1 时，$La_{0.9}Sr_{0.1}MnO_3$ 陶瓷的介电常数在频率较低时为正值，在 7MHz 附近出现介电谐振，当频率高于 7MHz 时，介电常数变为负值，介电常数随频率的变化满足 Lorentz 模型，同时，当频率接近谐振频率时，介电常数虚部出现损耗峰；当 Sr 的掺杂比高于 0.1 时，陶瓷材料的介电常数变为负值，随频率升高，负介电常数的绝对值减小，频散行为与 Drude 模型所描述的规律一致，这种现象是因为 Sr 掺杂中引入了自由电子，电场中自由电子的等离振荡使介电常数变为负数，同时，介电常数虚部的数值进一步变大[60]。在此基础上，我们研究了 $La_{0.5}Sr_{0.5}MnO_3$ 陶瓷在出现负介电常数时的介温特性，温度升高使电子热运动加剧，电子碰撞频率升高，但基于双交换效应自由电子的浓度并不随温度上升而升高，因此该陶瓷材料的负介电常数随温度升高而呈现出减小 (绝对值减小) 的趋势 (图 2.22(c))[61]。类似地，Thanh 等研究了 $La_{1.5}Sr_{0.5}NiO_{4+\delta}$ 陶瓷的谐振型负介电行为的介温特性，在室温下陶瓷材料的介电常数可高达 10^5，随温度变化，在 500kHz $\sim$ 8MHz 范围内观察到介电谐振，同时出现负介电常数，随温度降低，谐振强度减小，负介电常数的绝对值也呈现出减小的趋势 (图 2.22(d))[62]。

在氮化钛 (TiN) 等过渡金属氮化物中也可观察到负介电常数，TiN 是由金属–共价混合键和离子–共价混合键构成的金属间化合物，Ti 的 3d 轨道和 N 的 2p 轨道不完全杂化，致使 TiN 中存在大量的自由电子，TiN 的等离振荡频率在可见光–近红外波段，若在等离振荡频率以下，介电常数的实部为负数，此时 TiN 对入射光具有反射作用；当高于等离振荡频率时介电常数为正值，对入射光是透明的 (图 2.22 (e))[63]。值得注意的是，TiN 的电子浓度、电导率和介电性能与 Ti 和 N 的计量比及材料的微观结构、致密度等相关，因此，可以调整 Ti:N 比例或材料结构，实现对 TiN 负介电性能的调控 [64,65]。类似地，TiC 和 WC 等过渡金属碳化物的介电函数也具有负数实部，但这类材料的研究也多集中于光学频段的等离激元特性 [66,67]。此外，一些超导材料在非超导态表现出负介电常数，这类材料的介电性能与材料的成分密切相关，与半金属材料不同的是，温度升高引起的热激发使该类材料的负介电常数的绝对值随温度升高而变大 (图 2.22(f))[68]。

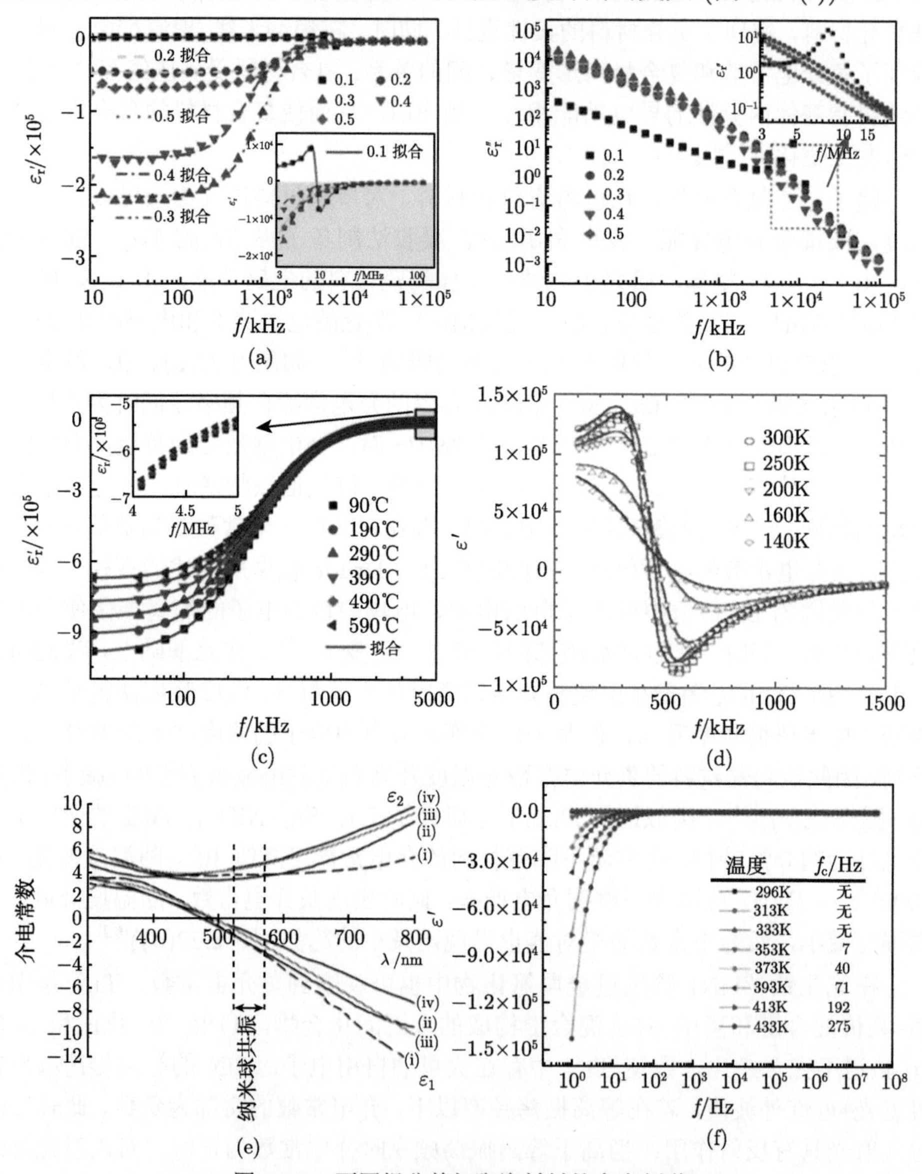

图 2.22　不同组分单相陶瓷材料的介电频谱

(a)~(c) $La_{1-x}Sr_xMnO_3$[61]；(d) $La_{1.5}Sr_{0.5}NiO_{4+\delta}$[62]；(e) TiN[63]；(f) $(Bi_{0.3}Eu_{0.7})Sr_2CaCu_2O_{6.5}$[68]

通过掺杂也可以改善高分子材料的物理化学性质，以聚苯胺 (PANI) 为例，其内部存在结晶结构和无定形结构，结晶区域又叫做金属态区，来源于质子化过程，无定形区域与无序的高分子链有关，金属态区的分布会影响材料中的电荷输运过程，掺杂可以改变高分子内部的微观结构，进而改善其电学性能 [69]。Xu 等利用不同类型的酸对 PANI 改性，掺杂后 PANI 的结晶度提高，有利于分子链间的电子耦合输运，基于自由电子的等离振荡机制，在掺杂的 PANI 中观察到负介电常数，不同类型的酸对结构的影响不同，使得 PANI 的负介电常数表现出不同的变化规律 (图 2.23(a))；对甲苯磺酸 (PTSA) 掺杂的 PANI 在 20Hz ~ 2MHz 范围内具有负介电常数，且与 PTSA 的掺杂量有关，但负介电常数并不随 PTSA 掺杂量的升高呈单调变化 (图 2.23(b))[70]。此外，在 H_3PO_4 的聚苯并咪唑 (PBI) 中观察到谐振型的负介行为，且谐振强度随温度升高而变大 (图 2.23(c))[71]。负介电常数也与高分子材料的取向有关，对六氟磷酸盐 (PF_6) 掺杂的聚吡咯 (PPy) 拉伸取

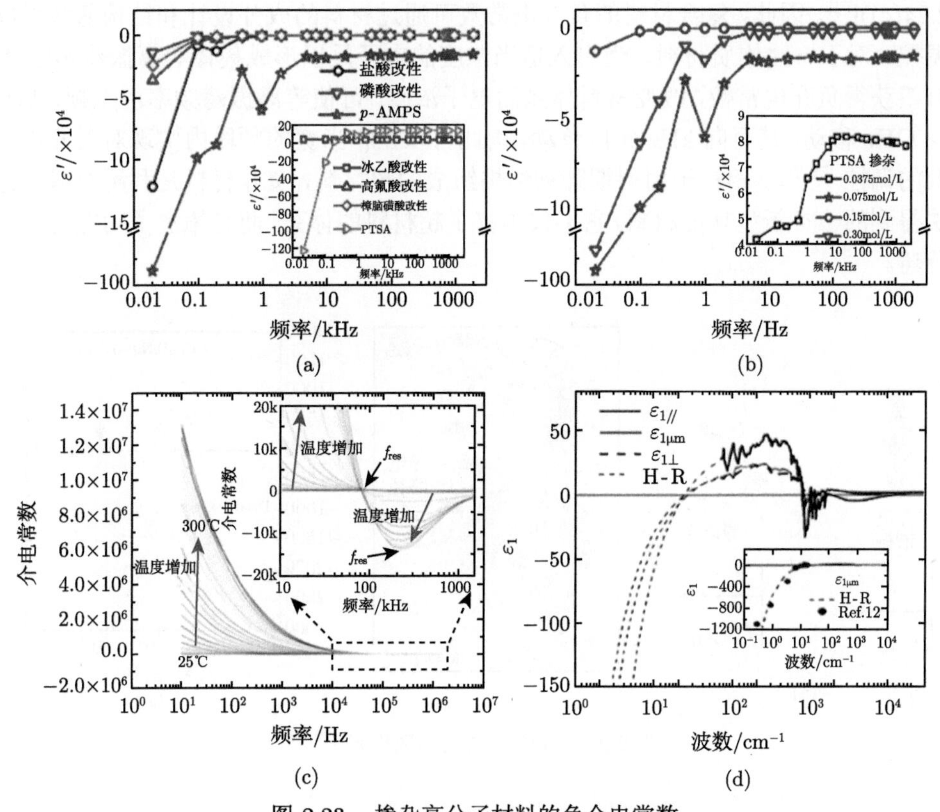

图 2.23 掺杂高分子材料的负介电常数

(a) 不同酸掺杂的 PANI[70]；(b) PTSA 掺杂的 PANI[70]；(c) H_3PO_4 掺杂的 PBI[71]；(d) PF_6 掺杂的 PPy[72]

向后，由于结构变化，平行和垂直于取向方向的负介电常数不同 (图 2.23(d))[72]。

在以上对负介材料研究现状的综述中可以发现：无论是复合材料，还是均质材料，负介电常数的实现与材料体系内电偶极子的共振和自由电子的等离振荡有关 [73]，如图 2.24(a) 所示，介电谐振导致介电常数在谐振频率附近变为负值，这被认定为谐振型负介电常数；而对于各类异质复合材料，当导体功能相的含量超过逾渗阈值时，由于导电网络中自由电子的等离振荡，在低于等离振荡频率的频段内出现的负介电常数被认定为等离振荡型负介电常数。复合材料的等离振荡频率与导体功能相的含量有关，以金属/陶瓷复合材料为例，它们可被视为块体金属被绝缘陶瓷基体进行了不同程度的稀释，造成等离振荡频率的降低和负介电常数的变化。对于实际的复合材料，当功能相的含量超过逾渗阈值时，不可避免地仍存在孤立分布的功能相 (图 2.24(b))，在交变场中，这些孤立的导电功能相可表现为电偶极子，在某些频率处会产生谐振响应，同时连续相中也存在自由电子的等离振荡响应，所以复合材料的负介电常数可同时由介电谐振和等离振荡所贡献 (图 2.24(c))[74]。因此，复合材料的负介电常数可通过材料的成分设计和结构剪裁得以调控。对于一些均质材料，当引入适当浓度的电子足以形成集体等离振荡响应时，有望获得负介电常数，改变材料体系的电子浓度，可使等离振荡频率由光频、THz 向 GHz 移动，甚至向 kHz 频段移动，由此可以在相当宽的频段内实现对负介电常数的调控 [75,76]。相较于由周期阵列结构组成的超材料，负介材料是利用材料学方法得到的一类新型功能材料，它不仅丰富了超材料的体系，而且拓宽了功能材料的范畴。

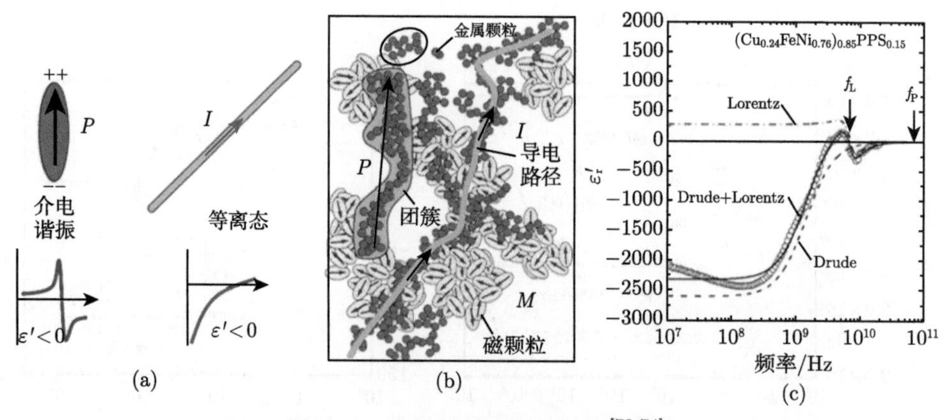

图 2.24　负介材料的实现机制 [73,74]

2.4 构效关系

功能相的组成和几何性质对负介电性能的影响尤为显著，相关构效关系值得探究。下面选用零维铁粉、一维碳纳米管和二维 MXene 等导电材料作为功能体，采用热压成型工艺分别制备了逾渗复合材料。以此为例，根据逾渗理论对负介电性能进行理论分析，并阐明导电功能体的组成和几何结构对负介电行为的影响规律。

零维羰基铁粉/树脂复合材料。在逾渗复合材料中，当功能体填料为颗粒状(零维)时，更容易用逾渗现象的数学模型进行分析，因此，首先选用具有球状的羰基铁粉 (Fe) (图 2.25) 作为导电功能体来制备逾渗复合材料，并研究其介电性能与逾渗现象的关系。

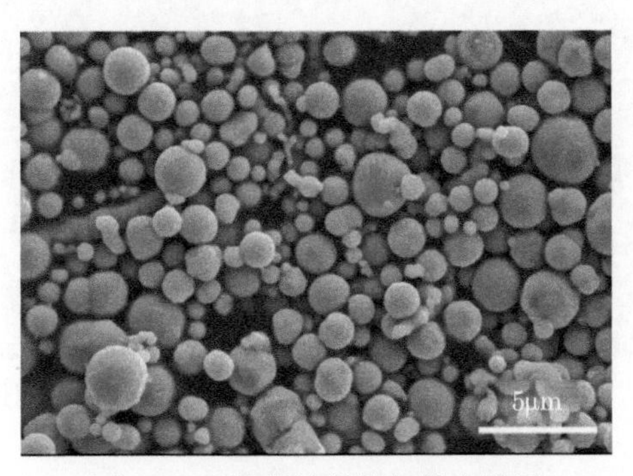

图 2.25　羰基铁粉的扫描电镜图

我们采用机械混合和压力成型的工艺制备了铁/环氧树脂 (Fe/EP) 复合材料，其工艺流程图如图 2.26 所示。环氧树脂 (EP) 具有优异的电绝缘性和化学稳定性，因此选为复合材料的基体，分别制备羰基铁粉的体积分数为 10%、20%、35%、40%、45%、50%、55%、60%、70%和 80%，其样品代号分别为 Fe10、Fe20、Fe35、Fe40、Fe45、Fe50、Fe55、Fe60、Fe70 和 Fe80。

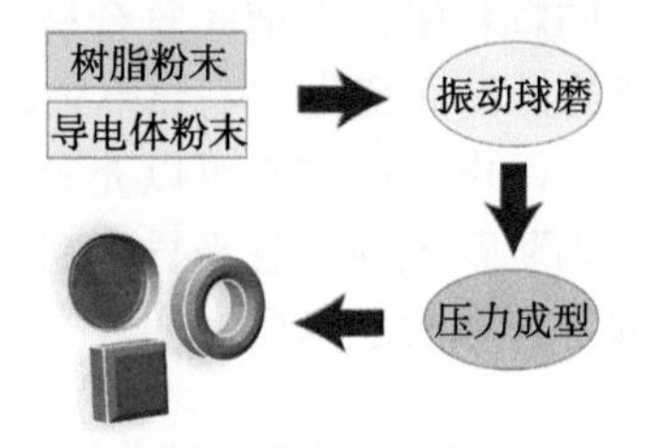

图 2.26　机械混合和压力成型的工艺流程图

图 2.27 是不同羰基铁粉含量的 Fe/EP 复合材料的扫描电镜图。当羰基铁粉的体积分数是 15%时，球状的铁粉颗粒孤立地分布在复合材料之中，铁粉的直径

约为 2μm；随着铁粉含量的增加，当铁粉的体积分数为 45%时，铁粉之间的距离缩小，相邻的铁粉几乎连接在一起；进一步增加铁粉含量，当铁粉的体积分数为 60%时，相邻的铁颗粒开始接触，连成三维的网络，从图中可以看出，铁颗粒表面有明显的凹陷和变形，这是在压力成型时铁颗粒相互接触挤压导致的；继续增加铁粉的体积分数到 70%，扫描电镜 (SEM) 图中的铁粉变形更加严重，进一步说明铁粉之间的连接性明显增强。

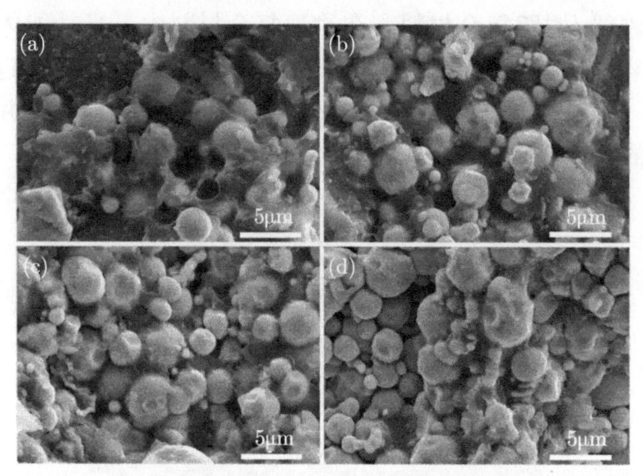

图 2.27　不同羰基铁粉含量的 Fe/EP 复合材料的扫描电镜图

(a) 15%；(b) 45%；(c) 60%；(d) 70%

根据逾渗理论，当异质复合材料的微观结构发生变化时，其相应的电学性能也将发生突变 [77,78]。图 2.28 是不同羰基铁粉含量的 Fe/EP 复合材料的电导率频谱。当铁粉的体积分数 (f) 较低时，即 $f \leqslant 0.45$ 时，复合材料的交流电导率随着频率的升高而增加。在 EP、Fe10 和 Fe20 三个样品中，此变化规律尤其显著，该现象是典型的局域电荷的频率响应特性。在导体–绝缘体复合材料中，当导电相的含量较低时，导电相呈孤立状态在复合材料中分布，导电相中的自由电子或空穴的运动被局限在孤立的颗粒中。当把此复合材料放到交变电场中，电场频率较低时，电导率不随频率的升高而变化，电导率频谱出现一个“平台”，是直流电导率；当外电场频率较高时，电子或空穴可以充分地利用此局限的导电路径表现出高的电导性，该现象称为跳跃电导，且当导电路径受到局限时，跳跃电导现象更显著。跳跃电导的频谱符合幂次定律

$$\sigma_{\mathrm{ac}} = A(2\pi f)^n \tag{2.10}$$

其中，A 是前置参数；n 为指数，其值满足 $0 < n < 1$。对样品 Fe20 的交流电导率频谱用式 (2.10) 进行拟合分析，拟合参数 $n = 0.861$，满足幂次定律。当铁粉

的体积分数为 35%、40%和 45%时，其交流电导率频谱出现的一个“平台”是它们的直流电导率；然后电导率随着频率的升高而增加，满足跳跃电导的幂次定律关系；在更高频率，约为 200MHz 之后，其电导率随着频率的升高而减小，这可能是因为铁粉含量较高时，相邻铁粉颗粒之间的距离减小，高频电场下的热效应使得电导率开始下降。

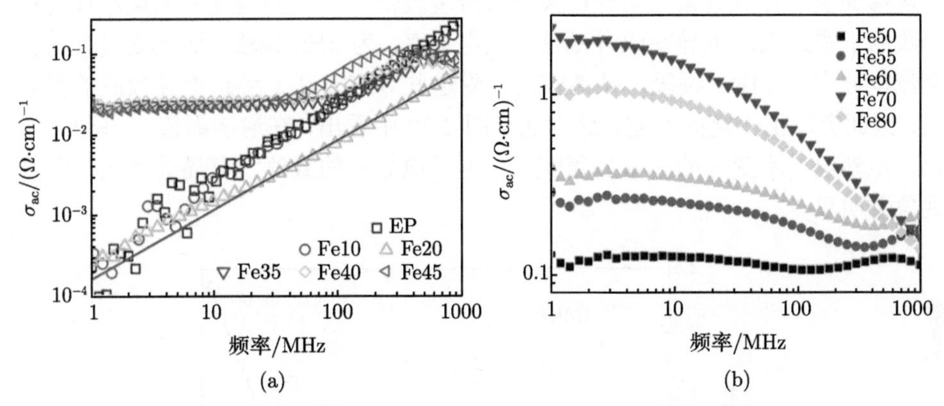

图 2.28 不同羰基铁粉含量的 Fe/EP 复合材料的电导率频谱

当羰基铁粉的体积分数进一步升高时，复合材料的电导率的频散趋势发生了变化。当羰基铁粉的体积分数为 50%、55%和 60%时，交流电导率在低频区随着频率的升高而减小，这是受趋肤效应的影响；而在高频区电导率随着频率的升高而增加，这可能是因为在这些复合材料中形成了低维度的导电通道，在高频电场下热电子发生了弹道传输效应。当铁含量进一步升高，即体积分数为 70%和 80%时，复合材料的交流电导率在全频段随着频率的升高而减小。趋肤效应是导体在高频电磁场下的普遍现象，用趋肤深度 δ 表示：

$$\delta=\sqrt{\frac{2}{\omega\sigma_{\mathrm{dc}}\mu_{\mathrm{dc}}}} \tag{2.11}$$

其中，μ_{dc} 是静态磁导率；σ_{dc} 是直流电导率。从式中可以看出，随着频率的升高，δ 逐渐减小，相当于材料的有效导电横截面积减小，引起电导率下降。

不同的电导率频散特性意味着逾渗现象的出现。从图 2.29 可以看出，随着铁含量的升高，复合材料的交流电导率是不断升高的，升高了大约 4 个数量级。当铁含量从 70%升高到 80%时，电导率发生下降，这是由于铁含量太高，在压力成型时难以压实，复合材料中有大量的气孔导致的。这也说明了在 Fe/EP 复合材料中，随着铁含量的升高，电导率出现了逾渗现象。电导的逾渗现象可以通过逾渗理论描述：

$$\sigma\propto|f-f_{\mathrm{c}}|^{t} \tag{2.12}$$

其中，f 是异质复合材料中导电填料的体积分数；f_c 是逾渗阈值，在逾渗阈值处电导率将发生显著的变化；t 是指数。图 2.30 是用逾渗理论对 1MHz 的交流电导率进行理论计算，图中的红色实线是计算结果。由图可知，Fe/EP 复合材料的逾渗阈值是 0.425，当低于逾渗阈值时，计算结果为 $t = 1.6392$，计算结果的可靠性因子 $R^2 = 0.8196$；当高于逾渗阈值时，$t = 1.6821$，可靠性因子 $R^2 = 0.9867$。低于逾渗阈值的计算结果与实验结果的拟合度较低，这是因为经典的逾渗理论模型一般用于描述直流电导率或者低频交流电导率，为 kHz 频段。而此处复合材料的交流电导率是 MHz 频段，频率较高，受趋肤效应尤其是跳跃电导效应的影响较大，因此会产生一定的偏差。这也能从图 2.29 中看出，在逾渗阈值 $f_c = 0.425$ 附近，虽然电导率变化的斜率显著变大，但是电导率的数值没有显著增大，即逾渗现象不明显。

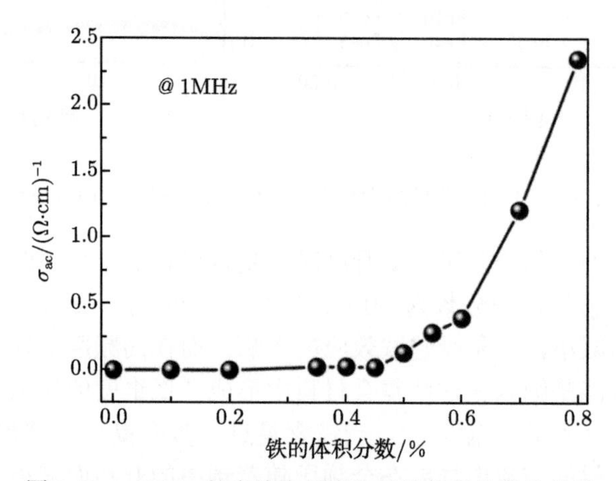

图 2.29 1MHz 的交流电导率与铁的体积分数的关系

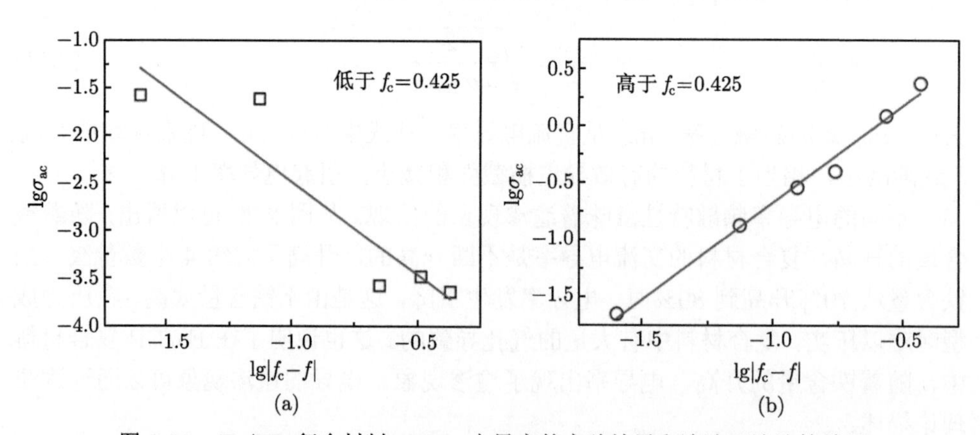

图 2.30 Fe/EP 复合材料 1MHz 电导率的实验结果和逾渗理论计算结果

由图 2.30 可知，Fe/EP 复合材料发生了电逾渗的现象。由于电导率与介电常数是相关的，因此，对介电常数的频散特性也进行了研究。图 2.31 是不同羰基铁粉含量的 Fe/EP 复合材料的介电常数实部频谱。当铁含量低于 45%时，复合材料的介电常数是正值，且介电常数实部随着铁含量的升高而增大；当铁含量为 10%时，介电常数实部数值较小，随着频率的升高几乎没有变化；当铁含量是 20%时，介电常数实部有显著的频散，介电常数实部随着频率的升高而降低；当铁含量为 35%、40%和 45%时，介电常数实部发生介电弛豫，且随着铁含量的增加，弛豫现象越明显。当铁含量进一步增加，如图 2.31(b) 所示，复合材料的介电常数实部变为负值，且铁含量越高，负介电常数的绝对值越大。当铁含量为 50%时，介电常数在 80MHz 处由负转正，且铁含量越高，由负转正的频率点往高频移动；当铁含量为 80%时，介电常数在整个测试频段均为负值。

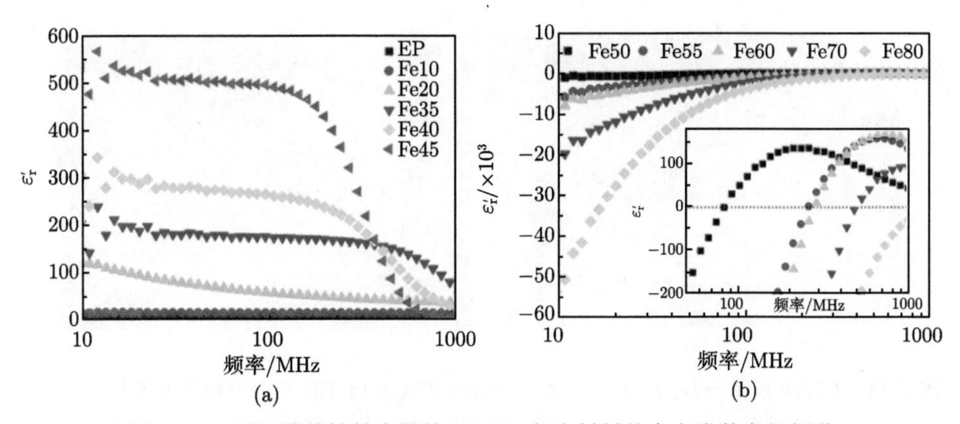

图 2.31 不同羰基铁粉含量的 Fe/EP 复合材料的介电常数实部频谱

至此，负介电行为在颗粒逾渗复合材料中得到了初步的验证。为了进一步研究逾渗复合材料中的负介电行为，下文用一维和二维的导电填料制备逾渗复合材料，并研究了介电性能。

一维碳纳米管/树脂复合材料。因为碳纳米管 (CNTs) 具有优良的导电性，因此选用 CNTs 作为一维导电填料来制备逾渗复合材料。图 2.32 是 CNTs 粉末的扫描电镜图，从图中可以看出，CNTs 的直径大约是 30nm，长度是 $1\sim2\mu m$。同样选用环氧树脂 (EP) 作为绝缘基体，并使用图 2.26 所示的机械混合和压力成型的工艺，制备 CNTs 的质量分数为 2%、4%、6%、8%、10%、12%、14%、16%和 18%的 CNTs/EP 复合材料。

图 2.33 为 CNTs/EP 复合材料断面的扫描电镜图。从图中可以看出，当 CNTs 的质量分数为 10%时，CNTs 之间开始出现相互的连接；当碳纳米管的质量分数增加到 20%时，CNTs 之间已经形成了明显的三维网络。从羰基铁粉/环氧树脂

复合材料的结果分析可知，CNTs/EP 复合材料微观形貌的变化也将引起电学性能的改变。

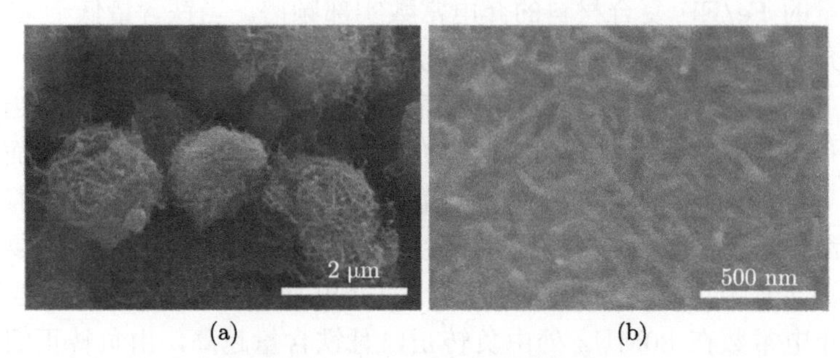

(a)　(b)

图 2.32　CNTs 粉末的扫描电镜图

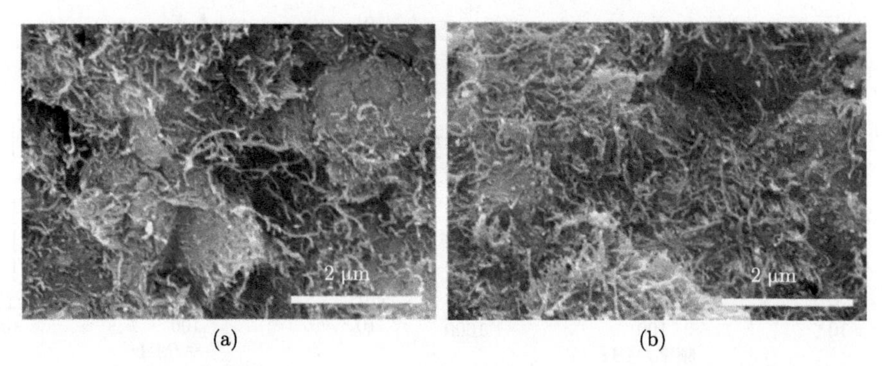

(a)　(b)

图 2.33　CNTs 质量分数为 10%(a) 和 20%(b) 的 CNTs/EP 复合材料断面的扫描电镜图

图 2.34(a) 是不同 CNTs 质量分数的 CNTs/EP 复合材料的电导率频谱。当 CNTs 的含量较低，即质量分数为 2%时，σ_{ac} 和 f 呈线性关系，交流电导率的频散满足幂次定律，计算数据和实验数据拟合度高，$n = 1.034$，可靠性因子 $R^2 = 0.9999$，其电导机制为跳跃电导 [79]；当 CNTs 质量分数进一步升高到 4%~10%时，其交流电导率频谱在低频区 (1MHz~100MHz) 出现“平台”，然后在高频段 (300MHz~1GHz) 出现随频率增大而升高的趋势；当 CNTs 质量分数为 12%~18%时，其交流电导率几乎不随着频率变化，仅在高频段出现下降，这归因于导体的趋肤效应。因此，复合材料的电导机制随着 CNTs 质量分数的增加发生了变化，意味着逾渗现象的发生，逾渗阈值为 10% ~ 12%。图 2.34 (b) 是 1MHz 的电导率随 CNTs 质量分数的变化曲线。从图中可以看出，随着 CNTs 质量分数的增加，复合材料的交流电导率升高了近 4 个数量级，也证明了逾渗现象的发生 [78]。

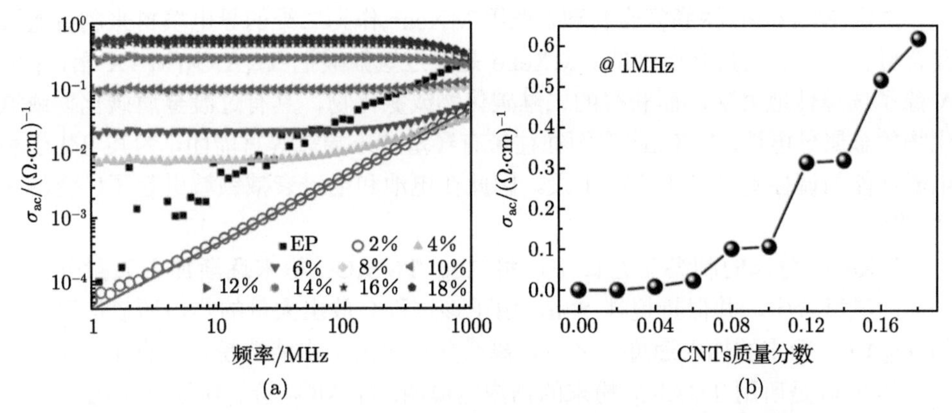

图 2.34 不同 CNTs 质量分数的 CNTs/EP 复合材料的交流电导率

图 2.35 是不同 CNTs 含量的 CNTs/EP 复合材料的介电常数实部频谱。从图中可以看出，当 CNTs 的含量低于 10%时，复合材料的介电常数实部为正值，在 0%~6%，介电常数实部随着 CNTs 的含量增加而升高；在 6% ~ 10%，介电常数出现了波动，说明介电常数在逾渗阈值附近不稳定，波动性较大，这是由于逾渗现象对异质复合材料的微观结构十分敏感。并且，当 CNTs 含量为 6%、8%和 10%时，介电常数实部出现弛豫现象；当 CNTs 含量超过 12%时，复合材料的介电常数实部变为负值，且负介电常数的绝对值随着 CNTs 含量的增加而变大；当 CNTs 含量为 12%和 14%时，负介电常数的频散较低，而 CNTs 含量为 16%和 18%的复合材料的负介电常数有显著的频散。

这说明用一维导电填料制备的异质复合材料中，当发生逾渗现象时，也能够实现负介电常数。而且，相较于零维的导电填料，由于碳纳米管长径比大，用一维导电填料制备的逾渗复合材料的逾渗阈值要低。

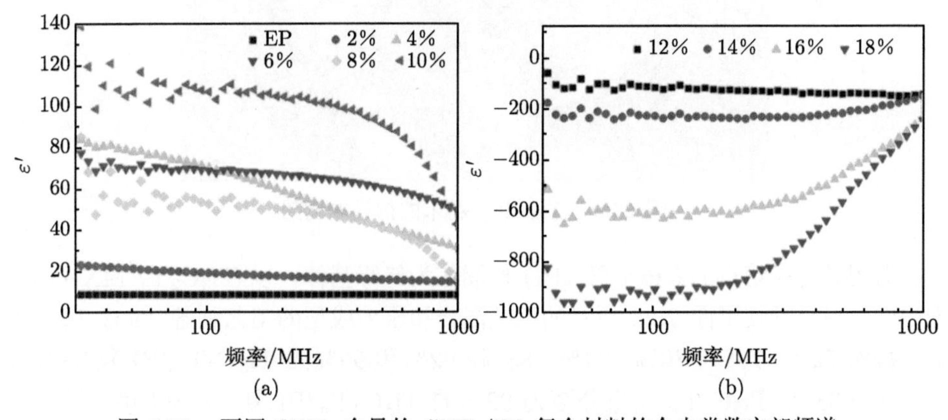

图 2.35 不同 CNTs 含量的 CNTs/EP 复合材料的介电常数实部频谱

二维 MXene/树脂复合材料。选用 MXene 作为二维的导电填料来制备逾渗复合材料，并研究其介电性能。MXene 是通过氢氟酸把 Ti_3AlC_2(MAX 相) 中的 A 原子选择性地去除，而获得的二维碳化物或氮化物，具有过渡金属碳化物或氮化物的金属导电性。MXene 表面往往带有羟基或末端氧等官能团，为其电化学和电磁性能的调控提供了丰富的手段，因此在电池和电磁衰减领域引起了广泛的关注 [80,81]。

MXene 粉末的制备工艺如下。将 10g Ti_3AlC_2 粉末逐渐加入质量分数为 40%的氢氟酸中，并保持搅拌 24h。由于该过程会放出大量的热，所以应严格控制 Ti_3AlC_2 粉末的加入速度。之后，离心并用去离子水清洗粉末，直至 $pH > 6$。

图 2.36 是所用 Ti_3AlC_2 粉末的扫描电镜图。Ti_3AlC_2 粉的粒径分布比较分散，颗粒致密，表面有许多片层结构。经过氢氟酸腐蚀之后，将所得的粉末用 XRD 进行相分析，其 XRD 谱如图 2.37(a) 所示，Ti_3AlC_2 在 39° 处原有的强衍射峰被宽化的馒头峰所取代，这说明 Al 元素被氢氟酸选择性地腐蚀掉了，二维的 $Ti_3C_2T_x$ MXenes 制备成功，其中 T 代表其所带的官能团 [82,83]。图 2.37(b)~(d) 是 $Ti_3C_2T_x$ MXenes 的扫描电镜图。从图中可以看出，Ti_3AlC_2 粉经过氢氟酸腐蚀之后粒径明显变小，最大粒径小于 10μm，并且粉体均为片层结构，片层厚度小于 30nm，这均证明成功制备出了二维结构的 $Ti_3C_2T_x$ MXenes 粉体。

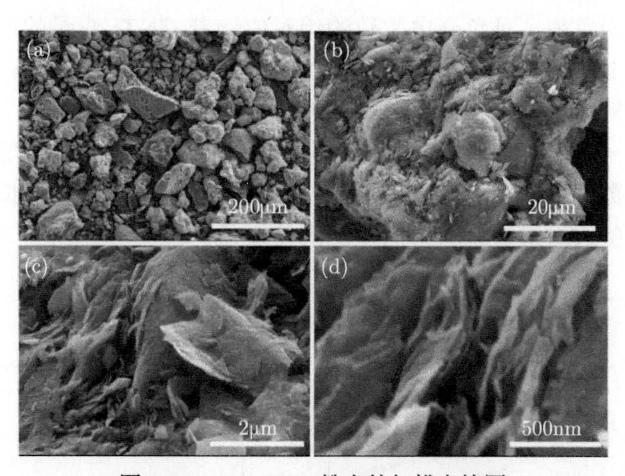

图 2.36　Ti_3AlC_2 粉末的扫描电镜图

选用具有高熔点的聚酰亚胺 (PI) 树脂作为绝缘基体，以 $Ti_3C_2T_x$ MXenes 作为导电填料，并使用图 2.26 所示的机械混合和压力成型的工艺制备 $Ti_3C_2T_x$ 的质量分数为 72%、76%、80%、84%、88%、92%和 96%的 $Ti_3C_2T_x$/PI 复合材料。

图 2.38 是 $Ti_3C_2T_x$ 质量分数为 92%的 $Ti_3C_2T_x$/PI 复合材料的断面扫描电镜图。从图中可以看出，$Ti_3C_2T_x$ 粉体在复合材料中相互接触，并相互连接成三

维的网络。根据前面的分析结果，该连通的结构有可能产生电逾渗现象并产生负介电常数，因此下文对复合材料的电导率和介电常数进行了研究。

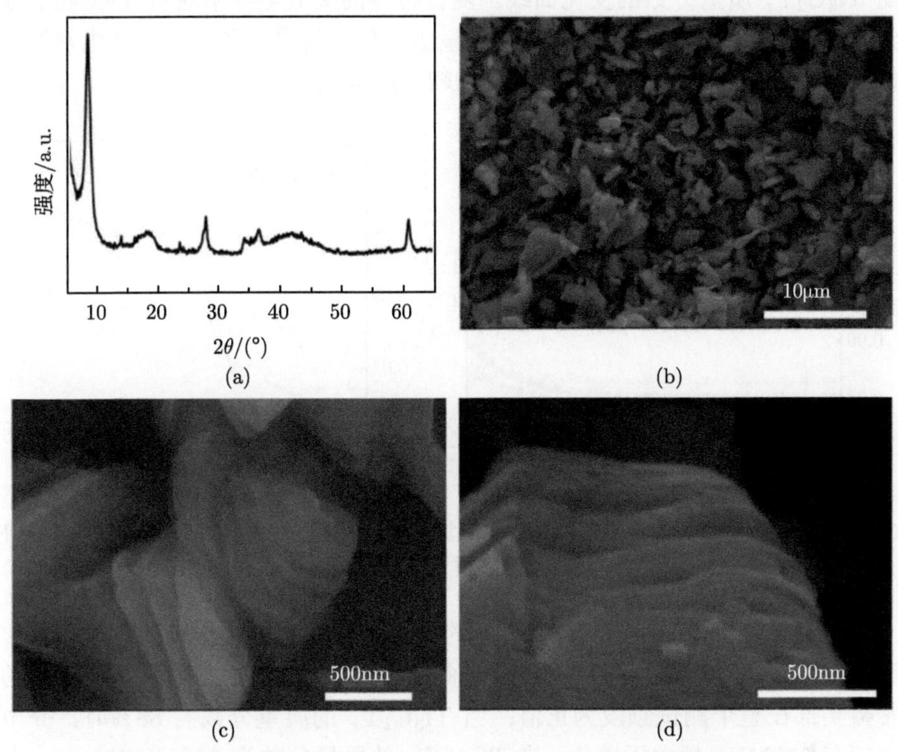

图 2.37 $Ti_3C_2T_x$ MXenes 粉末的 XRD 谱 (a) 和扫描电镜图 (b)~(d)

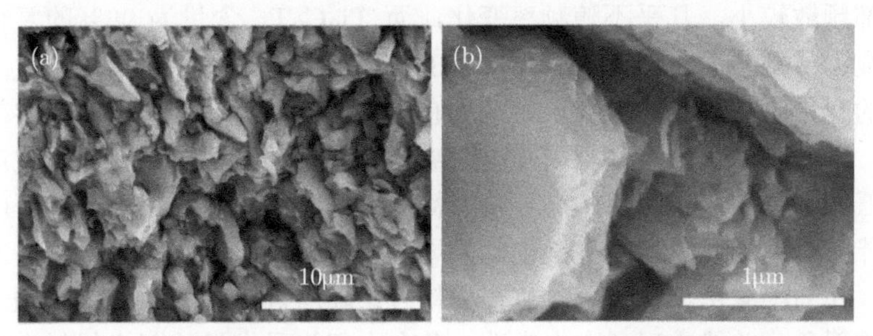

图 2.38 $Ti_3C_2T_x$ 质量分数为 92% 的 $Ti_3C_2T_x$/PI 复合材料的断面扫描电镜图

图 2.39 (a) 是不同 $Ti_3C_2T_x$ 含量的 $Ti_3C_2T_x$/PI 复合材料的交流电导率频谱。当 $Ti_3C_2T_x$ 含量较低时，其交流电导率曲线在低频区仍然有一个“平台”，即几乎不随频率的增加而变化，而在高频区随着频率的增加而升高；当 $Ti_3C_2T_x$ 含量较高时，其复合材料的交流电导率在高频区是随着频率的增大而减小的。电导

率不同的频散规律表明，随着 $Ti_3C_2T_x$ 含量的增加，电导机制发生变化，即从跳跃电导机制变为类导体电导机制，产生逾渗现象。图 2.39 (b) 是 30MHz 下的电导率随 $Ti_3C_2T_x$ 质量分数的变化曲线。复合材料的交流电导率随着 $Ti_3C_2T_x$ 含量的升高而增大，但是其数值并没有呈数量级变化，这是为了实现负介电常数，本工作研究的复合材料的 $Ti_3C_2T_x$ 含量均较大的缘故。

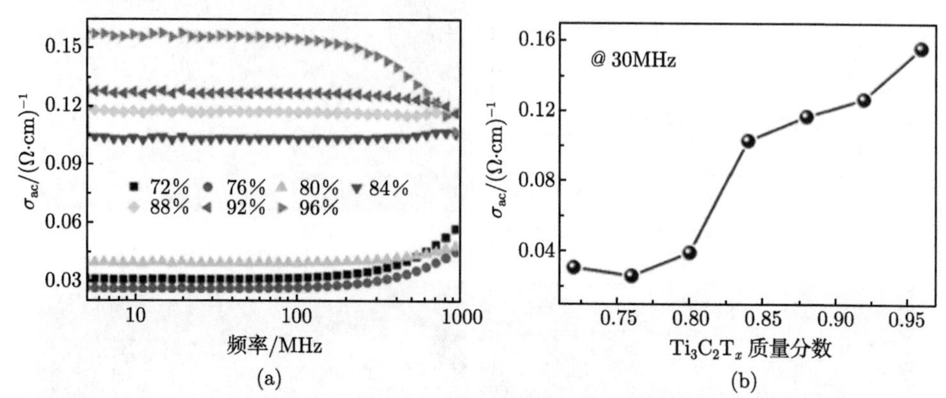

图 2.39　不同 $Ti_3C_2T_x$ 含量的 $Ti_3C_2T_x$/PI 复合材料的交流电导率频谱 (a) 和 30MHz 下的电导率随 $Ti_3C_2T_x$ 质量分数的变化曲线 (b)

图 2.40 (a) 是不同 $Ti_3C_2T_x$ 含量的 $Ti_3C_2T_x$/PI 复合材料的介电常数实部频谱图。当 $Ti_3C_2T_x$ 的质量分数为 72%、76%、80%和 84%时，复合材料的介电常数实部在整个测试频段为正值；当 $Ti_3C_2T_x$ 的质量分数为 88%时，介电常数实部在 518MHz 处由正转负；当 $Ti_3C_2T_x$ 的质量分数为 92%和 96%时，介电常数实部在整个测试频段均为负值，且 $Ti_3C_2T_x$ 含量为 92 %的复合材料的介电常数实部频散较小，几乎不随频率变化，而 $Ti_3C_2T_x$ 含量为 96%的复合材料的介电常数实部频散很大。图 2.40(b) 是 30MHz 下的介电常数实部随 $Ti_3C_2T_x$ 质量分数的变化曲线。随着 $Ti_3C_2T_x$ 含量的增加，复合材料的介电常数实部是逐渐降低的，最后变为负值，这与高介电逾渗复合材料的介电常数在高于逾渗阈值时逐渐降低相吻合。这说明用二维导电填料制备的异质复合材料中，负介电常数的实现也伴随着逾渗现象的发生。因此，导电填料无论是零维、一维还是二维的几何构型，在与绝缘基体构建异质复合材料时，随着导电填料含量的增加，均能出现电逾渗现象，并能实现负介电常数，负介电行为是在逾渗复合材料中普遍存在的物理现象。

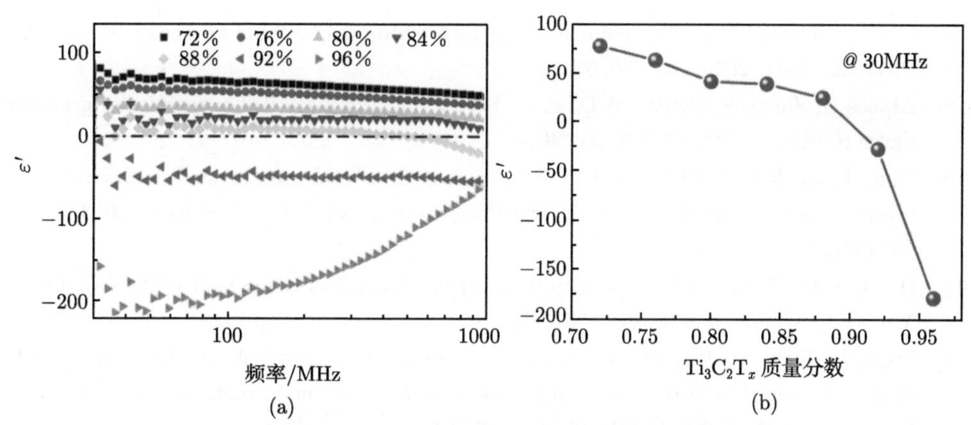

图 2.40 不同 $Ti_3C_2T_x$ 含量的 $Ti_3C_2T_x$/PI 复合材料的介电常数实部频谱 (a) 和 30MHz 下的介电常数实部与 $Ti_3C_2T_x$ 质量分数的关系 (b)

参考文献

[1] Flory P J. Molecular size distribution in three dimensional polymers. J Am Chem Soc, 1941, 63 (11): 3083-3090.

[2] Broadbent S, Hammersley J M. Percolation processes. Math Proc Cambridge Philos Soc, 1957, 53: 629-641.

[3] Bebbington M, Vere-Jones D, Zheng X. Percolation theory: A model for rock fracture? Geophys J Int, 1990, 100 (2): 215-220.

[4] Chelidze T L. Percolation and fracture. Phys Earth Planet In, 1982, 28(2): 93-101.

[5] Saberi A A. Recent advances in percolation theory and its applications. Phys Rep, 2015, 578: 1-32.

[6] 杨进. 逾渗现象——一种随机分形. 物理, 1993, 22 (2): 91-96.

[7] Yi J Y, Choi G M. Percolation behavior of conductor-insulator composites with varying aspect ratio of conductive fiber. J Electroceram, 1999, 3 (4): 361-369.

[8] 王忠阳. 钛酸钡基材料的射频负介机理研究. 济南: 山东大学, 2020.

[9] Kirkpatrick S. Percolation and conduction. Rev Mod Phys, 1973, 45(4): 574-588.

[10] Bueche F. Electrical resistivity of conducting particles in an insulating matrix. J Appl Phys, 1972, 43 (11): 4837-4838.

[11] Gurland J. A Study of Contact and Contiguity of Dispersions in Opaque Samples. Berlin: Springer Berlin Heidelberg, 1967.

[12] Aharoni S M. Electrical resistivity of a composite of conducting particles in an insulating matrix. J Appl Phys, 1972, 43 (5): 2463-2465.

[13] Hashemi R, Weng G J. A theoretical treatment of graphene nanocomposites with percolation threshold, tunneling-assisted conductivity and microcapacitor effect in AC and DC electrical settings. Carbon, 2016, 96: 474-490.

[14] Grimaldi C, Balberg I. Tunneling and nonuniversality in continuum percolation systems. Phys Rev Lett, 2006, 96: 066602.

[15] Abeles B, Sheng P, Coutts M D, et al. Structural and electrical properties of granular metal films. Adv Phys, 1975, 24: 407-461.

[16] Dang F, Hoshino T, Oaki Y, et al. Synthesis of Li–Mn–O mesocrystals with controlled crystal phases through topotactic transformation of $MnCO_3$. Nanoscale, 2013, 5 (6): 2352-2357.

[17] Hou C, Oaki Y, Hosono E, et al. Bio-inspired synthesis of $x Li_2MnO_3$-$(1-x)LiNi_{0.33}Co_{0.33}Mn_{0.33}O_2$ lithium-rich layered cathode materials. Mater Design, 2016, 109: 718-725.

[18] Dang F, Oaki Y, Kokubu T, et al. Formation of nanostructured MnO/Co/Solid–electrolyte interphase ternary composites as a durable anode material for lithium-ion batteries. Chem-Asian J, 2013, 8 (4): 760-764.

[19] Fostner S, Brown R, Carr J, et al. Continuum percolation with tunneling. Phys Rev B, 2014, 89: 075402.

[20] Balberg I, Azulay D, Toker D, et al. Percolation and tunneling in composite materials. Int J Mod Phys B, 2004, 18: 2091-2121.

[21] Azulay D, Balberg I, Chu V, et al. Current routes in hydrogenated microcrystalline silicon. Phys Rev B, 2005, 71 (11): 113304.

[22] Balberg I. A comprehensive picture of the electrical phenomena in carbon black–polymer composites. Carbon, 2002, 40 (2): 139-143.

[23] Toker D, Azulay D, Shimoni N, et al. Tunneling and percolation in metal-insulator composite materials. Phys Rev B, 2003, 68: 041403.

[24] Li J, Li T, Zhou Y, et al. Distinctive electron transport on pyridine-linked molecular junctions with narrow monolayer graphene nanoribbon electrodes compared with metal electrodes and graphene electrodes. Phys Chem Chem Phys, 2016, 18 (40): 28217-28226.

[25] Shi Z, Fan R, Wang X, et al. Radio-frequency permeability and permittivity spectra of copper/yttrium iron garnet cermet prepared at low temperatures. J Eur Ceram Soc, 2015, 35 (4): 1219-1225.

[26] Wang X, Shi Z, Chen M, et al. Tunable electromagnetic properties in Co/Al_2O_3 cermets prepared by wet chemical method. J Am Ceram Soc, 2014, 97: 3223-3229.

[27] Zhang Z, Fan R, Shi Z, et al. Tunable negative permittivity behavior and conductor–insulator transition in dual composites prepared by selective reduction reaction. J Mater Chem C, 2013, 1 (1): 79-85.

[28] Qu Y, Wu Y, Wu J, et al. Simultaneous epsilon-negative and mu-negative property of $Ni/CaCu_3Ti_4O_{12}$ metacomposites at radio-frequency region. J Alloy Compd, 2020, 847: 156526.

[29] Sun K, Fan R, Yin Y, et al. Tunable negative permittivity with Fano-like resonance and magnetic property in percolative silver/yttrium iron garnet nanocomposites. J Phys Chem C, 2017, 121 (13): 7564-7571.

[30] Wang Z, Sun K, Xie P, et al. Generation mechanism of negative permittivity and Kramers–Kronig relations in $BaTiO_3/Y_3Fe_5O_{12}$ multiferroic composites. J Phys Condens Matter, 2017, 29: 365703.

[31] Wang Z, Li H, Hu H, et al. Direct observation of stable negative capacitance in $SrTiO_3$@$BaTiO_3$ heterostructure. Adv Electron Mat, 2020, 6 (2): 1901005.

[32] Li Q, Bao S, Sun Y, et al. Tunable dielectric resonance with negative permittivity behavior of $BiFeO_3$-$Bi_2Fe_4O_9$ composite at about 1 GHz. J Alloy Compd, 2018, 735: 2081-2086.

[33] Bai Y, Zhou J, Sun Y, et al. Effect of electromagnetic environment on the dielectric resonance in the ferroelectric-ferromagnetic composite. Appl Phys Lett, 2006, 89: 112907.

[34] Yin X, Kong L, Zhang L, et al. Electromagnetic properties of Si–C–N based ceramics and composites. Int Mater Rev, 2014, 59 (6): 326-355.

[35] Yin X W, Cheng L F, Zhang L T, et al. Fibre-reinforced multifunctional SiC matrix composite materials. Int Mater Rev, 2017, 62 (3): 117-172.

[36] Papageorgiou D G, Kinloch I A, Young R J. Mechanical properties of graphene and graphene-based nanocomposites. Prog Mater Sci, 2017, 90: 75-127.

[37] Singh R, Chakravarty A, Mishra S, et al. AlN-SWCNT metacomposites having tunable negative permittivity in radio and microwave frequencies. ACS Appl Mater Interfaces, 2019, 11 (51): 48212-48220.

[38] Yin R, Zhang Y, Zhao W, et al. Graphene platelets/aluminium nitride metacomposites with double percolation property of thermal and electrical conductivity. J Eur Ceram Soc, 2018, 38 (14): 4701-4706.

[39] Cheng C, Fan R, Qian L, et al. Tunable negative permittivity behavior of random carbon/alumina composites in the radio frequency band. RSC Adv, 2016, 6 (90): 87153-87158.

[40] Cheng C, Fan R, Wang Z, et al. Tunable and weakly negative permittivity in carbon/silicon nitride composites with different carbonizing temperatures. Carbon, 2017, 125: 103-112.

[41] Qu Y, Wu Y, Fan G, et al. Tunable radio-frequency negative permittivity of Carbon/$CaCu_3Ti_4O_{12}$ metacomposites. J Alloy Compd, 2020, 834: 155164.

[42] Haldar T, Kanth Kumar V V R. Broadband dielectric behavior of the multiwall carbon nanotube-bismuth silicate glass-nanocomposites. J Alloy Compd, 2019, 772: 218-229.

[43] Gholipur R, Khorshidi Z, Bahari A. Enhanced absorption performance of carbon nanostructure based metamaterials and tuning impedance matching behavior by an external AC electric field. ACS Appl Mater Interfaces, 2017, 9 (14): 12528-12539.

[44] Chen Y, Zhang H B, Wang M, et al. Phenolic resin-enhanced three-dimensional graphene aerogels and their epoxy nanocomposites with high mechanical and electromagnetic interference shielding performances. Compos Sci Technol, 2017, 152: 254-262.

[45] Tsutaoka T, Kasagi T, Yamamoto S, et al. Low frequency plasmonic state and negative

permittivity spectra of coagulated Cu granular composite materials in the percolation threshold. Appl Phys Lett, 2013, 102: 181904.

[46] Massango H, Tsutaoka T, Kasagi T, et al. Coexistence of gyromagnetic resonance and low frequency plasmonic state in the submicron Ni granular composite materials. J Appl Phys, 2017, 121: 103902.

[47] Massango H, Tsutaoka T, Kasagi T. Electromagnetic properties of $Fe_{53}Ni_{47}$ and $Fe_{53}Ni_{47}$/Cu granular composite materials in the microwave range. Mater Res Express, 2016, 3: 095801.

[48] Tsutaoka T, Fukuyama K, Kinoshita H, et al. Negative permittivity and permeability spectra of Cu/yttrium iron garnet hybrid granular composite materials in the microwave frequency range. Appl Phys Lett, 2013, 103: 261906.

[49] Li B, Sui G, Zhong W H. Single negative metamaterials in unstructured polymer nanocomposites toward selectable and controllable negative permittivity. Adv Mater, 2009, 21 (41): 4176-4180.

[50] Sun Y, Wang J, Qi S, et al. Permittivity transition from highly positive to negative: Polyimide/carbon nanotube composite's dielectric behavior around percolation threshold. Appl Phys Lett, 2015, 107: 012905.

[51] Gu H, Zhang H, Ma C, et al. Polyaniline assisted uniform dispersion for magnetic ultrafine barium ferrite nanorods reinforced epoxy metacomposites with tailorable negative permittivity. J Phys Chem C, 2017, 121: 13265-13273.

[52] Xie P, Wang Z, Sun K, et al. Regulation mechanism of negative permittivity in percolating composites via building blocks. Appl Phys Lett, 2017, 111: 112903.

[53] Xie P, Sun K, Wang Z, et al. Negative permittivity adjusted by SiO_2-coated metallic particles in percolative composites. J Alloys Compd, 2017, 725: 1259-1263.

[54] Xu H, Cheng B, Du Q, et al. Strengthening synergistic effects between hard carbon and soft carbon enabled by connecting precursors at molecular level towards high-performance potassium ion batteries. Nano Res, 2023, 16 (8): 10985-10991.

[55] Zhang C, Shi Z, Mao F, et al. Flexible polyimide nanocomposites with DC bias induced excellent dielectric tunability and unique nonpercolative negative-k toward intrinsic metamaterials. ACS Appl Mater Interfaces, 2018, 10 (31): 26713-26722.

[56] Özdemir Z G, Daşdan D Ş, Kavak P, et al. MWCNT induced negative real permittivity in a copolyester of Bisphenol-A with terephthalic and isophthalic acids. Mater Res Express, 2020, 7: 015337.

[57] Sun K, Dong J, Wang Z, et al. Tunable negative permittivity in flexible graphene/PDMS metacomposites. J Phys Chem C, 2019, 123 (38): 23635-23642.

[58] Wang Z, Sun K, Wu H, et al. Compressible sliver nanowires/polyurethane sponge metacomposites with weakly negative permittivity controlled by elastic deformation. J Mater Sci, 2020, 55 (32): 15481-15492.

[59] Yan K, Fan R, Chen M, et al. Perovskite (La,Sr)MnO_3 with tunable electrical properties by the Sr-doping effect. J Alloy Compd, 2015, 628: 429-432.

[60] Yan K, Fan R, Shi Z, et al. Negative permittivity behavior and magnetic performance of perovskite $La_{1-x}Sr_xMnO_3$ at high-frequency. J Mater Chem C, 2014, 2 (6): 1028-1033.
[61] Wang Z, Sun K, Xie P, et al. Low-loss and temperature-stable negative permittivity in $La_{0.5}Sr_{0.5}MnO_3$ ceramics. J Eur Ceram Soc, 2020, 40: 1917-1921.
[62] Thanh T D, Van Dang N, Van Hong L, et al. Dielectric resonance effect with negative permittivity in a $La_{1.5}Sr_{0.5}NiO_{4+\delta}$ceramic. J Korean Phys Soc, 2014, 65 (10): 1663-1668.
[63] Cortie M B, Giddings J, Dowd A. Optical properties and plasmon resonances of titanium nitride nanostructures. Nanotechnology, 2010, 21 (11): 115201.
[64] Patsalas P, Logothetidis S. Optical, electronic, and transport properties of nanocrystalline titanium nitride thin films. J Appl Phys, 2001, 90: 4725-4734.
[65] Patsalas P, Kalfagiannis N, Kassavetis S. Optical properties and plasmonic performance of titanium nitride. Materials, 2015, 8: 3128-3154.
[66] Karlsson B, Sundgren J, Johansson B. Optical constants and spectral selectivity of titanium carbonitrides. Thin Solid Films, 1982, 87 (2): 181-187.
[67] Lan L, Fan X, Gao Y, et al. Plasmonic metal carbide SERS chips. J Mater Chem C, 2020, 8 (41): 14523-14530.
[68] Kl M, Zdemir Z G, Karabul Y, et al. Negative real permittivity in $(Bi_{0.3}Eu_{0.7})Sr_2CaCu_2O_{6.5}$ ceramic. Physica B, 2020, 584: 412080.
[69] MacDiarmid A G, Epstein A J. Polyanilines: a novel class of conducting polymers. Faraday Discuss, 1989, 88: 317-332.
[70] Xu X, Fu Q, Gu H, et al. Polyaniline crystalline nanostructures dependent negative permittivity metamaterials. Polymer, 2020, 188: 122129.
[71] Gordon K L, Kang J H, Park C H, et al. A novel negative dielectric constant material based on phosphoric acid doped poly(benzimidazole). J Appl Polym Sci, 2012, 125: 2977-2985.
[72] Lee K, Heeger A J. Crossover to negative dielectric response in the low-frequency spectra of metallic polymers. Phys Rev B, 2003, 68: 035201.
[73] Tsutaoka T, Kasagi T, Yamamoto S, et al. Double negative electromagnetic property of granular composite materials in the microwave range. J Magn Magn Mater, 2015, 383: 139-143.
[74] Tsutaoka T, Massango H, Kasagi T, et al. Double negative electromagnetic properties of percolated $Fe_{53}Ni_{47}$/Cu granular composites. Appl Phys Lett, 2016, 108: 191904.
[75] Chen C, Lin Y, Chang C, et al. Frequency-dependent complex conductivities and dielectric responses of indium tin oxide thin films from the visible to the far-infrared. IEEE J Quantum Elect, 2010, 46: 1746-1754.
[76] Yan H, Zhao C X, Wang K K W, et al. Negative dielectric constant manifested by static electricity. Appl Phys Lett, 2013, 102: 062904.
[77] Dang Z, Zheng M, Zha J. 1D/2D carbon nanomaterial-polymer dielectric composites with high permittivity for powerenergy storage applications. Small, 2016, 12 (13):

1688-1701.

[78] Nan C, Shen Y, Ma J. Physical properties of composites near percolation. Annu Rev Mater Res, 2010, 40: 131-151.

[79] Cheng C, Fan R, Ren Y, et al. Radio frequency negative permittivity in random carbon nanotubes/alumina nanocomposites. Nanoscale, 2017, 9 (18): 5779-5787.

[80] Dillon A D, Ghidiu M J, Krick A L, et al. Highly conductive optical quality solution-processed films of 2D titanium carbide. Adv Funct Mater, 2016, 26 (23): 4162-4168.

[81] Naguib M, Kurtoglu M, Presser V, et al. Two-dimensional nanocrystals produced by exfoliation of Ti_3AlC_2. Adv Mater, 2011, 23 (37): 4248-4253.

[82] Han M, Yin X, Li X, et al. Laminated and two-dimensional carbon-supported microwave sbsorbers derived from MXenes. ACS Appl Mater Interfaces, 2017, 9 (23): 20038-20045.

[83] Han M, Yin X, Wu H, et al. Ti_3C_2 MXenes with modified surface for high-performance electromagnetic absorption and shielding in the X-band. ACS Appl Mater Interfaces, 2016, 8 (32): 21011-21019.

第 3 章　宏观现象和微观机制

第 2 章用逾渗理论对负介电常数产生的机制进行了解释，明确了逾渗转变是导体/绝缘体异质复合材料产生负介性能的关键，阐明了“逾渗构型负介材料”的由来。逾渗构型负介材料蕴含的丰富的物理现象和机制仍有待探索和诠释。本章主要介绍逾渗构型负介材料的宏观响应特征和微观机制，包括负介行为的频散、负介材料与电磁波的相互作用、适用的宏观唯象机制及其内部的载流子性质等。

3.1　有效介质理论

有效介质理论是一种用来计算多种组分混合体系物理性能参数随体系组成、时间、频率等变化的理论 [1]。利用有效介质理论对逾渗构型复合材料进行计算之前，首先需要构建一个合理的理论模型，该模型能够正确地反映逾渗构型复合材料的基本特性。模型的建立作以下基本假定：金属颗粒为球形，尺寸远小于电磁波波长；基体介质各向同性，金属颗粒均匀分布且周围充满基体介质。

介电常数源于材料内偶极子的极化，材料介电常数的大小取决于偶极子的极化性质。偶极子的极化性质可由两个微观参量来定义，即极化率 α 和偶极子的体积密度 N。介电常数与偶极子极化的普适性定量关系用克劳修斯–莫索提 (Clausius-Mossotti) 方程描述 [2,3]：

$$\frac{N\alpha}{3\varepsilon_0} = \frac{\varepsilon - 1}{\varepsilon + 2} \tag{3.1}$$

对于异质复合材料而言，存在多个组分，当组分 1 和组分 2 在空气中混合后，介电常数表达式可根据方程 (3.1) 改写为

$$\frac{\varepsilon - 1}{\varepsilon + 2} = \frac{N_1\alpha_1}{3\varepsilon_0} + \frac{N_2\alpha_2}{3\varepsilon_0} \tag{3.2a}$$

$$\frac{\varepsilon - 1}{\varepsilon + 2} = f_1\frac{\varepsilon_1 - 1}{\varepsilon_1 + 2} + f_2\frac{\varepsilon_2 - 1}{\varepsilon_2 + 2} \tag{3.2b}$$

此式建立了宏观参量 ε 与偶极子参量的联系。当两种组分混合于介电常数为 ε_{h} 的介质中时，上式将进一步改写为

$$\frac{\varepsilon - \varepsilon_{\mathrm{h}}}{\varepsilon + 2\varepsilon_{\mathrm{h}}} = \frac{N_1\alpha_1}{3\varepsilon_0\varepsilon_{\mathrm{h}}} + \frac{N_2\alpha_2}{3\varepsilon_0\varepsilon_{\mathrm{h}}} \tag{3.3a}$$

$$\frac{\varepsilon-\varepsilon_{\mathrm{h}}}{\varepsilon+2\varepsilon_{\mathrm{h}}}=f_1\frac{\varepsilon_1-\varepsilon_{\mathrm{h}}}{\varepsilon_1+2\varepsilon_{\mathrm{h}}}+f_2\frac{\varepsilon_2-\varepsilon_{\mathrm{h}}}{\varepsilon_2+2\varepsilon_{\mathrm{h}}} \tag{3.3b}$$

如果组分 1 是主要组分 (可以视为基体)，相当于组分 2 均匀分布在组分 1 中，则 $\varepsilon_{\mathrm{h}}=\varepsilon_1$，式 (3.3) 可以简化为

$$\frac{\varepsilon-\varepsilon_1}{\varepsilon+2\varepsilon_1}=f_2\frac{\varepsilon_2-\varepsilon_1}{\varepsilon_2+2\varepsilon_1} \tag{3.4}$$

即麦克斯韦–加内特 (Maxwell-Garnett)方程。该方程可以描述图 3.1 所示由金属及电介质组成的复合材料的等效介电常数，其中金属作为填充相，电介质作为基体相 [4]。

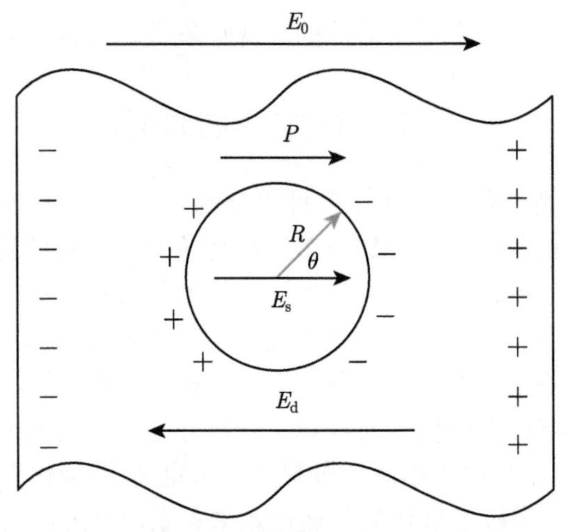

图 3.1　金属/电介质复合材料微观结构模型

上述方程能够用来准确地描述金属电介质复合材料的电磁响应特性。考虑到实际情况中复合材料物相构成的复杂性，Bruggeman 对上述方程进行了一定程度的修正，从而大大地扩展了其应用范围 [5]。即在有效介质理论中，每一种物相均被视为填充相，即 $f_1+f_2=1$，如果组分 1 和组分 2 相当，则应把复合介质整体看成一种有效介质 $\varepsilon_{\mathrm{h}}=\varepsilon$，所以式 (3.3) 变为 Bruggeman 有效近似公式

$$f_1\frac{\varepsilon_1-\varepsilon}{\varepsilon_1+2\varepsilon}+f_2\frac{\varepsilon_2-\varepsilon}{\varepsilon_2+2\varepsilon}=0 \tag{3.5}$$

利用 Bruggeman 理论计算了不同镍含量 Ni/Al_2O_3 (体积分数从 10%到 90%) 复合材料在 10MHz 到 10GHz 频段介电常数随频率的变化曲线，金属镍的体积含量用 f_{m} 表示，Al_2O_3 的体积含量用 f_{c} 表示。在计算中，复合材料的介电常数 $\varepsilon_{\mathrm{com}}$ 为

$$\varepsilon_{\mathrm{com}}=\frac{1}{4}\Big\{(3f_{\mathrm{m}}-1)\,\varepsilon_{\mathrm{m}}+(3f_{\mathrm{c}}-1)\,\varepsilon_{\mathrm{r,c}}$$

$$\pm \sqrt{\left[(3f_{\mathrm{m}}-1)\,\varepsilon_{\mathrm{m}}+(3f_{\mathrm{c}}-1)\,\varepsilon_{\mathrm{c}}\right]^2+8\varepsilon_{\mathrm{m}}\varepsilon_{\mathrm{c}}}\Bigg\} \tag{3.6}$$

式中，Al_2O_3 陶瓷的介电常数 ε_{c} 为 9.8；金属 Ni 的介电常数 ε_{m} 利用 Drude 模型 (式 (3.7)) 计算得到：

$$\varepsilon_{\mathrm{m}} = 1-\frac{\omega_{\mathrm{p}}^2}{\omega^2+\omega_\tau^2}+\mathrm{i}\frac{\omega_{\mathrm{p}}^2\omega_\tau}{\omega^3+\omega\omega_\tau^2} \tag{3.7}$$

式中，$\omega_{\mathrm{p}}=9.92\times10^{10}\mathrm{Hz}$；$\omega_\tau=9.87\times10^{7}$ Hz。在计算 $\varepsilon_{\mathrm{com}}$ 时，式 (3.6) 中“±”根据介电常数虚部为正值的原则选取，计算结果如图 3.2 所示。由图 3.2(a) 可见，当 f_{m} 为 0.1、0.2 和 0.3 时，复合材料介电常数实部在测试频段内均为正值，且出现共振现象，随着镍含量增加，复合材料的共振频段向低频方向移动。如图 3.2(c) 所示，在介电常数实部出现共振的频段介电常数虚部出现明显的损耗峰，随着镍含量增加，损耗峰强度逐渐增加且向低频方向移动。如图 3.2(b) 所示，当 f_{Ni} 增加到 0.4 时，材料在测试频段出现负介电常数，随着镍含量继续增加，复合材料的介电常数

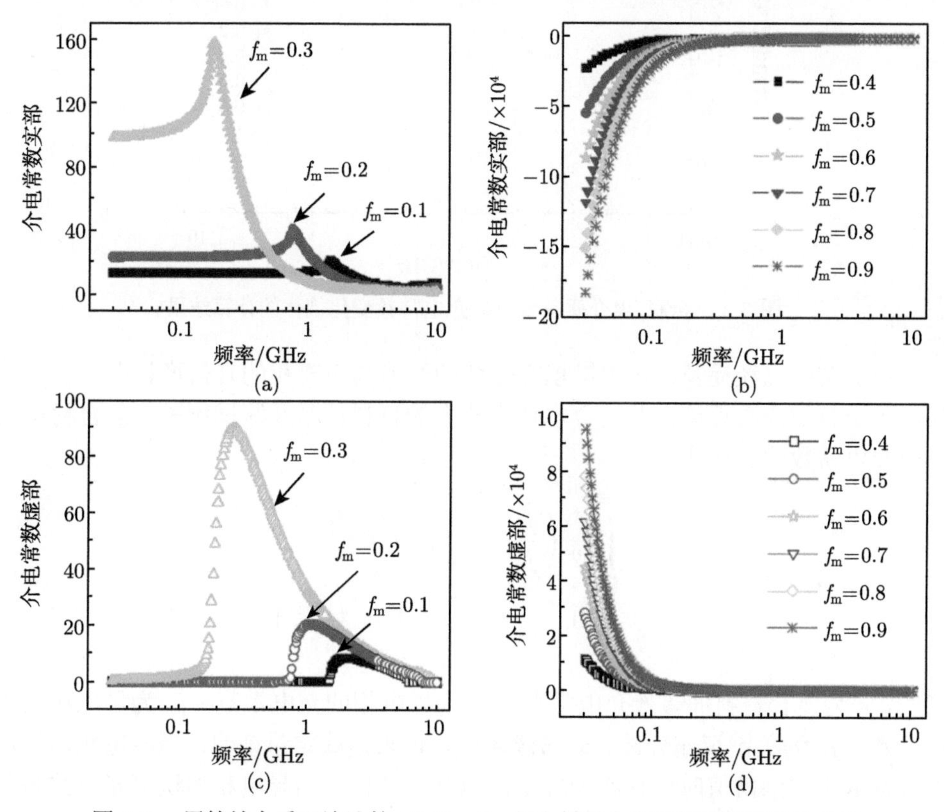

图 3.2 用等效介质理论计算 Ni/Al_2O_3 复合材料介电常数随频率变化曲线

实部均为负值且其绝对值逐渐增大。相应地，介电常数虚部也随镍含量增加而增大，且随频率升高而迅速减小 (图 3.2(d))。

图 3.3 为金属/电介质复合材料介电常数变化规律的计算结果。两种填充相分别设定为单质 Fe 及 Al_2O_3，f 代表单质的填充分数。通过计算结果可以明显地看出，随着单质填充分数逐渐增加，复合材料的介电常数出现了由电介质特性向金属特性转变的趋势，这就是发生了逾渗转变，即在有效介质理论中存在一个关键填充分数 f_c，也就是逾渗理论中的逾渗阈值。该关键填充分数代表了在复合材料内部形成导电网络结构所需的导电相最小体积含量。

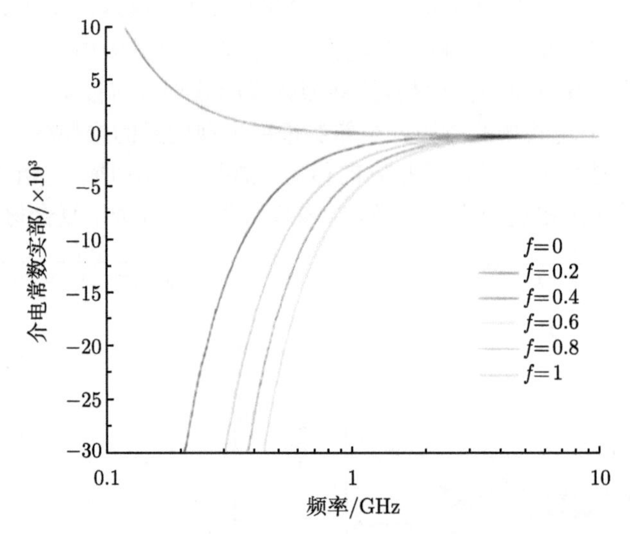

图 3.3　金属/电介质复合材料介电常数变化规律的计算结果

在上文中已经提及，该关键填充分数的数值与填充相的几何形状有密切的关联。基于有效介质理论，并结合本章实验中的材料体系及测试频段，复合材料的等效介电常数的表达式为

$$\frac{\varepsilon}{\varepsilon_1}=\begin{cases}\dfrac{1}{2}\left(\dfrac{f_1}{f_{\mathrm{k}}}-1\right), & 1<\dfrac{f_1}{f_{\mathrm{k}}}\\[2ex] 0, & 0<\dfrac{f_1}{f_{\mathrm{k}}}\leqslant 1\end{cases}\tag{3.8}$$

式中，ε 为复合材料的等效介电常数；ε_1 为导电相的介电常数；f_1 为导电相的填充分数；f_{k} 为关键填充分数，即逾渗阈值。该表达式定量证明，当导电相体积填充分数低于逾渗阈值时，材料表现出类电介质特性；当导电相体积填充分数高于逾渗阈值时，材料表现出类金属特性。

3.2 负介行为的频散特性

负介行为源于等离，但是实际材料也常常涉及极化。当发生极化时，内部正、负电荷的重心不再重合，这种成对的正负电荷叫做电偶极子。根据电偶极子的类别和极化特点，可将介电材料的微观极化机制分为电子和离子的位移极化、电子和离子的弛豫极化、偶极子取向极化、空间电荷极化等。偶极子发生极化需要一定的响应时间，不同的偶极子其响应时间也不一样。例如，位移极化的响应时间为 $10^{-12}\sim10^{-13}$s，弛豫极化的响应时间为 $10^{-2}\sim10^{-3}$s，取向极化的响应时间为 $10^{-2}\sim10^{-10}$s，而空间电荷极化的响应时间范围非常广，从几秒到几十小时不等，仅在低频段对介电材料的极化起作用。

由于不同极化机制的响应时间不同，介电材料的 ε_r'、ε_r'' 和 $\tan\delta$ 与频率呈函数关系，如图 3.4 所示。将建立极化所需的最短时间称为该极化机制的弛豫时间 τ。当介电材料中仅有一种极化机制，即只有一个弛豫时间时，若频率较低，交变电场的周期大于弛豫时间，介电材料有足够的时间建立极化，因此介电常数实部较高，且不存在极化损耗，介电损耗来源于漏电流；而当外电场的角频率 $\omega =$

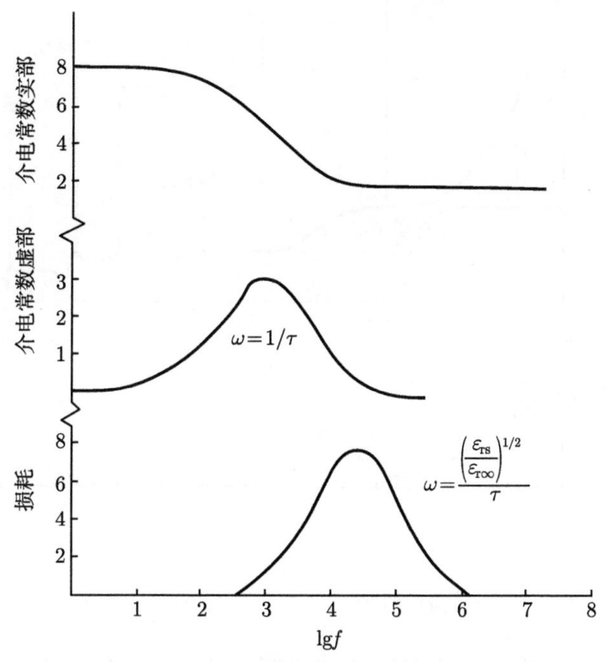

图 3.4 介电材料的介电常数实部、虚部及损耗与频率的关系 [6]

$2\pi f$ (f 为频率) 达到弛豫频率时，介电材料内部的偶极子开始跟不上外电场的变化，对极化的贡献减小，介电常数实部开始降低，由于建立极化的电流所占比例升高，因此伴随着介电损耗的增加；当频率非常高时，各种极化机制跟不上外电场的变化，对极化不再产生贡献，介电材料的介电常数和损耗均比较低。

在实际的材料中，往往存在多个极化机制。在低频时，所有的机制均对极化有贡献，而在高频时，仅弛豫时间较短的极化机制对介电材料的极化有贡献。因此，介电常数是频率的函数，如图 3.5 所示。在极低频段，空间电荷极化对介电常数实部的贡献较大，随着频率的升高，贡献量降低，并伴有高的介电损耗。在 kHz 频段，电偶极子的取向极化是最重要的极化机制。当频率升高到红外波段 (10^{12} ~10^{13}Hz) 时，介电材料的极化机制主要是离子位移极化，此时的极化过程与介电材料的晶格常数密切相关，并伴有化学键的拉长与压缩。而在光频和紫外波段 (10^{15}Hz)，只剩下电子位移极化，且当频率足够高时可产生共振，并伴有吸收峰。

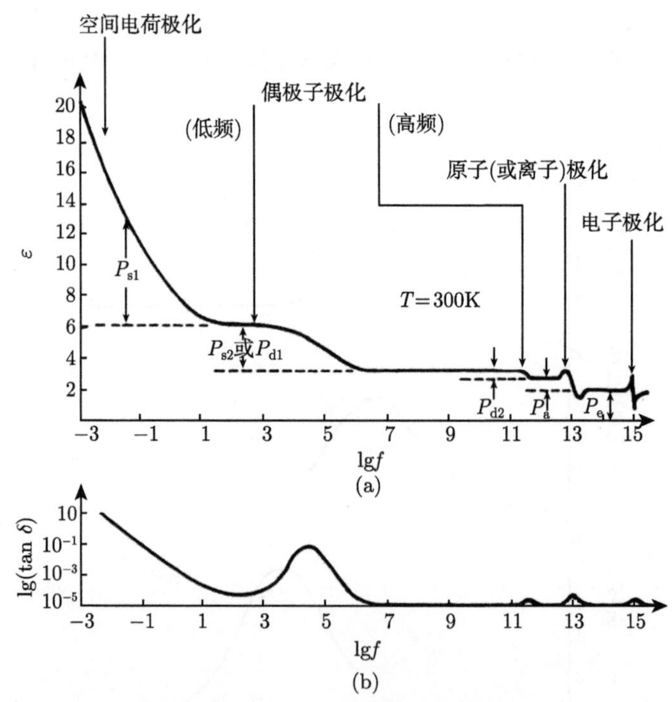

图 3.5　电介质极化机制 (a) 和介电损耗与频率的关系 (b)[6]

因此，电介质的极化存在频率响应问题，通常把电介质极化所需的时间称为弛豫时间，电介质与电场频率的关系则称为介电弛豫。其中，描述偶极子极化弛豫的方程称为德拜 (Debye) 方程，其表示式如下:

$$\varepsilon(\omega)=\varepsilon_{\infty}+\int_{0}^{\infty}\alpha(t)\,\mathrm{e}^{\mathrm{j}\omega t}\mathrm{d}t \tag{3.9}$$

其中，$\alpha(t)$ 为衰减因子，它描述了外电场突然消失后介质极化衰减的规律，以及在恒定电场下介质极化趋于平衡的规律；ω 为外电场的频率；ε_{∞} 为无穷大频率下的介电常数。在特殊的情况下，可以令

$$\alpha(t)=\alpha_{0}\mathrm{e}^{-t/\tau} \tag{3.10}$$

将式 (3.10) 代入式 (3.9)，积分后得到

$$\varepsilon(\omega)=\varepsilon_{\infty}+\frac{\alpha_{0}}{\dfrac{1}{\tau}-\mathrm{j}\omega} \tag{3.11}$$

记 $\varepsilon(0)=\varepsilon_{\mathrm{s}}$，则式 (3.11) 变为

$$\varepsilon_{\mathrm{s}}=\varepsilon_{\infty}+\tau\alpha_{0} \tag{3.12}$$

其中，ε_{s} 为静态相对介电常数。于是式 (3.10) 可以写为

$$\alpha(t)=\frac{\varepsilon_{\mathrm{s}}-\varepsilon_{\infty}}{\tau}\mathrm{e}^{-t/\tau} \tag{3.13}$$

将式 (3.13) 代入式 (3.9) 中可得

$$\varepsilon(\omega)=\varepsilon'-\mathrm{j}\varepsilon''=\varepsilon_{\infty}+\frac{\varepsilon_{\mathrm{s}}-\varepsilon_{\infty}}{1-\mathrm{j}\omega\tau} \tag{3.14}$$

由式 (3.14) 可知介电常数的实部 ε'、虚部 ε'' 和损耗角正切 $\tan\delta$ 的表示式为

$$\varepsilon'=\varepsilon_{\infty}+\frac{\varepsilon_{\mathrm{s}}-\varepsilon_{\infty}}{1+\omega^{2}\tau^{2}} \tag{3.15}$$

$$\varepsilon''=\frac{(\varepsilon_{\mathrm{s}}-\varepsilon_{\infty})\,\omega\tau}{1+\omega^{2}\tau^{2}} \tag{3.16}$$

$$\tan\delta=\frac{\varepsilon''}{\varepsilon'}=\frac{(\varepsilon_{\mathrm{s}}-\varepsilon_{\infty})\,\omega\tau}{\varepsilon_{\mathrm{s}}+\varepsilon_{\infty}\omega^{2}\tau^{2}} \tag{3.17}$$

从式 (3.15) 可知，介电常数会因为极化弛豫现象随着外电场频率的增加逐渐减小。因此，对于正介电常数而言，其频散特征是由每一种偶极子的弛豫过程在各个频段的叠加构成的。

逾渗构型材料的负介性能源于自由电子的等离振荡，其频散特性符合 Drude 物理模型 [7]。Drude 模型的推导源于自由电子在外交流电场下的简谐运动。自由电子在电场中的运动方程为

$$m\frac{\mathrm{d}^2x}{\mathrm{d}t^2}=-eE \tag{3.18}$$

如果考虑自由电子之间的相互碰撞，则上式应改写为

$$m\frac{\mathrm{d}^2x}{\mathrm{d}t^2}+m\cdot\gamma\frac{\mathrm{d}x}{\mathrm{d}t}=-eE \tag{3.19}$$

其中，m 为自由电子的有效质量；γ 为阻尼因子或者碰撞频率。如果 x 和 E 对时间的依赖关系如 $\mathrm{e}^{-\mathrm{j}\omega t}$，则有

$$-\omega^2mx-\mathrm{j}\gamma\omega mx=-eE \tag{3.20}$$

一个电子的偶极矩为 $-ex=-e^2E/[m(\omega^2+\mathrm{j}\gamma\omega)]$，而极化强度定义为单位体积的偶极矩，即

$$P=-nex=-\frac{ne^2}{m\left(\omega^2+\mathrm{j}\gamma\omega\right)}E \tag{3.21}$$

其中，n 表示电子的浓度。频率 ω 下的介电常数是

$$\varepsilon\left(\omega\right)=\frac{D\left(\omega\right)}{\varepsilon_0E\left(\omega\right)}=1+\frac{P\left(\omega\right)}{\varepsilon_0E\left(\omega\right)} \tag{3.22}$$

定义自由电子的等离振荡频率 ω_{p} 为

$$\omega_{\mathrm{p}}^2=\frac{ne^2}{\varepsilon_0m} \tag{3.23}$$

因此，自由电子的介电常数可表示为

$$\varepsilon\left(\omega\right)=1-\frac{\omega_{\mathrm{p}}^2}{\omega^2+\mathrm{j}\omega\gamma} \tag{3.24}$$

于是，介电常数实部 ε' 的表示式为

$$\varepsilon'=1-\frac{\omega_{\mathrm{p}}^2}{\omega^2+\gamma^2} \tag{3.25}$$

所以，从 Drude 模型可以看出，负介电常数是频率的函数，具有鲜明的频散特征。

实际上，负介行为是金属等导体的固有属性，在光学或红外波段十分常见，且 Drude 模型通常用来描述金属等导体在光学或红外波段的介电常数 [7]。金属等导体的介电常数在低于等离振荡频率时为负值，大部分金属等离振荡频率在光频或紫外波段，然而，在射频段时，块体金属的介电常数是量级为 $10^8 \sim 10^{11}$ 的负数，而虚部是量级更大的正值，故金属等导体的射频介电常数约等于虚数，甚至难以测到。因此，在制备射频负介材料时，要想获得具有绝对值较小的负介电常数，根据式 (3.23) 和式 (3.25)，需要将材料中的有效电子浓度降低。有两种方案，一种是选择电子浓度较低的导体；另一种是制备导体–绝缘体复合材料，相当于将导体内部的自由电子浓度降低。第二种方案更易实现和调控，但在选择导体时，可适当使用电子浓度较低的导体 [8]。

碳材料具有适中的电子浓度，可以作为导电相。以石墨烯为例，石墨烯片层中的碳原子有 4 个价电子，3 个价电子以 sp^2 杂化的方式与周围的碳原子成键，另外的价电子为自由电子，在层内形成大 π 键，具有导电能力，因此，石墨烯 (GR) 中自由电子的浓度较低。选用 GR 为导电功能体，与绝缘的聚苯硫醚树脂 (PPS) 结合制备 GR/PPS 复合材料 [9]。采用机械混合和压力成型的工艺，制备了纯 PPS 树脂，以及石墨烯的质量分数为 5%、10%、20%、30%和 40%的 GR/PPS 复合材料，样品标号为 PPS、G5、G10、G20、G30、G40。图 3.6 是石墨烯粉体的拉曼光谱和 X 射线光电子能谱 (XPS)。在拉曼光谱中，石墨烯的 G 峰的强度远大于 D 峰的强度，说明所用的石墨烯具有很高的石墨化程度。XPS 说明所用的石墨烯的键组成主要是 C=C，仅有少量的含氧基团 [10]。

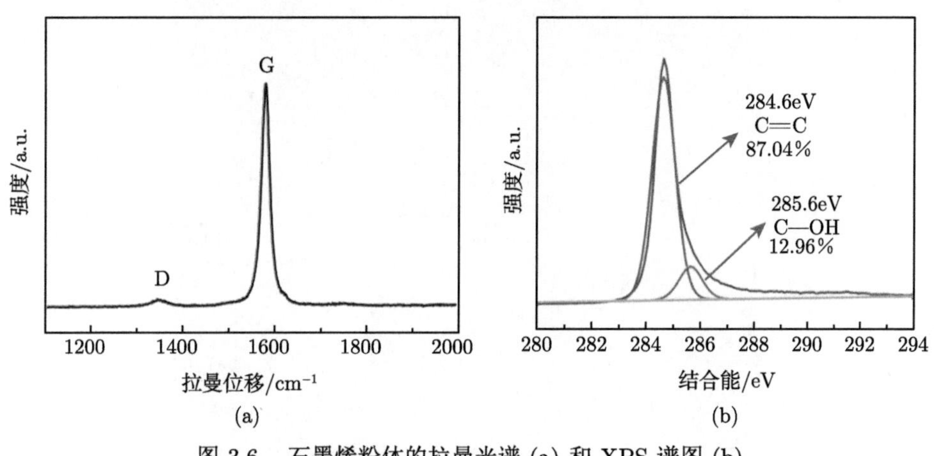

图 3.6 石墨烯粉体的拉曼光谱 (a) 和 XPS 谱图 (b)

图 3.7 是 GR/PPS 复合材料的交流电导率性能。当石墨烯含量为 5%时，材料的电导率较低；当含量增加到 10%时，电导率提高了近三个数量级，说明发生

了电逾渗，且逾渗阈值为 5%～10%。从图 3.7(b) 中可知，当石墨烯含量低于逾渗阈值时，电导率随着频率的升高而增大，满足幂次定律，计算所用的参数 $n=0.92468$，可靠性因子 $R^2=0.99993$，实验结果和计算结果相符，为跳跃电导；当石墨烯含量高于逾渗阈值时，电导率随着频率的升高而降低，受趋肤效应的影响，为类导体电导。不同的电导率频散特性也证明了 GR/PPS 复合材料中出现了逾渗现象。

逾渗现象往往伴随着微观结构的变化。图 3.8 是不同石墨烯含量的 GR/PPS 复合材料的扫描电镜图。当石墨烯含量为 5%时，石墨烯片呈孤立状态分散在 PPS

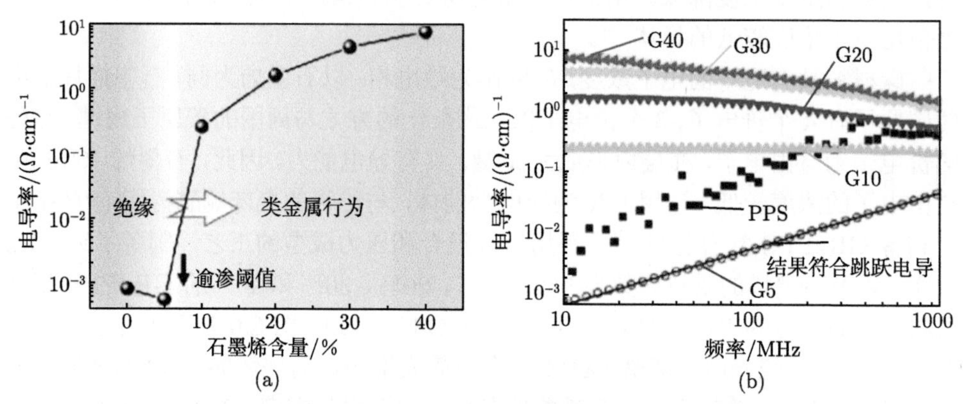

图 3.7　不同石墨烯含量的 GR/PPS 复合材料的交流电导率

图 3.8　不同石墨烯含量 (x%) 的 GR/PPS 复合材料的扫描电镜图

(a) $x=5$；(b) $x=10$；(c) $x=20$；(d) $x=30$

基体中；当石墨烯含量为 10%时，石墨烯片开始相互接触并连接；当石墨烯含量增加到 20%和 30%时，石墨烯之间形成的网络更加显著。

图 3.9 是不同石墨烯含量的 GR/PPS 复合材料的介电常数实部频谱。当低于逾渗阈值时，加入 5%石墨烯的 GR/PPS 复合材料的介电常数实部比纯 PPS 的介电常数大，且均为正值，这是由于复合材料内部的石墨烯片彼此形成了微电容网络，使得介电常数得到增强 [11]。

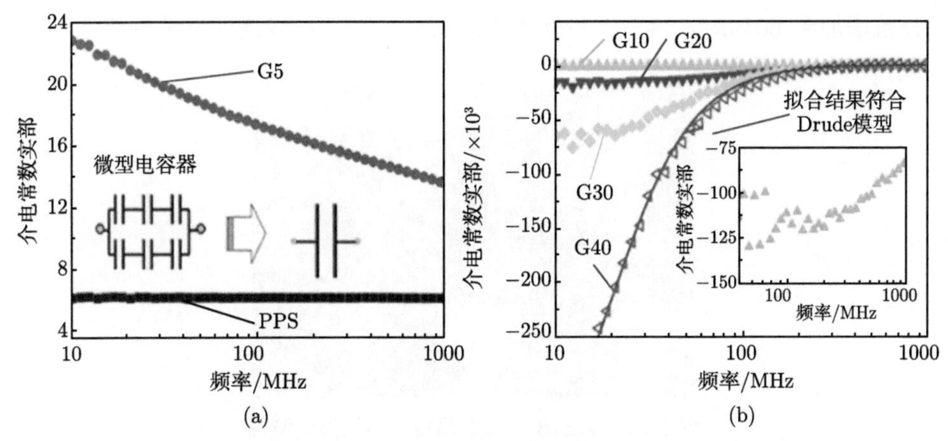

图 3.9 不同石墨烯含量的 GR/PPS 复合材料的介电常数实部频谱

当石墨烯含量高于逾渗阈值时，材料的介电常数实部变为负值，且负介电常数的绝对值随着石墨烯含量的增加而增大。使用式 (3.25) 的 Drude 模型对石墨烯含量为 40%的 GR/PPS 复合材料进行理论计算，所用参数为 $\varGamma_{\mathrm{D}} = 1.269 \times 10^8$ 和 $f_{\mathrm{p}} = 13.279\mathrm{GHz}$，可靠性因子 $R^2 = 0.99445$，说明理论计算的结果与实验结果相吻合，在此复合材料中产生的负介电行为来源于石墨烯中的等离振荡。当石墨烯含量低于逾渗阈值时，复合材料中没有石墨烯网络，由于受到运动路径的限制，在交流电场下，石墨烯中的等离激元无法发生振荡；而当石墨烯含量超过逾渗阈值时，等离激元可在三维的石墨烯网络中自由运动，形成等离振荡，从而产生负介电常数。因此，从这个角度上看，逾渗阈值像“开关”一样控制着导电填料中的等离激元的运动规律，而逾渗阈值的大小又受到导电体的本征属性、大小、几何形状、表面状态的影响，为负介材料性能的调控提供了丰富的手段 [12,13]。

相较于纯金属，铁硅硼 (FeSiB) 金属非晶具有较低的电子浓度。金属非晶是采用超急冷凝固技术，以 1×10^5°C /s 的降温速率采用甩带的方式把高温合金溶液冷却而形成的固体，一般是厚度为几十微米的带材材料。由于冷却速度极快，内部晶格不完整，分子呈无序排列，称为非晶。铁基非晶的组成元素一般是铁、硅、硼，因为通过其三元相图可知，其形成的合金熔点较低，更容易形成非晶。同时，

FeSiB 金属非晶是优良的软磁材料，当其复合材料实现负介电性能时，可通过控制外部磁场对其磁性能进行调控，从而能实现其电磁性能的多功能化 [13,14]。

图 3.10 是所用的 FeSiB 金属非晶粉体的扫描电镜图。FeSiB 金属非晶粉为片状，直径为 100~200μm，厚度约为 30μm，表面光滑且没有团聚的现象。采用机械混合和压力成型的工艺制备了 FeSiB/EP 复合材料，FeSiB 的体积分数分别是 10%~70%。图 3.11 是复合材料断面的扫描电镜图，当 FeSiB 的含量较低，即体积分数为 20%时，复合材料内部的铁硅硼颗粒呈孤立状态分布；当 FeSiB 的体积分数增加到 60%时，FeSiB 粉体相互连接在一起，形成连通性的网络。

图 3.10　FeSiB 金属非晶粉体的扫描电镜图

图 3.11　FeSiB 体积分数为 20%(a) 和 60%(b) 的 FeSiB/EP 复合材料断面的扫描电镜图

图 3.12 是 FeSiB/EP 复合材料的交流电导率频谱和介电常数实部频谱。当 FeSiB 的体积分数为 10%~40%时，其交流电导率随着频率升高，且其频散特性满足幂次定律，即交流电导率和频率在对数坐标系中呈线性关系，是跳跃电导率机制 [15]。当 FeSiB 的体积分数为 50%~70%时，其交流电导率随着频率降低，受到趋肤效应的影响，是典型的导体电导，说明逾渗现象已经在此复合材料中发生，且逾渗阈值为 40%~50%。对于复合材料的介电性能，低于逾渗阈值时，介电常数为正值，其数值随着 FeSiB 含量的增加而升高，却随着频率下降有明显的频散；高于逾渗阈值时，复合材料的介电常数为负值，成功制备出了负介材料。负介电

常数的绝对值随着 FeSiB 含量的增加而增大，而随着频率的升高而减小。同样使用 Drude 模型对此复合材料的负介电性能进行拟合分析，图 3.12(b) 中的红色实线是对 FeSiB 体积分数为 70%的复合材料的拟合结果，所得的等离振荡频率 f_p 为 17.2GHz，阻尼因子为 3.38×10^8，拟合的可靠性因子为 0.9779。所得的等离振荡频率 f_p 远低于块体铁的等离振荡频率 (9.9×10^5GHz)，这是因为 FeSiB 中的硅和硼元素本身稀释了铁中的自由电子的浓度；由于金属非晶没有周期性的结构，电子在金属非晶中的运动的势能不是周期性的，是随着位置而变化的，因此可以产生局部的高的势垒，并且金属非晶结构不致密，也会增大其运动阻力。

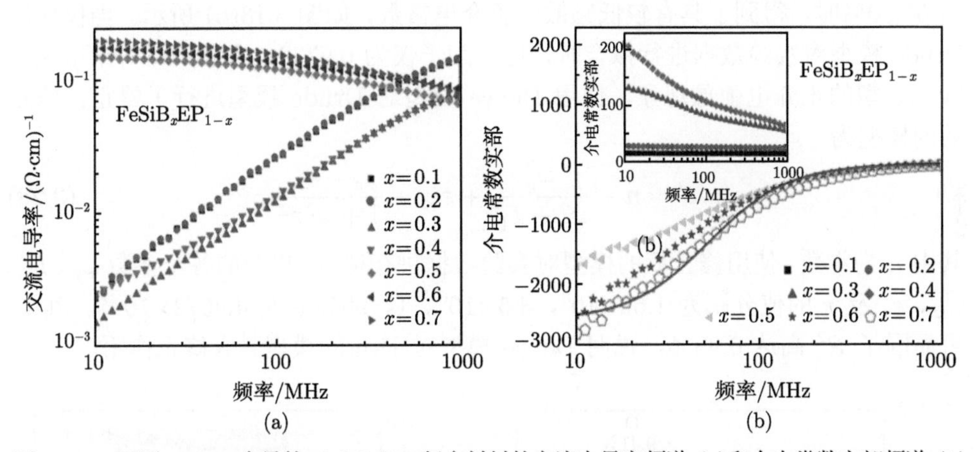

图 3.12 不同 FeSiB 含量的 FeSiB/EP复合材料的交流电导率频谱 (a)和介电常数实部频谱 (b)

对于某些材料，其介电频散特性偏离标准 Drude 模型。以不同 MXene 体积分数下的 MXene/GO[①]二维复合材料薄膜为例，其介电常数 (ε') 随着外电场频率的变化图如图 3.13(a) 和 (b) 所示，从图中可以看到，随着 MXene 体积分数从 9.41%增加到 37.74%，复合材料薄膜的介电常数逐渐增加，这归因于 MXene 与 GO 纳米片之间的界面极化，也称为麦克斯韦–瓦格纳–希拉尔 (Maxwell-Wagner-Sillars) 界面极化效应。特别是，当 MXene 的体积分数为 37.74%时，在 10kHz 下的介电常数为 763。在测试频段，MXene/GO 复合材料的介电常数随着频率的升高出现了明显的弛豫现象，使用 Debye 模型对其进行拟合：

$$\varepsilon^* = \varepsilon' - \mathrm{i}\varepsilon'' = \varepsilon_\infty + \frac{\varepsilon_\mathrm{s} - \varepsilon_\infty}{1 - \mathrm{j}\omega\tau} \tag{3.26}$$

$$\varepsilon' = \varepsilon_\infty + \frac{\varepsilon_\mathrm{s} - \varepsilon_\infty}{1 + \omega^2\tau^2} \tag{3.27}$$

其中，ε_∞ 为材料在光频段的介电常数；ε_s 为材料在低频段的介电常数；τ 为弛

① GO 为氧化石墨烯。

豫时间。利用 OriginPro 2021 软件，根据式 (3.27) 对实验数据进行拟合，得到的 ε_∞、ε_s、τ 和 R^2 的参数如表 3.1 所示。由表可见，拟合的可靠因子 R^2 均大于 0.9，说明 MXene/GO 复合材料的正介电频散符合 Debye 模型，证明了复合材料中的介电弛豫现象是由 GO 与 MXene 纳米片的界面极化弛豫造成的。随着 MXene 含量的进一步增大，当 MXene 的含量高于逾渗阈值时，复合材料中的 MXene 纳米片连接在一起，位于 MXene 导电网络中的自由电子发生等离振荡，产生了负介电常数 (图 3.13(b))。负介电常数的频散与 Drude 模型 (式 (3.14)) 吻合，相关拟合参数如表 3.2 所示。值得注意的是，在近逾渗区，当 MXene 的体积分数为 55.50%时，得到了具有较低频散的负介电常数，如图 3.13(b) 所示。当仅使用 Drude 模型对实验数据进行拟合时，可靠因子仅为 0.6773。考虑到材料中出现了 Debye 型的正介电弛豫现象，使用 Debye 模型对 Drude 模型进行了修正，修正后的模型为

$$\varepsilon' = n - \frac{\omega_p^2}{\omega^2 + \varGamma_D^2} + \varepsilon_\infty + \frac{\varepsilon_s - \varepsilon_\infty}{1 + \omega^2\tau^2} \tag{3.28}$$

其中 n 为常数。使用修正后的模型对实验数据进行拟合，拟合的各个参数 ω_p、$\varGamma_D$、ε_∞、ε_s 及 τ 的值分别为 1.62×10^8、3.5×10^6、1、995.08 及 4.4972×10^{-8}。其中，可靠因子 R^2 高达 0.9859，说明 Debye 模型对 Drude 模型具有修正作用。

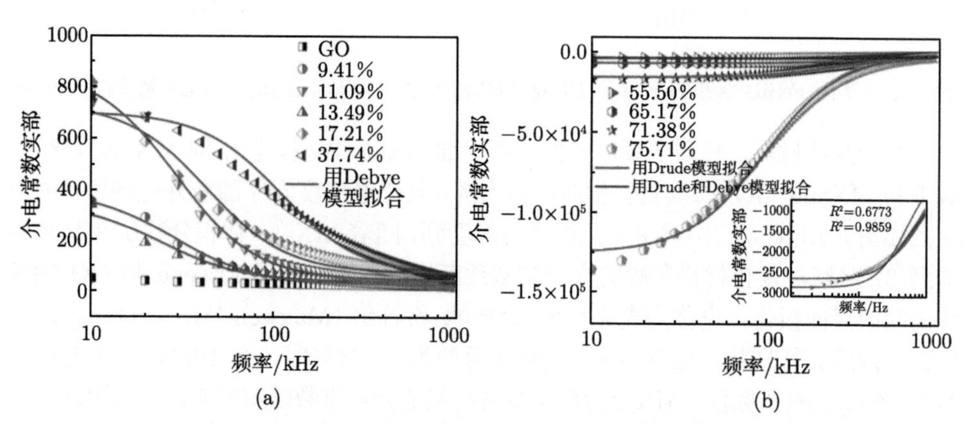

图 3.13 不同 MXene 体积分数的 MXene/GO 二维复合材料薄膜的介电常数频谱

表 3.1 使用 Debye 模型拟合的各个实验参数值

MXene 体积分数	ε_∞	ε_s	τ	R^2
9.41%	42.37	342.39	6.39×10^{-6}	0.934
11.09%	31.47	387.86	5.45×10^{-6}	0.980
13.49%	48.35	864.20	5.40×10^{-6}	0.988
17.21%	76.54	733.65	3.67×10^{-6}	0.953
37.74%	66.49	702.22	1.44×10^{-6}	0.979

表 3.2 使用 Drude 和 Debye 模型拟合的各个实验参数值

MXene 体积分数	ω_p/Hz	Γ_D	R^2
65.17%	1.83×10^8	2.39×10^6	0.935
71.38%	1.98×10^8	1.64×10^6	0.994
75.71%	2.15×10^8	6.09×10^5	0.996

此外，基于拟合结果，研究了等离振荡频率 (ω_p) 及阻尼常数 (Γ_D) 与 MXene 含量之间的关系，相关结果如图 3.14 所示。由图 3.14 可知，复合材料的负介电常数与 ω_p 和 Γ_D 有关，而 ω_p 又与载流子的浓度呈正相关关系 (式 (3.23))。在 MXene/GO 复合材料中，随着 MXene 含量的增加，MXene/GO 复合材料中形成了更多的 MXene 导电网络，导电网络中的自由电子数量也在逐渐增多，因此 ω_p 随着 MXene 含量的增加而逐渐增大，从 1.62×10^8 Hz 增大到了 2.15×10^8Hz。阻尼常数 Γ_D 描述的是自由电子之间的相互碰撞导致的自由电子动能的损耗，由于更多 MXene 导电网络的形成，自由电子的碰撞频率逐渐减小，体现在图 3.14 中为 Γ_D 随着 MXene 含量的增加而逐渐减小，从 3.5×10^6 减小到了 6.09×10^5。综上，随着 MXene 含量的增加，ω_p 逐渐增大，Γ_D 逐渐减小，两者共同作用导致了负介电常数的值和频散随着 MXene 含量的增加而逐渐增大。

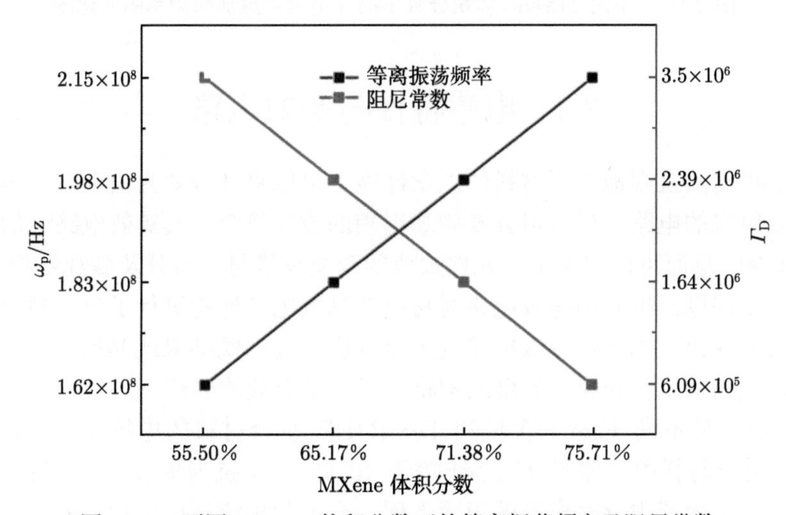

图 3.14 不同 MXene 体积分数下的等离振荡频率及阻尼常数

材料中介电损耗的主要包括界面极化损耗、偶极子极化损耗和电导损耗，其中电导损耗与频率成负相关关系，相关公式如下：

$$\varepsilon_C'' = \frac{\sigma_{dc}}{2\pi f\varepsilon_o} \tag{3.29}$$

使用式 (3.29) 对 MXene 体积分数小于 37.74%的 MXene/GO 二维复合材料薄膜

的虚部介电常数进行拟合，拟合结果如图 3.15 所示。可以看到，在较低的频段下，拟合数据与实验数据基本吻合，但是在高频段出现了偏差，拟合数据略低于实验数据，这说明此时材料中除了电导损耗外，出现了其他的损耗类型。结合之前的介电弛豫分析，发现介电损耗出现偏差的点与介电弛豫发生的频率点相近。因此，此时出现的另外一种损耗应为界面极化弛豫引发。

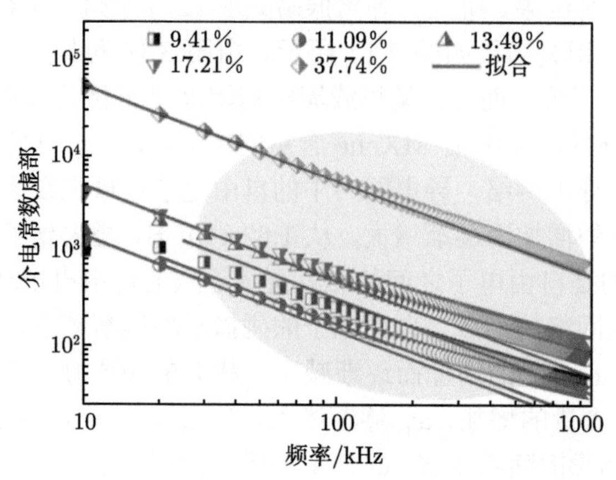

图 3.15　不同 MXene 体积分数下的介电常数虚部随频率的变化图

3.3　电感特性与等效电路

为了更简洁直观地分析材料的电学性能，可以将其等效为由理想的电容、电感及电阻组成的电路。材料组分及微观形貌的改变将会对其等效电路中的电子元件产生影响，从而可以根据电子元件数值的改变反推材料组分及微观结构的改变。国内外很多课题组也利用等效电路对材料的高频电学性能进行了分析并取得了大量有意义的成果。本节以等效电路为主要分析手段，既唯象地解释了负介材料的电感性，又为揭示负介材料的微结构特征提供了有效的佐证。

图 3.16 是不同 FeSiB 含量的 FeSiB/EP 复合材料的电抗 (Z'') 频谱。当 FeSiB 在复合材料中的体积分数小于等于 40%时，电抗为负值。电抗反映的是在交变电场下电容或电感对电流的阻碍作用，会引起电流和电压相位的变化，理论上不产生能量损耗。电抗为负值，意味着此复合材料表现为电容性电压落后于电流。复合材料内部任意两个金属通过绝缘体相隔，都可以看成一个微电容器，因此，当 FeSiB 含量较低时，FeSiB 颗粒孤立地分散在绝缘的环氧树脂基体中，可以看成一个微电容组成的网络，因此具有电容性。当电容值不变时，其产生的容抗一般随着频率的增加而降低，与图 3.16(a) 中的数据相吻合。当 FeSiB 在复合材料中的体积分数超过 50%时，电抗在整个测试频段内为正值，意味着电感性。

在材料的内部，电流的相位落后于电压。电感的基本几何构型为环形的线圈，这说明 FeSiB 相互接触形成导电网络时，可以等效成电感，从而使复合材料具有电感性。当电感值不变时，感抗随着频率的增加而升高，与图 3.16(b) 中低频段 (10~200MHz) 的实验数据相符；但在高频段 (约 500MHz 以上)，感抗随着频率增加而降低，这说明在此复合材料中既有感抗又有容抗，但在此测试频段内表现为感抗 [16]。研究结果表明，随着 FeSiB 含量的增加，复合材料由电容性转变为电感性。

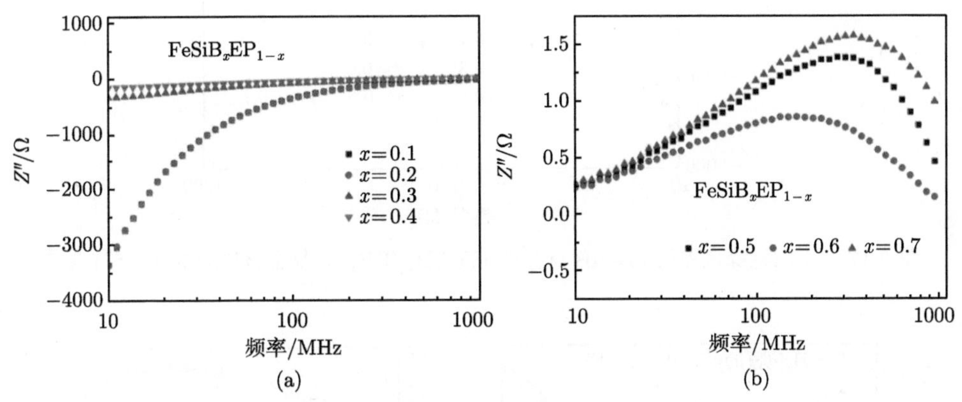

图 3.16 不同 FeSiB 含量的 FeSiB/EP 复合材料的电抗 (Z'') 频谱

图 3.17 是不同绝缘包覆的 FeSiB(cFeSiB) 含量的 cFeSiB/EP 复合材料的电抗 (Z'') 频谱。当 FeSiB 用二氧化硅绝缘包覆之后，其构成的复合材料的电抗在整个测试频段内均为负值，为电容性。即使在 cFeSiB 含量较高的复合材料中形成了几何网络，当内部传导的电流被绝缘的二氧化硅层切断时，复合材料仍然不能表现电感性。这说明金属粉的表面状态影响着复合材料电抗的性质，并与负介电性能的调控密切相关。

图 3.18 是不同 FeSiB 和 cFeSiB 比例的 ($FeSiB_xcFeSiB_{1-x}$)/40%EP ($x=0.7$~1) 复合材料的电抗 (Z'') 频谱。当 $x=0.7$ 和 0.8 时，材料的电抗在整个测试频段为负值，为电容性，内部的电压落后于电流。容抗随着频率的升高先增大后减小，说明在此复合材料中不仅存在容抗还有感抗。感抗在频率较低时发挥作用，这可能来源于复合材料中被 cFeSiB 颗粒切断的局部导电网络。当 $x>0.8$ 时，材料的电抗在低频段为正值，为电感性，内部电流相位落后于电压。随着频率的升高，$x=0.85$ 的材料的电抗在 83MHz 处由正转负，$x=0.9$ 的复合材料的电抗在 154MHz 处由正转负，$x=0.95$ 的材料的电抗在 484MHz 处由正转负，这与介电常数实部由负转正的频率相对应，$x=1$ 的材料的电抗在整个测试频段均为正值。在电抗为 0 的频率点，复合材料可看成纯电阻，内部仅有能量的损耗，没

有能量的存储。这说明当材料具有负介电性能时，具有电感性；当材料具有正介电性能时，具有电容性 [17]。

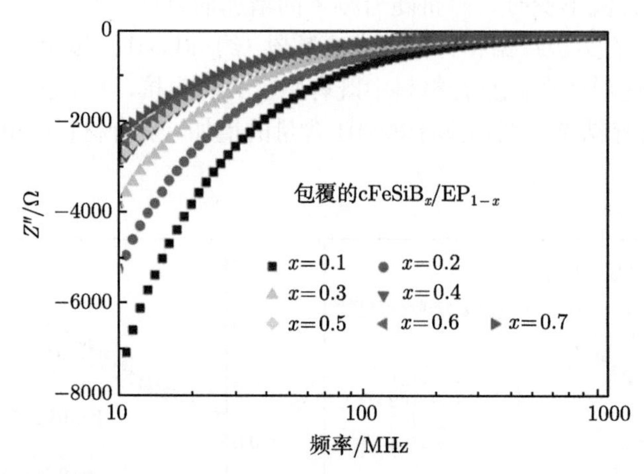

图 3.17 不同绝缘包覆的 cFeSiB 含量的 cFeSiB$_x$/EP$_{1-x}$ 复合材料的电抗 (Z'') 频谱

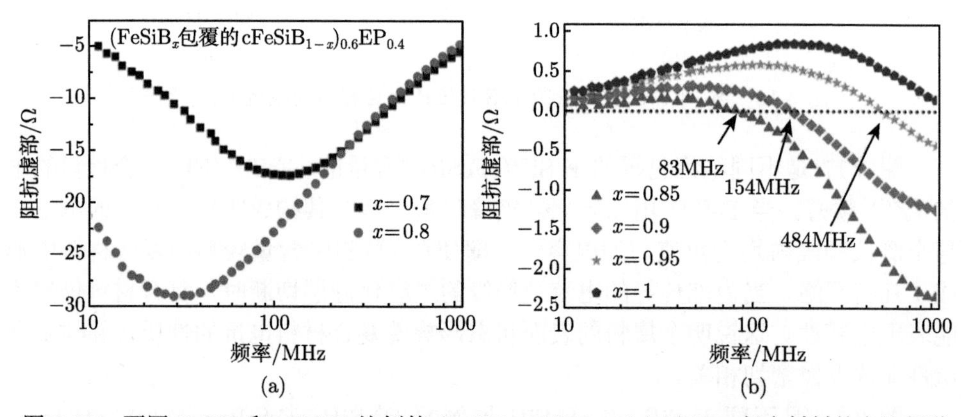

图 3.18 不同 FeSiB 和 cFeSiB 比例的 (FeSiB$_x$cFeSiB$_{1-x}$)/40%EP 复合材料的电抗频谱

由上文可知，在逾渗复合材料中，导电功能体填料无论是零维颗粒、一维纤维还是二维片状材料，无论是碳材料、导电陶瓷、金属还是金属非晶，只要能产生逾渗现象，均能实现负介电性能。那么，实现负介电性能的关键特征结构是什么？负介电的频散特性又通过什么样的特征结构调控？目前对这些问题仍然不明确。这关系到负介材料的微结构特征。关于负介材料的微结构特征的确定对负介材料结构和性能的设计意义重大。在铁硅硼/环氧树脂复合材料中验证了通过改变 FeSiB 粉体的表面电学状态，可以实现对等离振荡效应的控制。因此，可参考此思路，研究负介材料的微结构特征。

选用最为常见的金属铁作为导电功能填料，以环氧树脂作为绝缘基体，制备逾渗复合材料。以制备绝缘包覆的 FeSiB 粉体的工艺制备二氧化硅包覆的铁粉，记为 cFe。保持未绝缘处理的铁粉 Fe 和 cFe 在复合材料中的体积分数为 70%不变，控制 Fe 和 cFe 比例，制备了三元复合材料 $(Fe_x cFe_{1-x})/30\%EP$ $(x = 0.6 \sim 1)$ 复合材料。

图 3.19 是 $(Fe_x cFe_{1-x})/30\%EP$ $(x = 0.6{\sim}1)$ 复合材料的交流电导性能和微观结构。当 $x = 0.6$、0.65 和 0.7 时，交流电导率随着频率的增加而升高，且其频散特性可用幂次定律拟合，说明其电导机制为跳跃电导。当 $x > 0.7$ 时，复合材料的交流电导率随着频率的增加而降低，为导体电导。随着 x 值的增加，复合材料的电导机制发生变化，说明有逾渗现象，逾渗阈值为 0.7~0.75。图 3.19(a) 是复合材料在 10MHz 下的交流电导率随 x 值的变化曲线。可以看出，电导率随着 x 值增加而增大，且在逾渗阈值处，交流电导率升高了一个数量级。在典型的逾渗复合材料中，电导率在逾渗阈值处往往会升高 3 个数量级以上。此处升高的幅度较小，是因为在此 $(Fe_x cFe_{1-x})_{0.7}EP_{0.3}$ 三元复合材料中，其微观结构是随着 x 值逐渐变化的。从图 3.19(c) 可以看出，铁颗粒在复合材料内部已经相互连接成一个

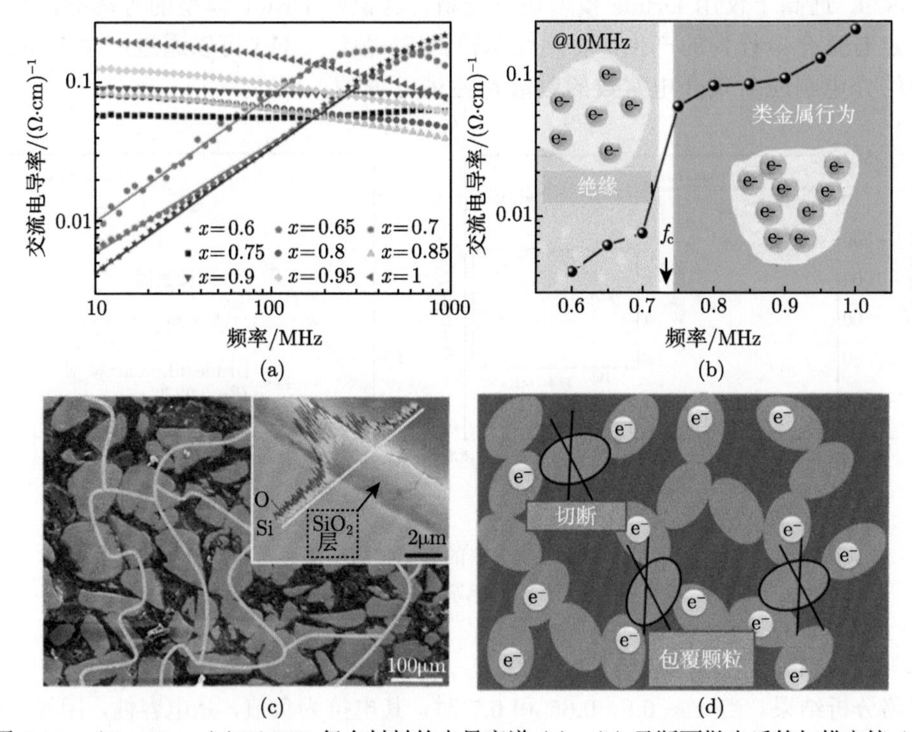

图 3.19 $(Fe_x cFe_{1-x})/30\%EP$ 复合材料的电导率谱 (a)、(b) 及断面抛光后的扫描电镜 (c) 和微观结构示意图 (d)

网络，其中的插图是 cFe 颗粒的扫描电镜图，二氧化硅层的厚度约为 2μm，cFe 颗粒能改变复合材料的电导性能。从示意图 3.19(d) 可以看出，将材料置于交变电场中，自由电子的简谐运动可以被 cFe 颗粒所切断，随着 cFe 颗粒比例的升高，导电路径将被逐渐缩短，最终被彻底地破坏掉。

图 3.20 是 $(Fe_x cFe_{1-x})/30\%EP$ 材料的介电性能。当 $x = 0.6$、0.65 和 0.7 时，介电常数为正值；当 $x = 0.75\sim1$ 时，出现负介电常数，且负介电常数的绝对值随着 x 值的增加而增大。随着频率的升高，负介电常数的绝对值减小，$x = 0.75$ 的材料介电常数在 54MHz 处由负转正，$x = 0.8$ 的材料介电常数在 146MHz 处由负转正，$x = 0.85$ 的材料介电常数在 485MHz 处由负转正，$x = 0.9$ 的材料介电常数在 662MHz 处由负转正，而 $x = 0.95$ 和 1 的材料介电常数在整个测试频段内均为负值。从图 3.20(a) 的放大图可知，负介电常数的频散曲线并非是单调函数，这是由于包覆 Fe 内部的局域电子对介电频散特性的影响。用 Drude 模型对 $(Fe_{0.8}cFe_{0.2})/30\%EP$ 复合材料的介电常数实部频谱进行理论分析，理论数据与实验数据拟合的可靠性因子为 0.9098；根据式 (4-3)，用 Drude 模型和 Lorentz 模型进行理论分析，与实验数据拟合的可靠性因子为 0.9879，远高于仅用 Drude 模型进行分析。这说明 Drude 模型的等离振荡效应决定着负介电行为的产生，而绝缘包覆的 Fe 颗粒 (cFe) 可以通过产生 Lorentz 型的介电响应对负介电常数的频散特性进行调控。

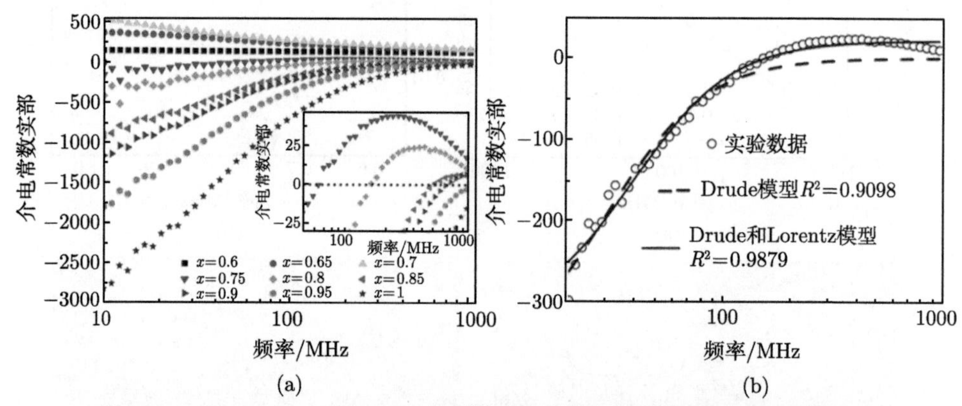

图 3.20 $(Fe_x cFe_{1-x})/30\%EP$ 材料的介电常数实部频谱 (a) 和不同模型对 $(Fe_{0.8}cFe_{0.2})/30\%EP$ 介电常数实部的理论分析结果 (b)

图 3.21 是 $(Fe_x cFe_{1-x})/30\%EP$ $(x = 0.6 \sim 1)$ 复合材料的 Nyquist 图和等效电路分析结果。当 $x = 0.6$、0.65 和 0.7 时，其电抗为负值，是电容性，用等效电路进行拟合，计算数据与实验数据高度重合，其等效电路由一个串联电阻 R_s、一个并联电阻 R_p 和一个并联电容 C 组成。其中，R_s 来源于样品与电极的接触电

阻，其数值往往比较小；R_p 来源于材料的漏导电流，即随着 x 值的增加，未绝缘处理的 Fe 铁粉的比例的增加其数值降低。当 $x = 0.75 \sim 1$ 时，材料的阻抗虚部 (电抗) 在低频段是正值，为电感性。随着频率的增加，$x = 0.75$ 的复合材料的电抗在 54MHz 处由正转负，$x = 0.8$ 的电抗在 146MHz 处由正转负，$x = 0.85$ 的电抗在 485MHz 处由正转负，$x = 0.9$ 的电抗在 662MHz 处由正转负，与介电常数由负转正的频率点是一样的。$x = 0.95$ 和 1 的复合材料的电抗在整个测试频段内均为正值。出现负介电行为的复合材料的等效电路是由并联的电阻、电容和电感组成的。$x = 0.75$ 和 0.8 的复合材料的等效电路中只有一个电感元件，$x = 0.85$ 和 0.9 的复合材料的等效电路中有两个电感元件，$x = 0.95$ 和 1 的复合材料的等效电路中有三个电感元件。电感的出现说明复合材料中形成了导电路径，而电感数量的增加说明复合材料中的导电路径随着 x 值的增大而增多。由此可知，具有电感性的逾渗网络是负介材料的特征微结构。

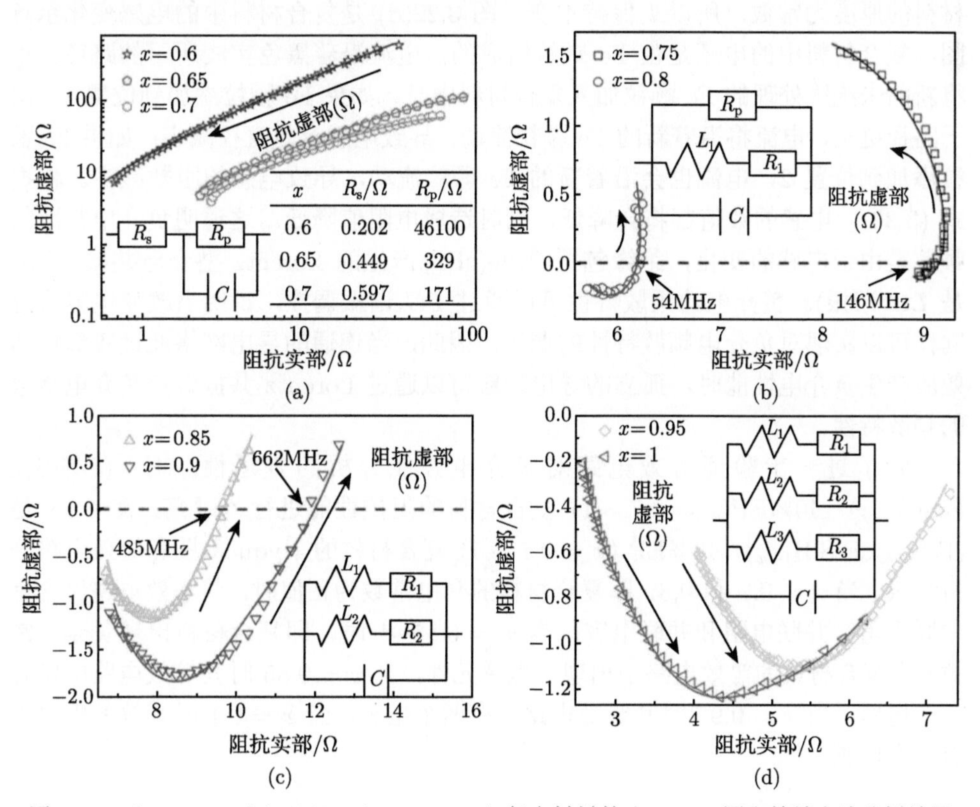

图 3.21 $(Fe_x cFe_{1-x})/30\%EP$ ($x = 0.6 \sim 1$) 复合材料的 Nyquist 图和等效电路分析结果

图 3.22(a) 是 $(Fe_x cFe_{1-x})/30\%EP$ ($x = 0.6 \sim 1$) 复合材料的等效电路中的元件随 x 值的变化曲线。由图可知，在正介电区域电容元件的数值随着 x 值增大

而升高，这是由于未绝缘处理的 Fe 粉的团聚，在逾渗阈值处，电容值下降了大约 3 个数量级；在负介电区域，随着导电网络的形成，Fe 颗粒不再对电容有贡献，而是开始对电感有贡献，并且电容值几乎保持不变，这是因为铁粉的总体积分数不变，其分布电容也保持不变。因此，Lorentz 型的介电响应不是来源于电容的变化。从图 3.22(b)、(c) 可知，电感和其串联电阻随着 x 值的增加而降低，且当 x 从 0.8 增加到 0.85 时，L_1 的值下降了约 3 个数量级，电感的数量也从 1 个增加到两个，同时其对应的电阻也出现巨大的下降。电感和电阻的变化归因于复合材料微观结构的变化。电感是螺旋形的导电环路，其值 L(μH) 与几何尺寸密切相关 [18]：

$$L = \frac{\mu_0 N^2 \pi D^2}{l} \tag{3.30}$$

其中，D(cm) 是电感的有效直径；N 是电感的匝数；l 是电感的长度 (cm)。复合材料的厚度为常数，所以 l 保持不变。图 3.22(d) 是复合材料中的电感变化示意图，复合材料中的电感是由 Fe 颗粒组成的，电流沿着黑色实线所示的路径。当将新的未绝缘处理的 Fe 颗粒加入复合材料中时，如果 Fe 颗粒添加到位置 1，由于路径更短，电流将沿着新的 Fe 颗粒流动，导致电感有效直径减小；如果 Fe 颗粒添加到位置 2，电流也会沿着新的 Fe 颗粒流动，导致电感的匝数减少。根据式 (3.30)，电感的数值都将会降低，同时造成电阻值降低。这说明负介电常数的频散是由于电感的变化，绝缘包覆的 Fe(cFe) 产生的 Lorentz 型介电共振 (也就是 LC 谐振)。负介电的频散特性可以通过 LC 谐振调控，说明当改变电容值时同样可以实现对负介电频散特性的调控。因此，当连通的导电网络通过等离振荡效应产生负介电性能时，孤立的导电颗粒可以通过 Lorentz 共振调控负介电常数的频散特性。

为了进一步验证等效电路对负介电性能分析的普适性，对 ($FeSiB_x$c$FeSiB_{1-x}$)/ 40%EP($x = 0.7 \sim 1$) 复合材料的阻抗性能进行了研究。图 3.23 是 ($FeSiB_x$c$FeSiB_{1-x}$)/ 40%EP ($x = 0.7 \sim 1$) 复合材料的 Nyquist 图和等效电路分析结果。当 $x = 0.7$ 和 0.8，即复合材料的介电常数为正值时，其等效电路仅含有串联电阻、并联电阻和并联电容；当 $x = 0.85 \sim 1$ 时，即复合材料出现负介电常数时，复合材料的等效电路中出现了电感元件，且 $x = 0.85$ 时其等效电路中仅有一个电感；当 $x = 0.95$ 时其等效电路中有两个电感；当 $x = 0.1$ 时其等效电路中有三个电感 [13]。

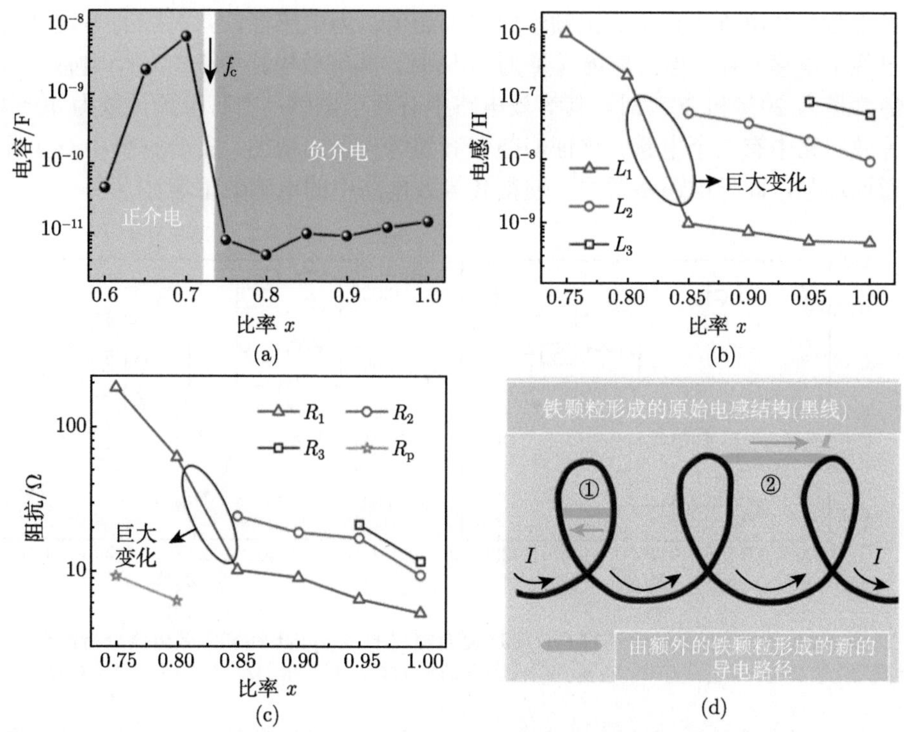

图 3.22 $(Fe_x cFe_{1-x})/30\%EP$ ($x = 0.6\sim1$) 复合材料的等效电路中的元件与 x 值的关系 ((a)~(c))，以及复合材料中的电感变化示意图 (d)

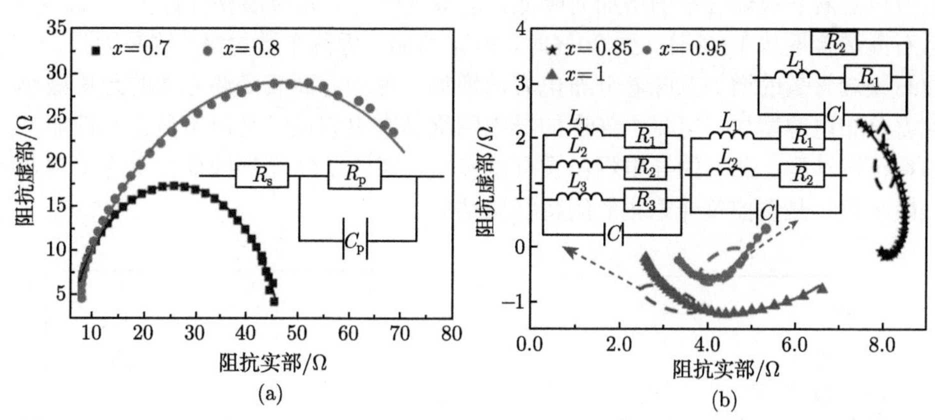

图 3.23 $(FeSiB_x cFeSiB_{1-x})$/ 40%EP ($x = 0.7\sim1$) 复合材料的 Nyquist 图和等效电路分析结果

以上均为等效电路对三元逾渗复合材料阻抗性能的分析，下面用等效电路分析二元逾渗复合材料的阻抗性能。图 3.24 是不同石墨烯含量的 GR/EP 复合材料的 Nyquist 图和等效电路分析结果。当石墨烯的质量分数超过 10%时，出现了负介电常数，其电抗在整个测试频段内均为正值，为电感性，其对应的等效电路中也出现了电感元件；当石墨烯含量为 10%时，其等效电路中仅有一个电感；当石墨烯含量为 20%和 30%时，其等效电路中有两个电感；当石墨烯含量为 40%时，其等效电路中有三个电感。这证明随着石墨烯含量的增加，复合材料中石墨烯的连通性增强，即导电通路增加，使得其等效电路中的电感数量增加 [19]。

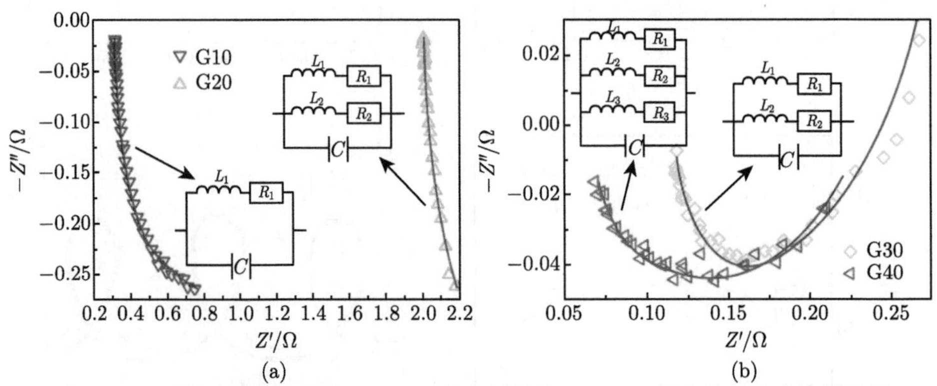

图 3.24　不同石墨烯含量的 GR/EP 复合材料的 Nyquist 图和等效电路分析结果
石墨烯含量 (质量分数) 为 10%、20%、30%、40%的复合材料，样品标号分别为 G10、G20、G30、G40

图 3.25 是不同石墨烯含量的 GR/EP 复合材料的等效电路中的元件参数与石墨烯含量的关系曲线。电感值随着石墨烯含量的升高而降低，与电感串联的电阻值也随着石墨烯含量的增加而降低，这些规律与三元逾渗复合材料一致。然而，当石墨烯含量从 10%增加到 30%时，电容增加了近两个数量级。这是因为，一方面石墨烯含量的增加意味着分布电容的增加，另一方面石墨烯之间的距离减小也使得分布电容增加。可见，连通的导电网络具有电感性，是决定负介电性能产生的特征微结构；孤立的导电颗粒具有电容性，通过 LC 谐振改变了负介电常数的频散特性，是调控负介电频散的特征微结构。

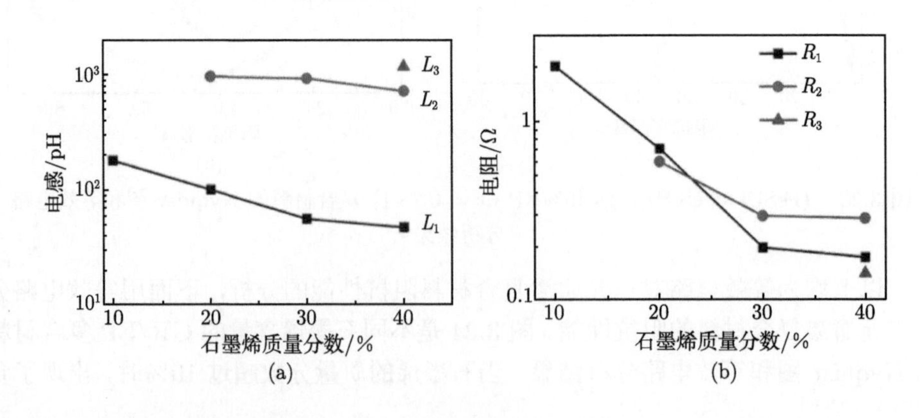

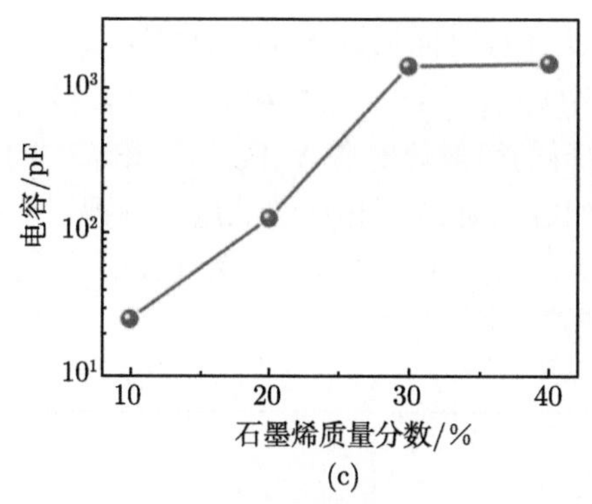

(c)

图 3.25 不同石墨烯含量的 GR/EP 复合材料的等效电路中的元件参数与石墨烯质量分数的关系曲线

3.4 电磁双负特性

磁导率是材料磁感应强度和磁场强度的比值，用来表征材料对外磁场的响应能力。磁导率为复数，其实部代表材料存储磁场能量的能力，虚部代表磁损耗。

当磁导率为正值时，负介材料也称为单负材料，在生物传感、电磁衰减等领域具有广泛的应用 [20,21]；当磁导率同时为负值时，则称为双负材料，对于透明介质可实现负折射率，在损耗介质中可实现电磁场的近场调控 [22]。负磁导率作为负物性参数也受到广泛的关注。要想在负介材料中实现负磁导率，可在设计负介材料时选用磁性材料，尤其是铁磁材料和亚铁磁材料，可利用铁磁共振实现负磁导率。另外，受到超构介质的启发，在负介材料内部利用导电相设计导电环路，通过电磁感应定律产生磁响应，当与外磁场有相位差时，可产生负磁化率或负磁导率 [23]。

我们选用了亚铁磁性的钇铁石榴石 ($Y_3Fe_5O_{12}$，YIG) 和导电高分子聚苯胺 (PANI) 来制备复合材料，利用钇铁石榴石的磁共振产生负磁导率，利用聚苯胺产生负介电常数，制备具有双负性质的复合材料。另外，选用银作为电磁功能体，因为银具有优异的导电性 (电导率为 $6.3\times10^5 S\cdot cm^{-1}$)，其产生的电磁响应强度较高。选用二氧化硅微球这一非磁性材料为基体，可排除磁共振对磁导率的影响，从而仅研究基于电磁感应定律的负磁导率机制；用二氧化硅微球可制备单一孔径分布的多孔基体，利于电磁性能的调控。首先，调控复合材料中导电相的含量、分布和微结构，产生负介电性能，并实现对负介电常数的调控，然后研究负介材料的磁导率频散特性，并通过调控获得负磁导率，研究负磁导率的机制。

钇铁石榴石的粉体通过固相反应法制得。Y_2O_3 和 Fe_2O_3 以 3:5 的摩尔比混合，球磨三个小时后，于 1300℃ 烧结 6h。钇铁石榴石/聚苯胺复合材料通过机械混合和压力成型的工艺制得。控制 YIG 的体积分数分别为 40%、50%、60%、

70%、80%和 90%，复合材料标记为 $YIG_x/PANI_{1-x}$ ($x = 0.4 \sim 0.9$)。

图 3.26 是 $YIG_x/PANI_{1-x}$ ($x = 0.7$ 和 0.9) 复合材料和纯 PANI 的 XRD 谱图。可以看出，复合材料的衍射峰对应 $Y_3Fe_5O_{12}$ 相 (JCPDS card #43-0507)，且没有其他杂质，说明 YIG 可通过固相烧结法成功制得，且在制备复合材料的过程中不会改变其相组成及引入其他的杂质。因为 PANI 的衍射峰强度较弱，不会对复合材料的 XRD 图谱产生影响。

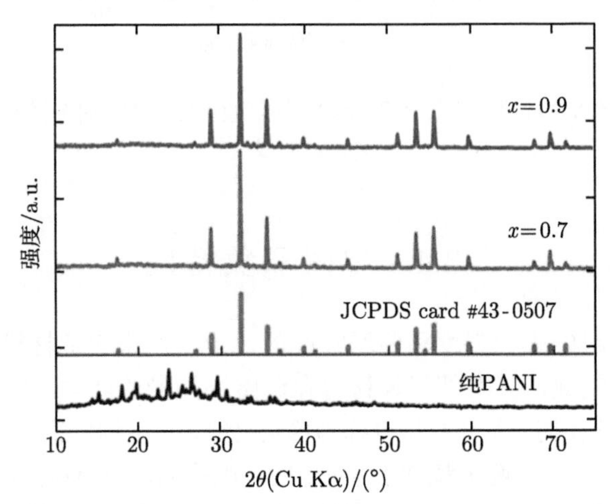

图 3.26　$YIG_x/PANI_{1-x}$ ($x = 0.7$ 和 0.9) 复合材料和纯 PANI 的 XRD 谱图

图 3.27 是 $YIG_x/PANI_{1-x}$ 复合材料的扫描电镜图和能量色散谱仪 (EDS) 碳元素面扫结果。可以看出，PANI 在复合材料中的分布是均匀的。当 PANI 的含量较少时 (图 3.27(a))，PANI 呈孤立状分布在 YIG 颗粒之间。随着 PANI 含量的增加，可以观察到孤岛状的 PANI 团聚 (图 3.27(b))。进一步增加 PANI 的含量，最终将在复合材料中建立连续的 PANI 网络 (图 3.27(c))。图 3.27(d) 是关于碳元素的 EDS 面扫结果，碳元素在复合材料中已经形成一个网络，即 PANI 的导电网络。随着 PANI 含量的增加，复合材料的微观结构发生明显的变化，根据逾渗理论，可产生电逾渗现象 [24]。

图 3.28 是 $YIG_x/PANI_{1-x}$ ($x = 0.4 \sim 0.9$) 复合材料和纯 PANI 的交流电导率。可以看出，随着 PANI 含量的增加，复合材料的电导率的频散规律发生了变化。当 PANI 含量较低时，复合材料的交流电导率频谱满足幂次定律，证明是跳跃电导。跳跃电导行为与复合材料扫描电镜图中的“岛状”结构密切相关。然而，当 PANI 含量较高时，复合材料的电导率随着频率的升高而降低，这是由于 PANI 导电网络的形成，复合材料的电导行为受到趋肤效应的影响，表现为导体电导。这种电导机制的变化意味着电逾渗现象的发生。根据逾渗理论，在逾渗阈值附近，逾

渗复合材料将发生导体–绝缘体转变，导致复合材料电导率发生急剧的变化。如图3.28(b) 所示，当 PANI 的含量由 30%增加到 40%时，复合材料的交流电导率迅速升高，进一步证明了逾渗现象的发生。

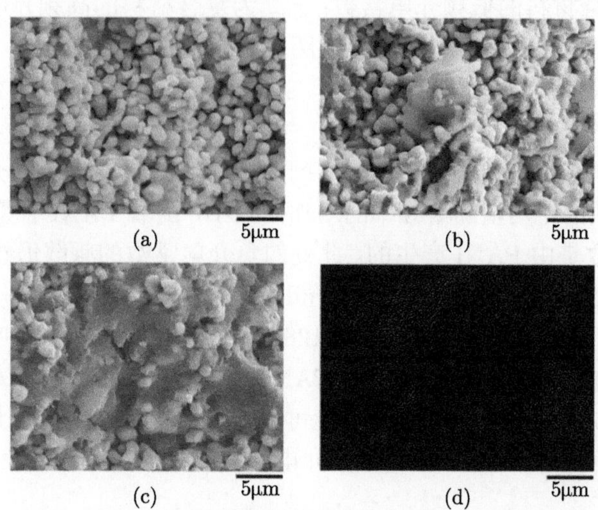

图 3.27 $YIG_x/PANI_{1-x}$ 复合材料的扫描电镜图及 EDS 碳元素面扫结果

(a) $x = 0.9$；(b) $x = 0.7$；(c) $x = 0.5$；(d) $YIG_{0.5}/PANI_{0.5}$ 复合材料的 EDS 碳元素面扫结果

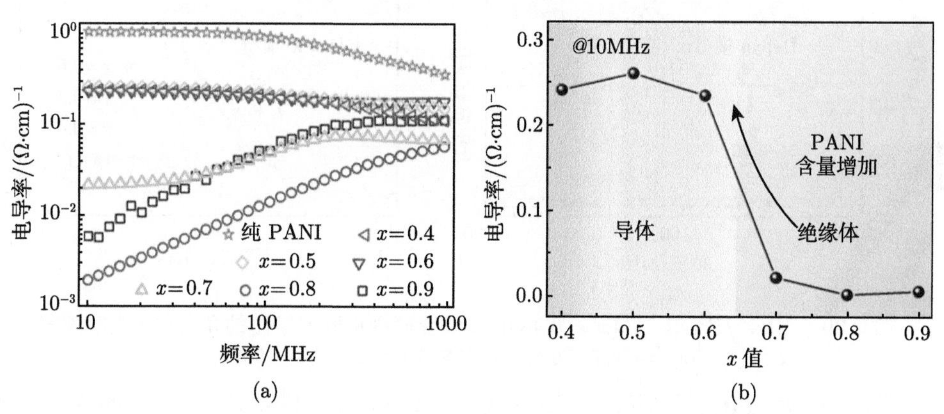

图 3.28 交流电导率

(a) $YIG_x/PANI_{1-x}$ ($x = 0.4$~0.9) 复合材料；(b) 纯 PANI

图 3.29 是 $YIG_x/PANI_{1-x}$ ($x = 0.4 \sim 0.9$) 复合材料和纯 PANI 的介电常数实部频谱。当 PANI 的含量较少时，复合材料的介电常数实部为正值，这归因于孤立分布的 PANI 内部局域电子的极化。$YIG_x/PANI_{1-x}$ ($x = 0.4 \sim 0.9$) 复合材料的介电常数随着 PANI 含量的增加而增大，且当 PANI 含量从 20%增加至30%时，复合材料介电常数增加的幅度非常大，其介电常数实部频谱表现出德拜

型介电弛豫。介电常数的德拜弛豫方程为

$$\varepsilon' = \varepsilon_\infty + \frac{\varepsilon_s - \varepsilon_\infty}{1 + \omega^2\tau^2} \tag{3.31}$$

其中，ε_s 为复合材料的低频介电常数；ε_∞ 为复合材料的高频介电常数；ω 为角频率；τ 为平均弛豫时间。拟合结果为图 3.29(a) 中的红色实线，拟合参数为 $\varepsilon_\infty = -26$，$\varepsilon_s = 469.6$，$\tau = 5.95 \times 10^{-10}$。$\varepsilon_\infty$ 值是负数，说明复合材料的介电弛豫并不满足理想的德拜弛豫模型。

当 PANI 的含量增加到 40%时，由于逾渗转变，复合材料的介电常数变为负值。负介电常数的绝对值随着频率的增加而减小，随着 PANI 含量的增加而增大，表明负介电常数是由 PANI 产生的。此处的负介电常数的频散仍然满足 Drude 模型，图 3.29(b) 中的红色实线是根据 Drude 模型的拟合结果，$f_p = 10.72$ GHz，$\omega_\tau = 7.44 \times 10^8$，可靠性因子 $R^2 = 0.98128$，拟合结果与实验数据吻合。Drude 型的负介电常数源于复合材料中形成的 PANI 网络，与 PANI 中的载流子的输运密切相关。复合材料中的有效载流子浓度可以通过改变 PANI 的含量进行调控，根据 Drude 模型可知，可进一步调控负介电常数的数值和频散特性。

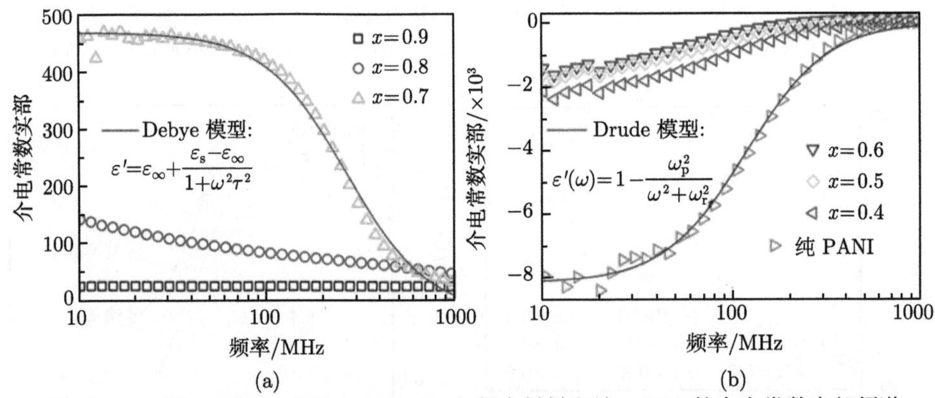

图 3.29　$YIG_x/PANI_{1-x}$ ($x = 0.4$~0.9) 复合材料和纯 PANI 的介电常数实部频谱

(a) $x = 0.7 \sim 0.9$；(b) 纯 PANI 及 $x = 0.4 \sim 0.6$

图 3.30 是 $YIG_x/PANI_{1-x}$ ($x = 0.4 \sim 0.9$) 复合材料和纯 PANI 的磁导率频谱。对于含有不同含量 YIG 的复合材料，其磁导率实部在 10~30MHz 频段数值较高且保持常数，从 30MHz 起，磁导率实部出现明显的下降，并在磁导率虚部频谱中对应了损耗峰，这是一种磁弛豫现象。由此可知，PANI 的加入仅影响了复合材料磁导率的数值大小，但不影响其频散特性。这是因为 PANI 是非磁性材料，纯 PANI 样品的磁导率实部几乎均为 1，仅在高频段出现下降，这是由于导体材料的涡流效应导致的。

虽然复合材料的磁导率为正值，但是 YIG 的磁导率可以通过外加偏置磁场调控，从而实现负磁导率。YIG 的磁性来源于磁畴的畴壁共振和自旋共振，其磁导率的频散特性可通过以下公式描述 [25,26]：

$$\mu' = 1 + \frac{\omega_{\rm d}^2\chi_{\rm d0}\left(\omega_{\rm d}^2-\omega^2\right)}{\left(\omega_{\rm d}^2-\omega^2\right)^2+\omega^2\beta^2} + \frac{\chi_{\rm s0}\omega_{\rm s}^2\left[\left(\omega_{\rm s}^2-\omega^2\right)+\omega^2\alpha^2\right]}{\left[\omega_{\rm s}^2-\omega^2\left(1+\alpha^2\right)\right]^2+4\omega^2\omega_{\rm s}^2\alpha^2} \tag{3.32a}$$

$$\mu'' = \frac{\chi_{\rm d0}\omega\beta\omega_{\rm d}^2}{\left(\omega_{\rm d}^2-\omega^2\right)^2+\omega^2\beta^2} + \frac{\chi_{\rm s0}\omega_{\rm s}\omega\alpha\left[\omega_{\rm s}^2+\omega^2\left(1+\alpha^2\right)\right]}{\left[\omega_{\rm s}^2-\omega^2\left(1+\alpha^2\right)\right]^2+4\omega^2\omega_{\rm s}^2\alpha^2} \tag{3.32b}$$

其中，$\chi_{\rm d}$ 和 $\chi_{\rm s}$ 分别是畴壁和自旋的磁化率；$\omega_{\rm d}=2\pi f_{\rm d}$ 和 $\omega_{\rm s}=2\pi f_{\rm s}$ 分别是畴壁和自旋的共振角频率；$\chi_{\rm d0}$ 和 $\chi_{\rm s0}$ 分别是畴壁和自旋的静态磁化率；α 和 β 分别是畴壁和自旋的阻尼因子。图 3.31 是在 227Oe 和 303Oe 偏置磁场下计算的 YIG 磁导率频谱，计算所用的参数均来源于文献①。从图中可以看出，在低频段，主要是畴壁共振对磁导率频谱有贡献，在高频段主要是自旋共振对磁导率有贡献。通过改变偏置磁场的大小，可以调控畴壁共振和自旋共振的共振频率和共振强度。当偏置磁场从 227Oe 增加到 303Oe，畴壁共振频率向低频移动，且畴壁共振对磁导率的贡献量减少，但是自旋共振的贡献量明显增多。由此可知，畴壁共振和自旋共振均能产生负磁导率，而负磁导率的频率区间和数值大小也可以通过调控偏置磁场的强度和方向实现。实际上，通过控制 YIG 的烧结温度或元素掺杂，可以控制 YIG 的晶粒大小和晶格常数，进而也能够调控 YIG 的负磁导率性能。

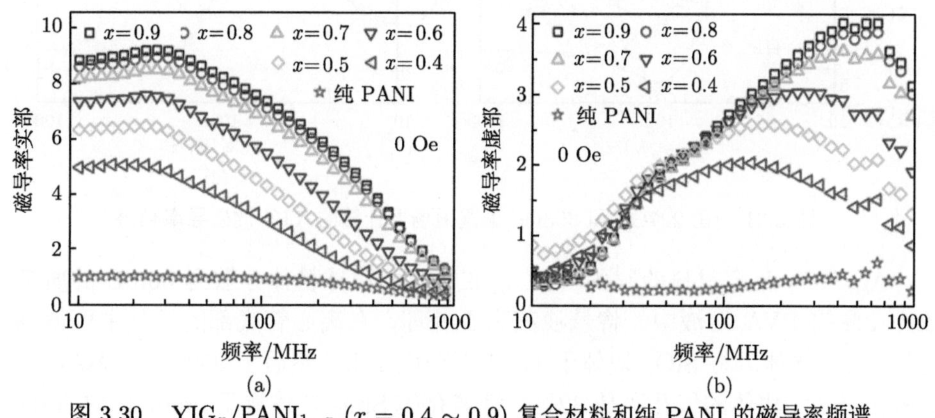

图 3.30 YIG$_x$/PANI$_{1-x}$ ($x=0.4\sim0.9$) 复合材料和纯 PANI 的磁导率频谱

(a) 磁导率实部；(b) 磁导率虚部

Ag/SiO_2 复合材料的制备流程如图 3.32 所示。首先利用自组装法制备由 SiO_2 微球堆积而成的多孔 SiO_2 基体，然后利用浸渍–煅烧法将 Ag 添加到多孔的基体中。具体制备工艺如下。

① Tsutaoka T, et al. J. Appl. Phys. 2011, 110: 053909。

单分散的 SiO_2 微球是通过 Stöber 法制备的 [10]。以 25mL 的去离子水、80mL 的酒精和 20mL 的氨水混合作为 A 液，将 A 液置于水浴锅中，于 40℃ 保持磁力搅拌。以 40mL 的正硅酸四乙酯和 80mL 的酒精混合作为 B 液，将 B 液以 200mL/h 的速度滴加到 A 液，反应完后，保持搅拌 6h 以上。用酒精和去离子水清洗所得的二氧化硅微球，直至 pH 为中性。

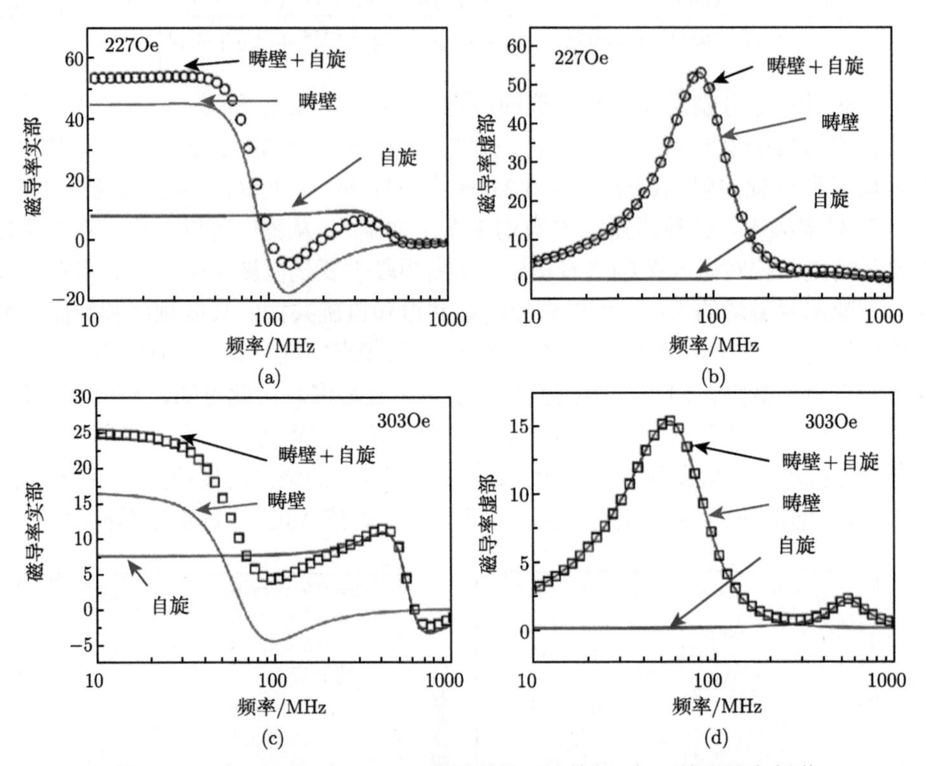

图 3.31 在 227Oe 和 303Oe 偏置磁场下计算的 YIG 的磁导率频谱

Ag/SiO_2 复合材料的制备。将 3g 的 SiO_2 微球粉体分散到 50mL 的质量分数为 2%的 PVA 溶液中。将悬浊液离心处理，在离心管底部的模具中可得到多孔的 SiO_2 块体。将 SiO_2 块体于 60℃ 下干燥 24h，然后于 950℃ 下烧结，保温 30min。SiO_2 块体的气孔率是 32%。将多孔的 SiO_2 块体置于 2mol/L 的 $AgNO_3$ 溶液中，于真空状态下保持 10min，将 $AgNO_3$ 溶液“压入”多孔基体中。取出块体于 70℃ 下干燥 3h，再于 100℃ 下干燥 8h，然后在 450℃ 下煅烧 30min 获得 Ag/SiO_2 复合材料。银的含量通过控制浸渍–煅烧次数来实现。

图 3.33 是 Ag/SiO_2 复合材料的 XRD 谱图和 EDS 结果。对于纯 SiO_2 样品，其 XRD 谱图在 21.5° 处有一个展宽的衍射峰，这说明二氧化硅为非晶态。复合材料中的主晶相是银 (JCPDS No. 04-0783)，是立方空间群，$Fm\text{-}3m(225)$，晶格

参数是 $a = b = c = 4.0862\text{Å}$ $(90^\circ \times 90^\circ \times 90^\circ)$。复合材料的 XRD 谱图无其他物相，说明没有引入杂质。银的衍射强度太高，使得 SiO_2 的衍射峰无法观测到。EDS 结果表明，银在复合材料中是以片状或者颗粒状分布在 SiO_2 多孔基体中的。

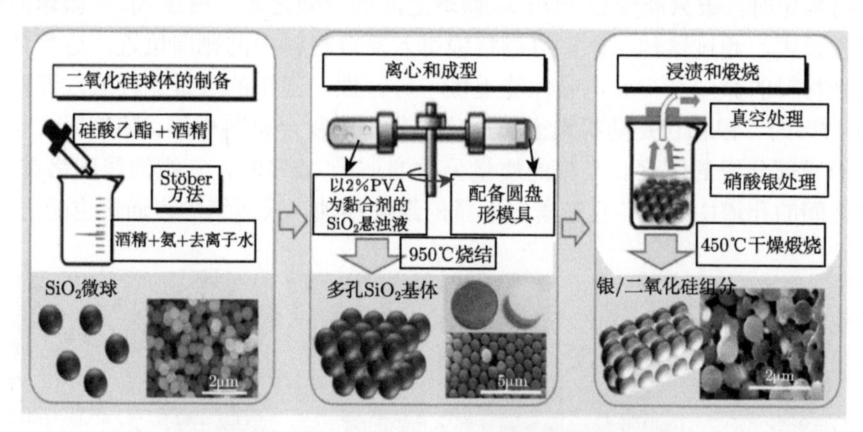

图 3.32 Ag/SiO_2 复合材料的制备流程示意图

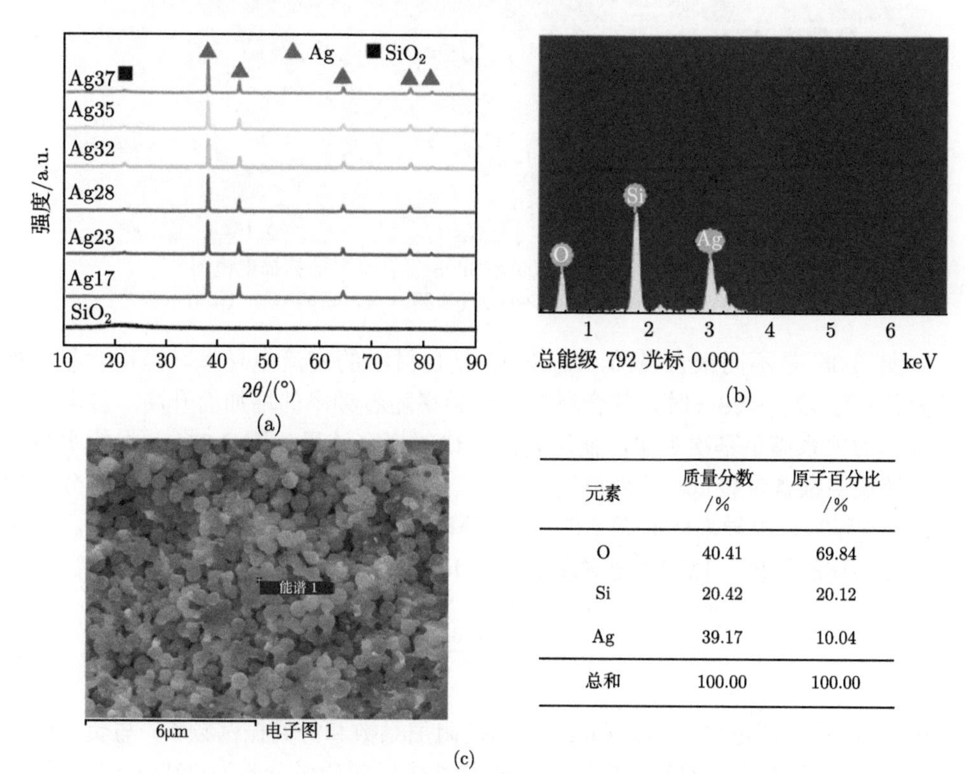

元素	质量分数/%	原子百分比/%
O	40.41	69.84
Si	20.42	20.12
Ag	39.17	10.04
总和	100.00	100.00

图 3.33 Ag/SiO_2 复合材料的 XRD 谱图和 EDS 结果

图 3.34 是不同银含量的 Ag/SiO_2 复合材料的扫描电镜图。由图可知，SiO_2 微球的直径约为 700nm，且 SiO_2 微球紧密地堆积在一起。通过这种自组装的工艺，多孔的基体的孔结构 (尺寸、形状和连通性) 是稳定且可重复的。当把银引入复合材料中时，银只能分布于 SiO_2 微球之间的空隙之中，银在 SiO_2 微球的壁上形核和长大。通过这种工艺，可以将银引入复合材料中的靶向位置，这为精确调控复合材料的微观结构和电磁性能提供了可行性。当银的含量比较低，即质量分数为 17%时，银颗粒是随机地呈孤立状态分布于复合材料中的。随着银含量的增加，形成部分银的团聚。当银的质量分数增加到 32%时，三维的银网络在 SiO_2 微球之间的孔道中形成，且随着银含量的继续增加，银网络的连通性也随之增强。

图 3.34　不同银含量的 Ag/SiO_2 复合材料的扫描电镜图

(a) 纯 SiO_2；(b) 17wt%；(c) 28wt%；(d) 32wt%；(e) 35wt%；(f) 37wt%

图 3.35 是不同银含量的 Ag/SiO_2 复合材料的交流电导率。当银含量 (质量分数) 为 17%～28%时，复合材料的电导率随着频率的增加而升高，且电导率与频率的关系满足幂次定律，使用幂次定律的拟合结果如图 3.35(a) 中的实线所示。这说明银含量较低时为跳跃电导机制。然而，当银含量较高，即质量分数为 32%～37%时，电导率随着频率的升高而降低，主要归因于银的趋肤效应。趋肤效应是导体的性质，也可用电导率的 Drude 模型描述 [27]：

$$\sigma_{\mathrm{ac}} = \frac{\sigma_{\mathrm{dc}}\omega_{\mathrm{p}}^2}{\omega^2 + \omega_{\tau}^2} \tag{3.33}$$

其中，σ_{dc} 是直流电导率；ω_{τ} 和 ω_{p} 分别是阻尼系数和等离振荡频率，与负介电常数的 Drude 模型中的参数一样。使用式 (3.33) 对银质量分数为 32%和 37%的复合材料的电导率频谱进行拟合，拟合结果如图 3.35(a) 所示。不同的变化规律证明，随着银含量的增加，复合材料中出现了逾渗现象。图 3.35(b) 是复合材料在 10MHz 下的电导率随银的体积分数的变化曲线。当银的体积分数小于 0.08 时，复合材料的电导率随着银含量的增加而缓慢升高，但电导率在银体积分数为 8%附近出现急剧增加。这也表明了逾渗现象的存在，逾渗阈值在 0.08 附近。逾渗现象的出现可归因于，银含量的增加导致复合材料微观结构的变化，即导电网络的形成。与其他的逾渗复合材料相比，该工作中的逾渗阈值要更小。逾渗阈值的大小受导电填料的导电能力、形状、尺寸、表面状态和维度的影响。如果导电填料是一维纤维，如碳纳米管、纳米碳纤维或银纳米线，逾渗阈值将会降低。在本工作中，银分布于 SiO_2 微球之间的孔道中，从某种程度上将具有一维结构；并且，银的分布并不是随机的，而是受到 SiO_2 微球模板的限制 [15]。因此，Ag/SiO_2 复合材料的逾渗阈值是非常低的。使用逾渗理论对实验结果进行拟合，拟合结果如图 3.35(b) 中的插图所示，逾渗阈值 $f_c = 0.082$。

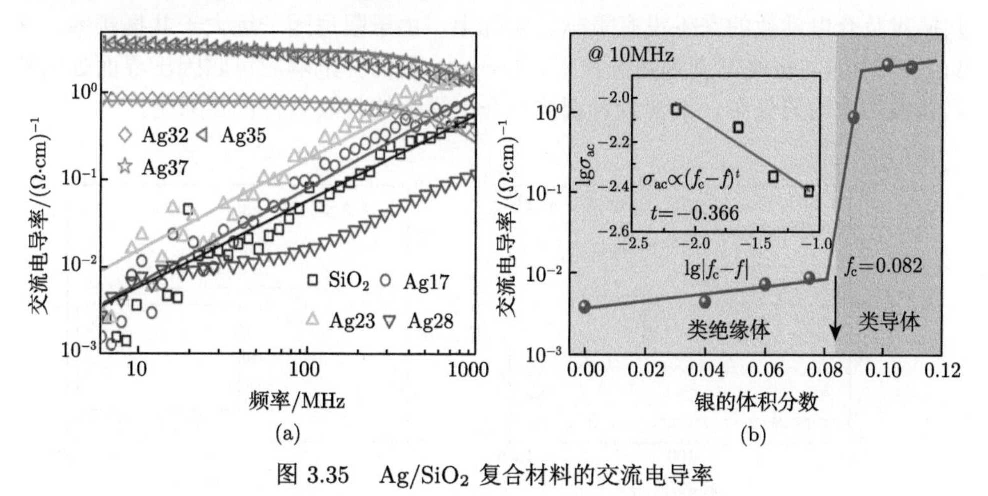

图 3.35 Ag/SiO_2 复合材料的交流电导率

(a) 随频率变化；(b) 10MHz 下随银的体积分数变化

图 3.36 是不同银含量的 Ag/SiO_2 复合材料的介电常数实部和相位角频谱。由图可知，当银含量低于 f_c 时，介电常数为正值且随着银含量的增加而增大，这是由于银与 SiO_2 之间的界面极化导致的，无数的界面类似于微电容网络，从而使得复合材料的介电常数增加，如图 3.36(a) 中的插图所示，也称为麦克斯韦–瓦格纳效应。其中，纯 SiO_2 块体和银含量为 17wt%和 23wt%的复合材料的介电常数实部为常数，几乎不随频率变化，因此可以实现宽频应用。当银含量增加到 28wt%时，复合材料的介电常数有明显的频散，随着频率而下降。当银含量高于 f_c 时，复合材料的介电常数变为负值，且有明显的频散。银含量为 32wt%的复合材料，介电常数实部在 6MHz 处约为 −5000，其值随着频率的升高而上升。银含量为 35wt%的复合材料，介电常数实部在 6MHz 处约为 −50000，随频率上升

并于 150MHz 处达到最大值 (约 8000)，然后随着频率下降。银含量为 37wt%的复合材料，介电常数实部在 6MHz 处约为 −7000，于 68MHz 处达到最大值 (约 21000)。银含量为 32wt%的复合材料介电常数实部在 520MHz 处为零，银含量为 35wt%的介电常数实部在 57MHz 处为零，当银含量为 37wt%时，介电常数实部在 11MHz 处为零。介电近零的频率点随着银含量的增加向低频移动，从而可以调控介电近零的性能 [28,29]。Ag/SiO_2 复合材料不仅可以用作射频段负介材料，还可以作为射频段介电近零材料。因为 Ag/SiO_2 复合材料的负介电常数频谱不是单调的，因此需要用 Lorentz 模型和 Drude 模型同时对实验数据进行拟合。图 3.36(c) 是对银含量为 35wt%的复合材料介电常数实部数据进行拟合。Drude 模型说明，负介电常数源于银网络中自由电子的等离振荡效应，Lorentz 模型说明，负介电常数的频散可以通过介电谐振调控。虽然利用 Lorentz 介电共振可以在一些铁电材料和含有纳米导电纤维的复合材料中实现负介电常数，但此处的 Lorentz 介电共振对负介电常数的产生没有贡献。实际上，由于阻尼因子远大于共振频率，图 3.36(c) 中的共振线形变为弛豫线形。Lorentz 型的介电响应可归因于界面处的缺陷和银的非均匀分布，银含量对调控负介电常数的频散具有重要影响。

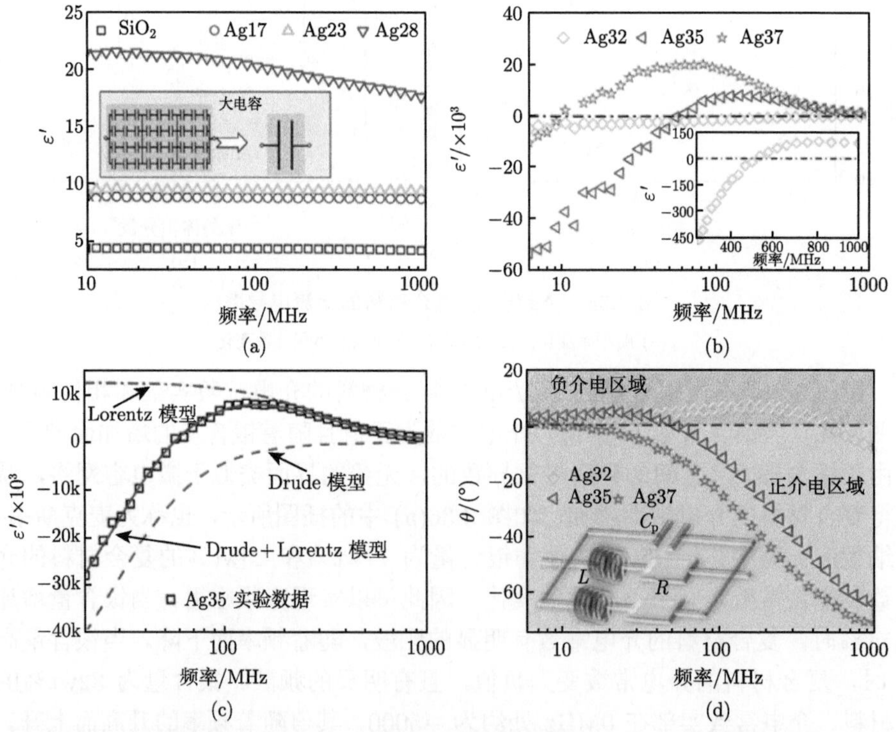

图 3.36 不同银含量的 Ag/SiO_2 复合材料的介电常数实部 ((a)~(c)) 和相位角频谱 (d)

通过相位角 (θ) 进一步研究了负介电行为，图 3.36(d) 是负介材料的相位角频谱图。正介电材料具有电容性，其中的电压相位落后于电流相位。在负介材料中，当银含量为 32wt%时，在低于 520MHz 频段内相位角为正值；当银含量为 35wt%时，在低于 55MHz 频段内相位角为正值；而当银含量增加到 37wt%时，此频率点移动到 11MHz。在高于这些频率点的频段内，相位角为负值。因此，负介材料为电感性，其内部的电流相位落后于电压相位，在材料内部，能量主要存储于电感中，即材料内部的导电环路中，在其相应的等效电路中往往含有电感 [8]。相位角的值随着银含量而变化，从而材料内部产生的 LC 谐振也将随之变化，进一步证明了银含量对调控负介电的数值和频散至关重要。在负介电区，相位角的数值较小，说明负介材料具有高的介电损耗，可用作电磁衰减材料。在正介电区，相位角的值随着频率的增加而变大，说明在电容中的能量存储效率高于电感。有趣的是，相位角为零的频率点对应于介电为零的频率点，说明在介电近零材料中没有能量的存储，只有能量的损耗，这种具有介电近零性能的 Ag/SiO_2 复合材料可用于射频段的“超构电路”中 [30]。

图 3.37(a) 是不同银含量的 Ag/SiO_2 复合材料的磁导率实部频谱。由图可知，由于纯 SiO_2 样品是非磁性的，其磁导率实部在整个测试频段内为 1。当在复合材料中加入银时，意味着产生了负磁化率，并随着银含量的增加，负磁化率更加显著。当银含量增加到 37wt%时，在 760~1000MHz 频段内出现了负磁导率。因为 SiO_2 和银都是非磁性物质，所以负磁化率和负磁导率不可能源于其组成材料的磁共振，只能来自于感应电流的磁响应。本工作用 SiO_2 微球作为模板，在复合材料中形成了无数的导电环路，提高了复合材料磁响应的效率，从而可以在非磁性的复合材料中实现负磁导率，这在之前的研究中鲜有报道 [17,31,32]。关于负磁导

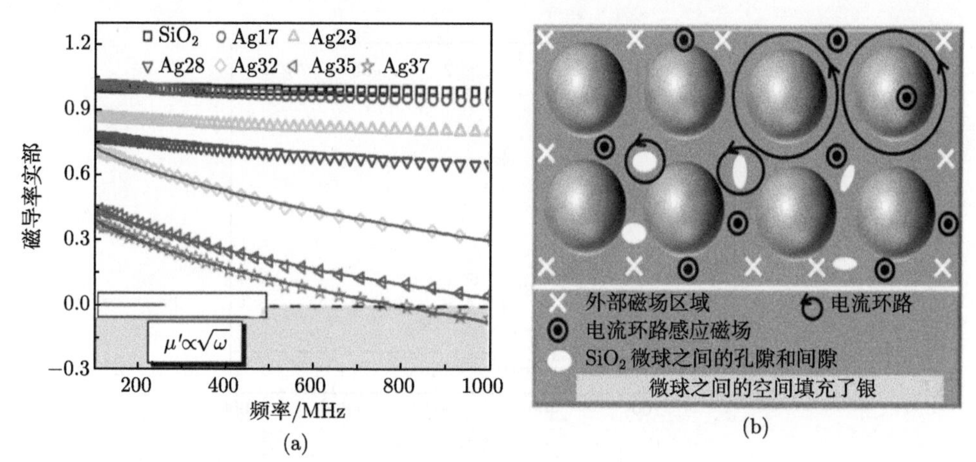

图 3.37 不同银含量的 Ag/SiO_2 复合材料的磁导率实部频谱 (a) 和复合材料磁响应的示意图 (b)

率的产生机制，可以从超材料中获得启示，因为负磁导率是超材料的特征性能。在超材料中，负磁导率来源于电磁感应定律，开口谐振环是产生负磁导率的典型结构，而在本工作中，银的网络也可以产生磁响应 [33]。图 3.37(b) 是复合材料磁响应的示意图。SiO_2 微球间的孔道填充了银，当把复合材料置于外交变磁场中时，感应电流可以围绕着 SiO_2 微球产生，这些电流环路所产生的磁场的方向与外加磁场相反，可以抵消掉一部分外磁场，从而产生负磁化率。当感应的磁场强度随着频率升高并且相位落后于外磁场时，将会产生负磁导率 [23]。另外，复合材料中的银网络含有气孔和间隙，围绕着这些气孔和间隙也能够产生环形电流，从而对产生负磁导率和负磁化率有贡献。这些气孔和间隙类似于超材料中开口谐振环的开口，从而给磁响应提供电容，改变磁响应的相位。

根据超材料中负磁导率的产生机制，即“磁等离子体”，开口谐振环在交变磁场下产生的磁导率的表达式为 [23]

$$\mu'_{\text{eff}} = 1 + \frac{F\omega^2\left(\omega_0^2 - \omega^2\right)}{\left(\omega_0^2 - \omega^2\right)^2 + \Gamma^2\omega^2} \tag{3.34}$$

其中，F 是几何因子；ω_0 是共振频率；Γ 是阻尼因子。利用“磁等离子体”对实验数据进行拟合，拟合结果如图 3.38 和表 3.3 所示。拟合结果的可靠性因子非常低，说明“磁等离子体”不能解释 Ag/SiO_2 复合材料的负磁导率。从拟合结果可知，阻尼因子远大于共振频率，所以从“磁等离子体”的角度看，此处的磁响应是一种弛豫行为，而不是共振行为，从而使得实验数据偏离理论结果。这可能是因为银网络的尺寸和形状与开口谐振环差距太大 [34]。在开口谐振环中，开口的结构贡献电容，然而在 Ag/SiO_2 复合材料中无明显的类似结构。除此之外，在超材

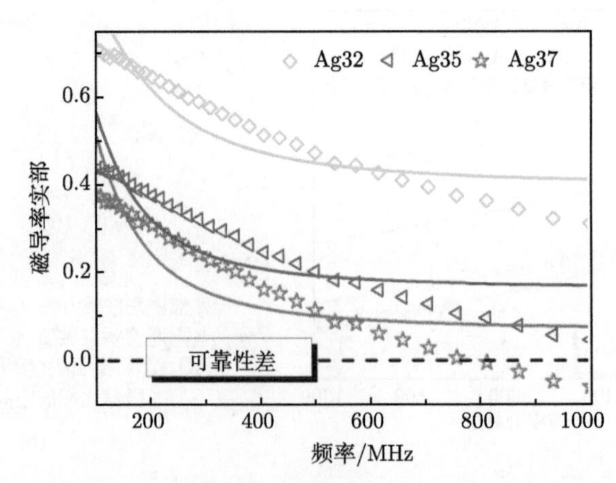

图 3.38　使用“磁等离子体”模型对 Ag/SiO_2 复合材料的磁导率实部进行拟合的结果

表 3.3 利用“磁等离子体”模型对 Ag/SiO_2 复合材料的磁导率实部进行拟合的参数

Ag/SiO_2	F	ω_0	Γ	R^2
Ag32	5.626×10^{17}	9.321×10^{17}	9.015×10^{26}	0.81792
Ag35	6.326×10^{14}	1.685×10^{16}	4.630×10^{23}	0.73536
Ag37	5.014×10^{14}	1.418×10^{16}	3.288×10^{23}	0.73369

料中，其结构单元的尺寸 l 与波长 λ 的经验关系为 $2 < \lambda/l < 12$，此关系式不适用于 Ag/SiO_2 复合材料。弛豫型的磁响应还有可能源于银网络的尺寸太小，因为阻尼因子与结构单元的尺寸成反比。

虽然“磁等离子体”不能解释负磁化率和负磁导率，但是，由于复合材料不具有磁性，磁响应不可能源自磁共振，只能源自电磁感应。根据法拉第电磁感应定律，感应电流密度 j 为 [34]

$$j_i = \sigma_i e_i = -\sigma_i \frac{\mathrm{d}\Phi_i}{\mathrm{d}t} = -\omega\sigma_i A\cos(\omega t) \tag{3.35}$$

其中，j_i 为局部电流密度；σ_i 为材料局部电导率；e_i 为材料内部局部电场强度；Φ_i 为磁通量；t 为时间；A 是 e_i 的振幅。环形电流可产生磁场，且磁场方向与外磁场相反。根据毕奥–萨伐尔定律，环形电流 $j_i\mathrm{d}S_i$ 在轴心线产生的磁感应强度 B_i 为

$$B_i = \frac{\mu_0 r^2 j_i \mathrm{d}S_i}{2\pi(r^2+x^2)^{3/2}} \tag{3.36}$$

其中，r 是环形电流的半径；$\mathrm{d}S_i$ 是环形电流的横截面积；x 是到环形电流圆心的距离。在高频下，当感应电流跟不上外磁场的变化时，感应电流将落后而因此导致反相位的或者负的磁响应。根据式 (3.35) 和式 (3.36)，磁导率 μ'、B_i、j 和 ω 具有线性关系：

$$\mu' \propto B_i \propto Nj \propto \omega \tag{3.37}$$

其中，N 是环形电流的匝数。图 3.39 和表 3.4 是使用线性关系式对 Ag/SiO_2 复合材料的磁导率实部进行拟合的结果。尽管拟合的可靠性因子已经比较高，但仍未达到预期。因此，需要进一步对磁导率和频率的关系式进行修正，其他的影响因素也需要考虑。

实际上，交流电导率是频率的函数，受趋肤效应的影响，即 $\delta = \left(\dfrac{2}{\mu_0\sigma_{\mathrm{dc}}\omega}\right)^{0.5}$，因此磁导率 μ'、B_i、j 和 ω 的关系修正为

$$B_i \propto Nj \propto \sqrt{\omega}, \quad \mu' = a + b\sqrt{\omega} \tag{3.38}$$

对 Ag/SiO_2 复合材料磁导率实部的实验数据进行拟合，拟合结果如图 3.40 所示，拟合参数如表 3.5 所示。若可靠性因子 $R^2 \approx 0.99745$，拟合结果与实验数据高度吻合，说明可以完美地解释负磁化率和负磁导率的机制。参数 a 的物理含义为材料的静态磁导率，对于 Ag/SiO_2 复合材料，其值应该为 1，与拟合数据相吻合。参数 b 与材料的本征性质有关，即组成、微观结构和电磁性能 [35-38]。

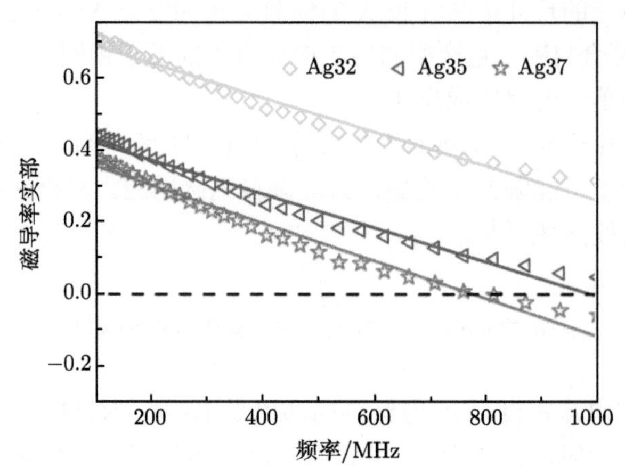

图 3.39　利用线性关系式对 Ag/SiO_2 复合材料的磁导率实部进行拟合的结果

表 3.4　利用线性关系式对 Ag/SiO_2 复合材料的磁导率实部进行拟合的参数

Ag/SiO_2	截距	斜率	R^2
Ag32	0.73713	-4.77×10^{-10}	0.97542
Ag35	0.46714	-4.75×10^{-10}	0.97451
Ag37	0.40408	-5.26×10^{-10}	0.97462

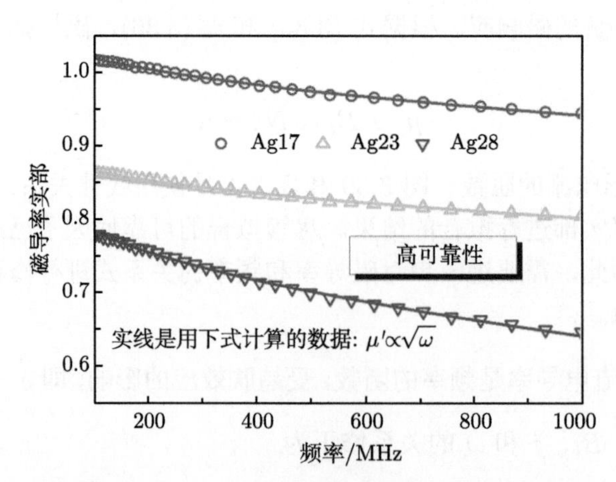

图 3.40　利用关系式 (3.38) 对 Ag/SiO_2 复合材料的磁导率实部进行拟合的结果

表 3.5　使用关系式 (3.38) 对 Ag/SiO_2 复合材料的磁导率实部进行拟合的参数

Ag/SiO_2	a	b	R^2
Ag17	1.05569	-3.578×10^{-6}	0.99745
Ag23	0.89451	-2.913×10^{-6}	0.99772
Ag28	0.84936	-6.563×10^{-6}	0.99768

图 3.41(a) 是不同银含量的 Ag/SiO_2 复合材料的磁导率虚部频谱。由图可知，磁导率虚部随着银含量的增加而增大。在射频段，磁损耗主要来源于磁滞损耗、涡流损耗和自然共振 [30,32]。磁滞损耗在弱场下可忽略，自然共振不可能在非磁性物质中发生。因此，涡流损耗是唯一的磁损耗机制，可表达为 [39,40]

$$\mu''=\frac{2\pi\mu_0\left(\mu'^2\right)\sigma_{\mathrm{dc}}D^2f}{3}\tag{3.39}$$

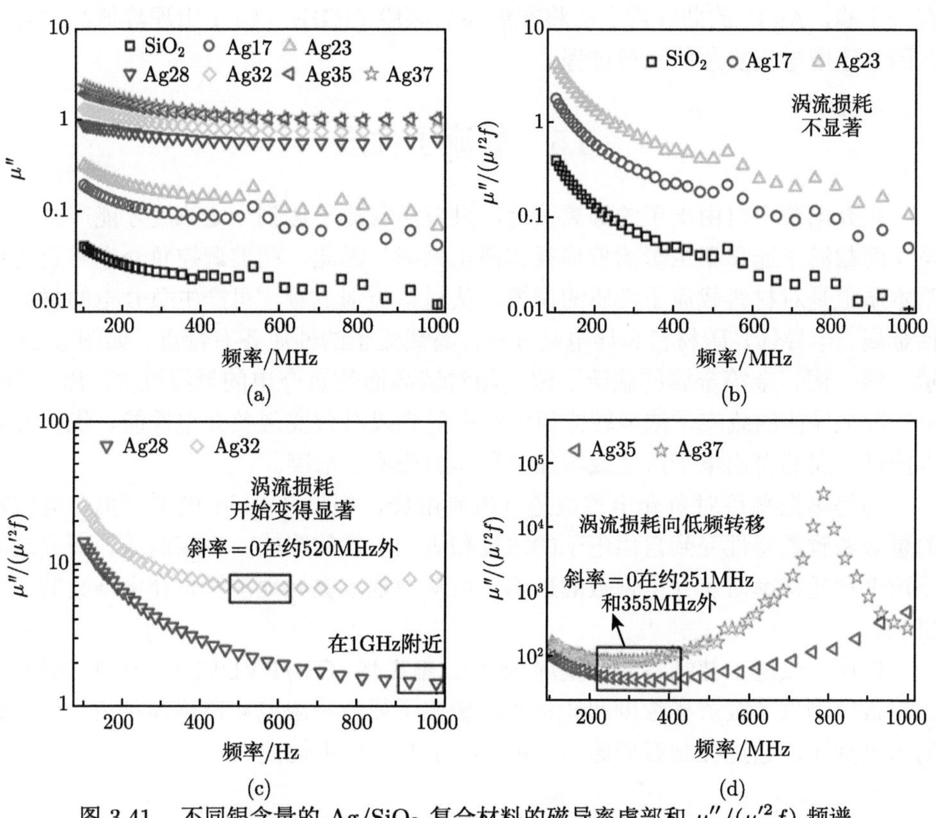

图 3.41　不同银含量的 Ag/SiO_2 复合材料的磁导率虚部和 $\mu''/(\mu'^2f)$ 频谱

(a) 磁导率虚部；(b) SiO_2、Ag17 和 Ag23 的 $\mu''/(\mu'^2f)$ 频谱；(c) Ag28 和 Ag32 的 $\mu''/(\mu'^2f)$ 频谱；(d) Ag35 和 Ag37 的 $\mu''/(\mu'^2f)$ 频谱

其中，D 为金属颗粒的有效直径。如果涡流损耗比较显著，$\mu''/(\mu'^2 f)$ 的值将是一个常数，不随频率而改变。从图 3.41(b)~(d) 中可以看出，当银含量低于逾渗阈值时，$\mu''/(\mu'^2 f)$ 的值随着频率的增加而降低，说明涡流损耗较低，这是因为 Ag/SiO_2 复合材料内部的银颗粒尺寸小于银的趋肤深度。当银含量在逾渗阈值附近时，即 28%和 32%，$\mu''/(\mu'^2 f)$ 的值在低频段也随着频率而降低。但是，Ag32 的频散曲线在约 520MHz 处的斜率为零，而 Ag28 的频散曲线在约 1GHz 处的斜率为零，这表明其值不随频率变化，即从这个频率点开始涡流损耗变得显著。进一步增加银含量，Ag35 的频散曲线在约 355MHz 处的斜率为零，而 Ag37 的频散曲线在约 251MHz 处的斜率为零，说明银含量的增加使得涡流损耗向低频移动。涡流损耗与外磁场的频率、材料的几何形状和材料本身的电导率密切相关 [41,42]。外磁场频率越高，涡流损耗越严重。从扫描电镜结果可以看出，银网络的连通性随着银含量的增加得到增强，更厚的银网络将导致涡流损耗在低频段也变得明显。在高频段，$\mu''/(\mu'^2 f)$ 的值随着频率的增加而升高，且 Ag37 的曲线在 760MHz 处有一个峰，Ag35 的曲线看上去将在更高的频段 (1GHz 以上) 出现峰值，这可能归因于感应电流复杂的弛豫过程。

3.5 载流子性质

负介电源于自由电子的等离振荡，只有当载流子达到一定浓度才能产生负介电，而载流子迁移率也影响着损耗和截止频率。因此，精准调控负介电常数的数值本质上是对材料载流子性质的调控。从材料类别上看，可产生负介电的材料包括金属、半导体、碳材料和导电高分子，其载流子的性质各有特点。如图 3.42 所示，银、铜、金等金属的载流子浓度相对较高而使负介电的量级过大，Sb、Ge、SiC 等半导体的载流子浓度较低而无法在射频段有效实现负介电性能。优化方向为降低金属的自由电子浓度或增加半导体的载流子浓度。

用等离振荡可对负介电常数进行机制解释，根据 Drude 模型，负介电常数的量级和频散特性受到自由电子的浓度和等效质量的影响。直接测量、研究载流子浓度和迁移率对负介电常数的影响，可从微观上更好地理解负介电常数的产生机制。

以压力成型工艺制备的石墨烯/聚偏二氟乙烯 (GR/PVDF) 复合材料为例，用霍尔效应测试了载流子浓度和迁移率，研究了载流子浓度和迁移率对负介电常数的影响规律，通过控制石墨烯的含量实现了介电近零性能。

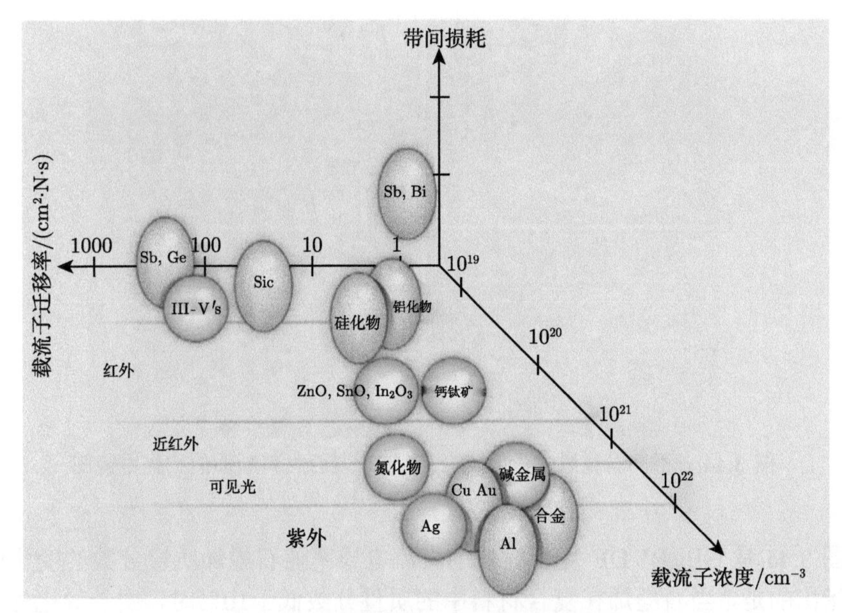

图 3.42 不同载流子性质的负介电材料

图 3.43 是所用石墨烯粉末的扫描电镜图。由图可以看出，所用的石墨烯为片状结构，单层，且直径较大。聚偏二氟乙烯 (PVDF) 树脂因为具有较高的介电常数，且加工成型较好，可作为绝缘基体。采用机械混合和压力成型的工艺制备 GR/PVDF 复合材料，其中的石墨烯的质量分数分别为 2%、4%、6%、8%、10%、12%、14%、16%、18%、20%、23%、25%、27%和 30%。

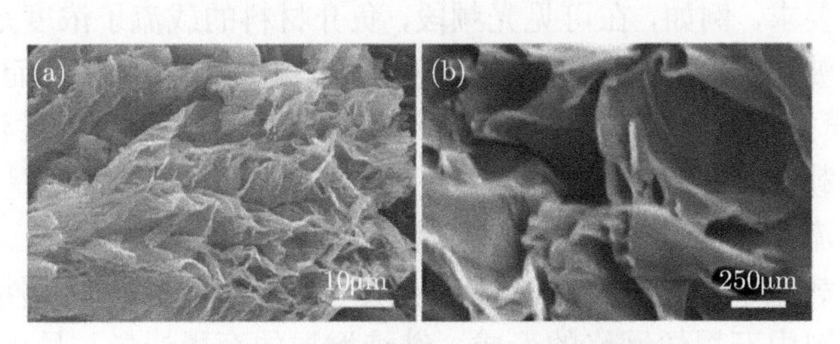

图 3.43 石墨烯粉末的扫描电镜图

(a) 高倍形貌图；(b) 低倍形貌图

图 3.44 是不同石墨烯含量 (质量分数) 的 GR/PVDF 复合材料断面的扫描电镜图。由图可以看出，当石墨烯含量为 14%时，石墨烯在复合材料中已经能够连接成网络状，且由于混合方法是使用机械混合的方法进行，所以石墨烯出现一定的团聚现象。随着石墨烯含量的增加，由石墨烯组成的网络的连通性增强，石墨烯网络连通性的变化将会导致复合材料中载流子浓度的变化 [43]。因此，利用霍尔效应对复合材料的材料学参量 (直流电导率、载流子浓度和载流子迁移率) 进行了测试。

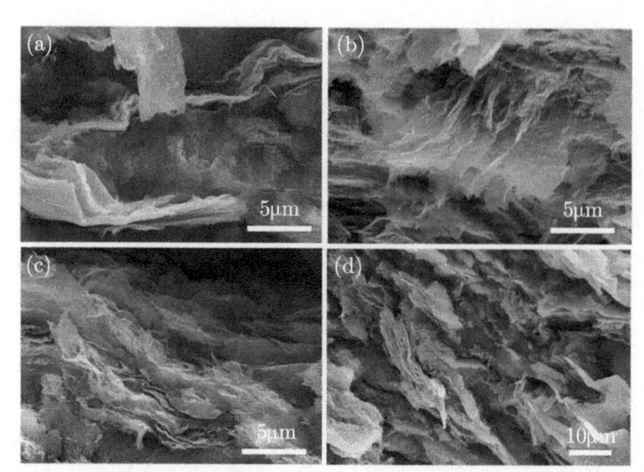

图 3.44　不同石墨烯含量的 GR/PVDF 复合材料断面的扫描电镜图

(a) 14%；(b) 18%；(c) 23%；(d) 27%

图 3.45 是 GR/PVDF 复合材料的直流电导率随石墨烯质量分数的变化曲线。值得指出的是，当石墨烯在复合材料中的质量分数低于10%时，由于导电性太低，无法使用霍尔效应测试仪进行测试。从图中可以看出，复合材料的直流电导率随着石墨烯质量分数的增加而升高，这是由于石墨烯网络连通性增强，复合材料中的有限导电横截面积增大 [44]。

当设计负介材料的负介电性能时，需要严格控制材料中的载流子浓度和迁移率，载流子浓度需要达到一定的大小，才能够形成等离振荡效应，产生负介电常数。但是，载流子浓度不能太高，否则会导致负介电常数的绝对值过大，无法满足具体的应用要求。例如，在可见光频段，负介材料的载流子浓度是 10^{22}cm^{-3} 数量级；在红外波段，一般要求载流子浓度是 10^{21}cm^{-3} 数量级。而在 MHz 频段，根据 Drude 模型，负介材料中的载流子浓度更低，但是，目前并没有关于 MHz 频段负介材料载流子浓度的报道 [45]。图 3.46(a) 是不同石墨烯含量的 GR/PVDF 复合材料的载流子浓度。复合材料的载流子浓度在 10^{9}cm^{-3} 数量级，随着石墨烯含量的增加，载流子浓度升高，且载流子浓度与石墨烯含量呈线性关系。这是因为随着复合材料中石墨烯网络的形成，继续增加的石墨烯参与导电，从而贡献自由电子，使得复合材料的有效电子浓度升高。

在设计负介材料时，除了控制负介电常数的数值，往往还需要降低其介电损耗，这涉及负介材料的载流子迁移率的调控。低的载流子迁移率，载流子在传输过程中产生的碰撞越多，将导致高的传导损耗。载流子迁移率主要受载流子的有效质量和散射概率的影响，若有效质量越大，则迁移率越低；若材料中的杂质和缺陷越多，以及晶格振动越大，则受到的散射的概率越高，载流子迁移率越低。

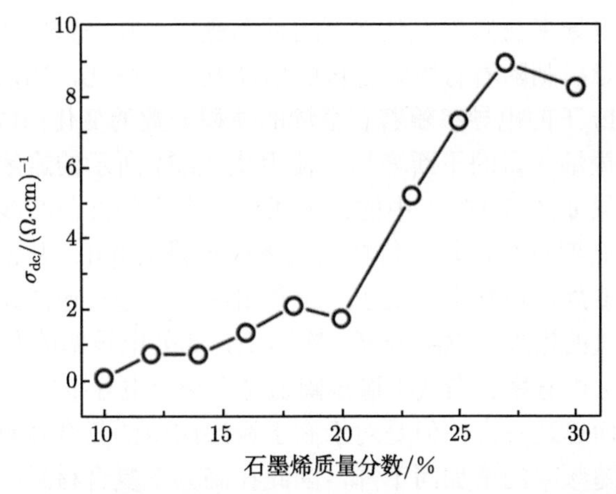

图 3.45 不同石墨烯质量分数的 GR/PVDF 复合材料的直流电导率

图 3.46(b) 是不同石墨烯质量分数的 GR/PVDF 复合材料的载流子迁移率。复合材料中的载流子迁移率是 0.5~3$cm^2\cdot(V\cdot s)^{-1}$，远低于石墨烯层内载流子迁移率 25000$cm^2\cdot(V\cdot s)^{-1}$。这是因为当石墨烯片层之间连接时，片与片之间形成非常大的接触电阻，使得载流子在石墨烯片层之间的传输受到抑制，从而使得迁移率远低于层内的迁移率。同时，绝缘基体 PVDF 的存在抑制了载流子的传输，使得载流子迁移率进一步降低。随着石墨烯质量分数的增加，复合材料中载流子迁移率升高。这是因为石墨烯的增加，使得石墨烯片层之间的压实强度更大，片层间的接触电阻降低，导致载流子迁移率升高；同时，石墨烯三维网络连接性的增强使得载流子运动的自由度增加，从而使得载流子迁移率升高。

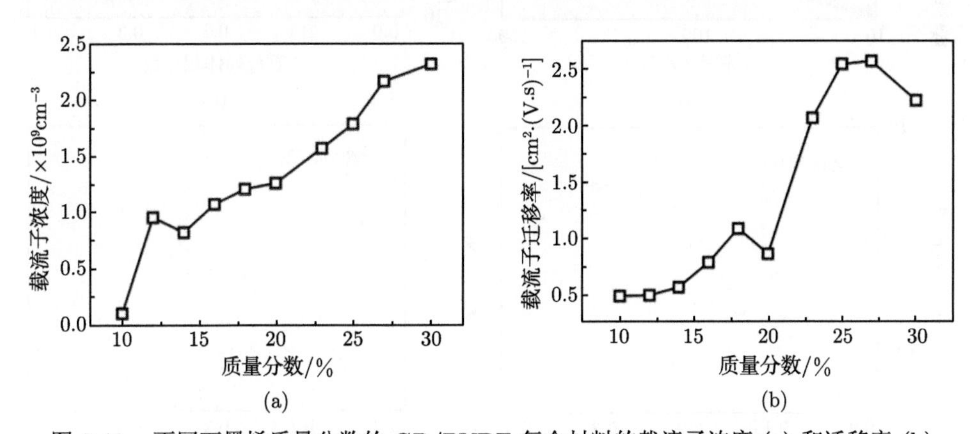

图 3.46 不同石墨烯质量分数的 GR/PVDF 复合材料的载流子浓度 (a) 和迁移率 (b)

图 3.47 是不同石墨烯含量的 GR/PVDF 复合材料的交流电导率。从图 3.47(a) 可以看出，当石墨烯的含量较低时，交流电导率随着频率的增加而升高；当石墨烯

的含量较高时，电导率在低频段几乎不随频率变化，在高频段随着频率的增加而下降。这说明电导机制随着石墨烯含量的增加发生了变化，出现了逾渗现象。图 3.47(b) 是 10MHz 下的电导率随着石墨烯的体积分数的变化曲线。复合材料的交流电导率随着石墨烯含量的不断增加，使用式 (3.3) 所示的逾渗理论对实验结果进行拟合，其结果如图 3.47(b) 中的插图所示，图中的红色实线为理论拟合的结果，与实验结果高度重合，复合材料的逾渗阈值是 0.091。从图 3.47(b) 中可以看出，在逾渗阈值处，电导率升高了一个数量级。当超过逾渗阈值时，电导率仍然随着石墨烯含量的增加而继续升高。实际上，此处电导率的变化仍然比较平缓，这是因为此为高频电导率。当低于逾渗阈值时，交流电导率受到跳跃电导的影响，随着频率的增加而迅速升高；但是对于高于逾渗阈值的复合材料，受趋肤效应的影响，其电导率随频率的增加而下降，因此在高频下复合材料的电导率变化不显著 [46,47]。图 3.47(c)～(d) 是 200MHz 和 800MHz 下电导率随着石墨烯含量的变化曲线。可以看出，在更高的频率下，在逾渗阈值附近，电导率的变化更加

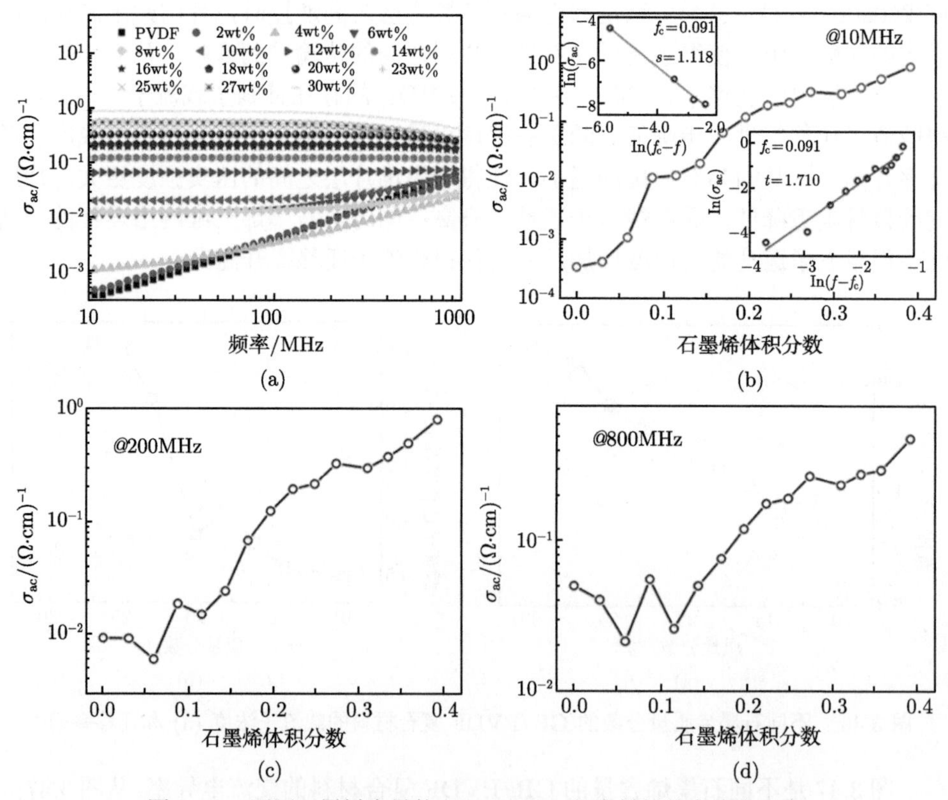

图 3.47　不同石墨烯含量的 GR/PVDF 复合材料的交流电导率

不明显。这说明石墨烯含量的增加改变了复合材料的载流子浓度和迁移率，进而产生了电逾渗现象。

图 3.48 是不同石墨烯含量的 GR/PVDF 复合材料的介电常数实部频谱。当石墨烯含量为 2wt%时，介电常数实部为 12，不随频率变化；当石墨烯含量为 4~8wt%时，介电常数实部随着石墨烯含量的增加而增加，且介电常数实部出现明显的频散现象；当石墨烯的含量超过逾渗阈值时，即石墨烯的含量为 10wt%和 12wt%时，复合材料的介电常数实部开始随着石墨烯含量的增加而减小。

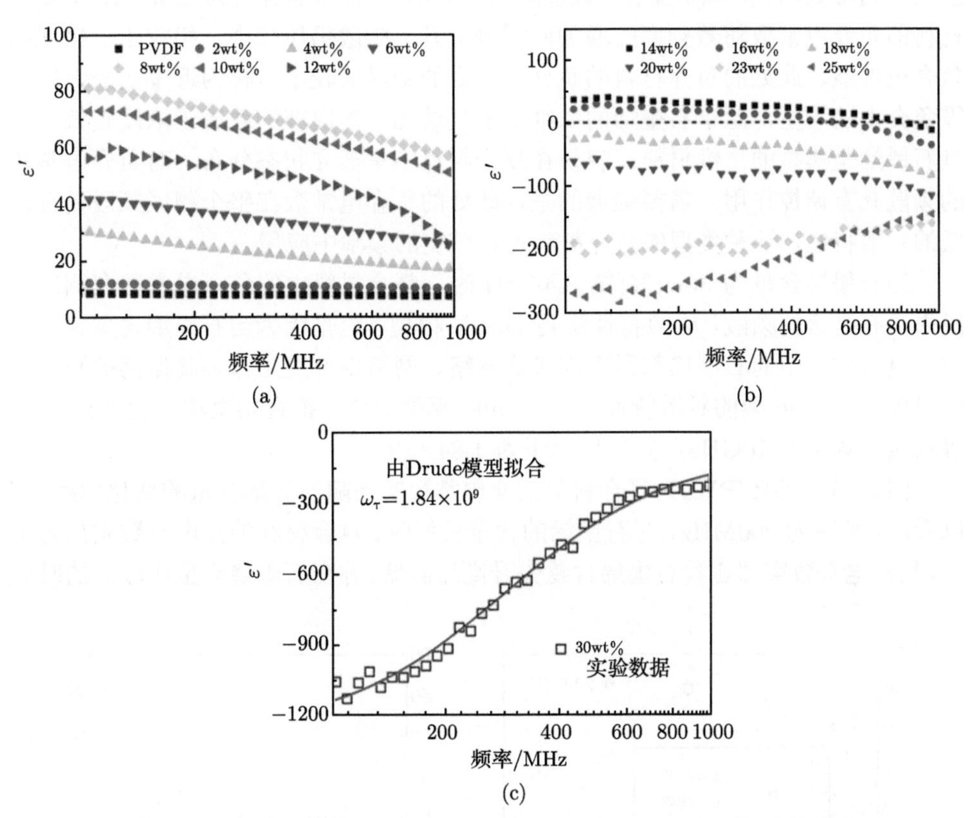

图 3.48 不同石墨烯含量的 GR/PVDF 复合材料的介电常数实部频谱

当石墨烯含量为 14~16wt%时，复合材料开始出现负介电常数。介电常数实部在低频段为正值，且石墨烯含量为 14wt%的复合材料的介电常数实部高于石墨烯含量为 16wt%的复合材料的介电常数实部，满足前面描述的正介电变化规律。但在高频段，复合材料的介电常数实部变为负值。石墨烯含量为 14wt%的复合材料的介电常数实部在 841MHz 处由正转负，石墨烯含量为 16wt%的复合材料的介电常数实部在 555MHz 处由正转负，即正负转折频率点随着石墨烯含量的增加而向低频移动。在正负转折频率点附近，复合材料的介电常数实部接近于零，称为介电近零 (ENZ)[29,48,49]。在逾渗复合材料中实现的介电近零材料，其相应的介电常数虚部较大，因此在电磁衰减上将具有重要的意义。

当石墨烯含量为 18~25wt%(图 3.48(b)) 时，复合材料的介电常数实部在整个测试频段内均为负值。当石墨烯含量为 18~20wt%时，复合材料的介电常数实部在 -10 和 -110 之间，且负介电常数的频散不明显，负介电常数随着频率的增加而缓慢下降。当石墨烯含量为 23wt%时，复合材料的负介电常数在整个测试频段几乎为常数，不随频率变化，数值约为 -190。当石墨烯含量为 25wt%时，复合材料的负介电常数随着频率的增加而缓慢上升，频散仍然较小，相较于已报道的负介电性能，此处的负介材料的负介电常数的绝对值较小，称为近零负介电。近零负介电的产生，源于石墨烯的二维电子气结构，其内部的载流子浓度较低，并且石墨烯是典型的二维材料，容易在复合材料中呈孤立状态分布，对负介电常数的频散具有调控作用。需要强调的是，此处的负介电常数在整个测试频段具有较低的频散特性，该种类型的负介材料可在较宽的频率中应用。

当石墨烯含量为 30wt%(图 3.48(c)) 时，复合材料中的负介电常数在测试频段内具有显著的频散，频散特性满足 Drude 模型。这是因为当石墨烯含量足够高时，复合材料中的石墨烯都紧密连接成网络，网络内部发生体等离振荡效应，从而出现了 Drude 型的频散特性。用 Drude 模型拟合，拟合结果和实验结果一致，等离振荡频率为 10GHz，其阻尼因子为 1.84×10^9。

图 3.49 是 GR/PVDF 复合材料的介电常数实部随石墨烯含量的变化曲线。可以看出，频率为 200MHz，在石墨烯的含量较低时，复合材料的介电常数实部为正值，且介电常数实部随着石墨烯含量先升高后降低，并在石墨烯含量比较高的时候

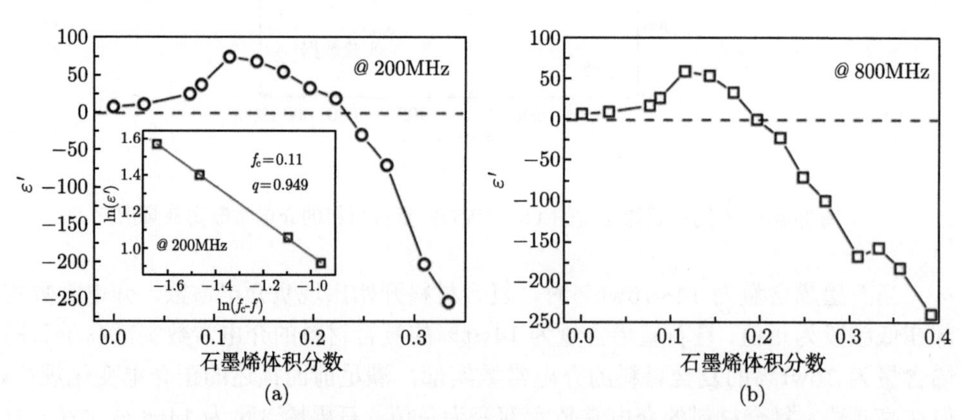

图 3.49 不同石墨烯含量的 GR/PVDF 复合材料的介电常数实部

变为负值。图 3.49(a) 是根据介电常数实部的逾渗理论关系对实验数据进行拟合 [50]：

$$\mathcal{E}' \propto |f_c - f|^{-q} \tag{3.40}$$

其中，f 是石墨烯的体积分数；f_c 是复合材料中石墨烯的逾渗阈值。由图可见，拟合结果和实验结果是吻合的。当石墨烯含量高于逾渗阈值时，复合材料的介电常数实部就开始随着石墨烯含量的增加而降低，相似的规律在 800MHz 频率点也可以观察到 (图 3.49(b))。当频率为 800MHz 时，石墨烯的体积分数为 18%的复合材料的介电常数约等于零，因此，负介电性能可以通过改变石墨烯的含量进行调控。

图 3.50 是不同石墨烯含量的 GR/PVDF 复合材料的介电常数虚部和介电损耗正切值频谱。复合材料的介电常数虚部随着石墨烯含量的增加而升高。介电常数虚部代表介电材料的能量损耗，包括电导损耗和极化损耗。在 PVDF、石墨烯含量为 2wt%和 4wt%的复合材料中，ε'' 在测试频段内为常数，几乎不随频率变化，说明其内部主要是极化损耗。随着石墨烯含量的增加，介电常数虚部出现明显的频散，并随着石墨烯含量的增加而下降。当石墨烯含量较高，尤其是超过逾渗阈值时，ε'' 和频率在对数坐标系中呈线性关系，这说明主要是电导损耗。电导损耗与频率的关系式为 [51]

$$\varepsilon'' \propto \frac{\sigma_{dc}}{\omega \varepsilon_0} \tag{3.41}$$

其中，σ_{dc} 是直流电导率；ω 是角频率。图 3.50(a) 和 (b) 中的实线为石墨烯含量为 12wt%和 14wt%的复合材料的电导损耗的计算结果。理论计算结果与实验结果在整个测试频段内相拟合，这说明石墨烯含量较高时主要以电导损耗为主。对于介电常数实部为正值的复合材料，其介电损耗正切值随着石墨烯含量的增加而升高。对于负介材料，石墨烯含量为 14wt%和 16wt%的复合材料的介电损耗正切值频谱分别在 555MHz 和 841MHz 处出现损耗峰，与介电常数实部由正转负的频率点相对应，这与复合材料中的 LC 谐振有关。石墨烯含量进一步增加，损耗正切值随着石墨烯含量的增加而下降，这是由复合材料的等效载流子迁移率的升高引起的。

值得注意的是，载流子由于本身的质量极小、惯性小，因此对外部电场频率变化具有高度敏感性，这导致 ENZ 特性只存在于有限的频率范围内，从而大大缩小了 ENZ 材料的频率响应窗口。这是一个迫切需要解决的难题。部分负介材料的相关研究主要集中在探索随机超材料中存在的低频散弱负介电常数行为，这是由正、负介电常数响应的协同作用引起的。负介电常数响应可归因于自由电子的等离振荡，而正介电常数响应源于孤立介电组分的极化弛豫。实际上，实现强度相当的正负介电常数响应是获得宽频率范围响应 ENZ 特性的一个有效途径。

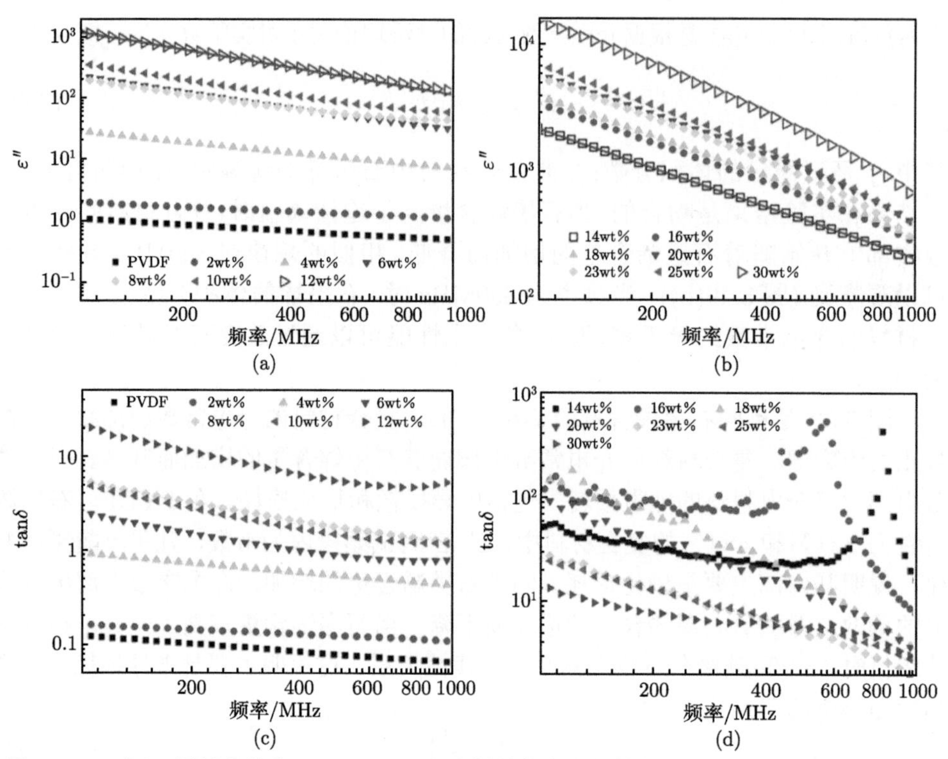

图 3.50 不同石墨烯含量的 GR/PVDF 复合材料的介电常数虚部 ((a)、(b)) 和介电损耗正切值频谱 ((c)、(d))

目前，大量的研究致力于通过成分控制来操纵负介电常数响应的强度。虽然精确调节导电相的含量可以使负介电常数响应强度降低十多个数量级，但无法与正介电常数响应强度相匹配。目前缺乏精确控制负介电常数响应的有效方法。值得注意的是，复合材料的电磁特性对功能体的微观结构表现出高度的敏感性。功能体的分布状态、组装方式、几何构型等因素影响着自由电子的运动和界面电荷的积累。因此，基于微结构的设计是实现强度相当的正负介电常数响应的有效方法。

近年来，异质界面工程在电磁功能材料领域发挥着关键作用，即通过在微纳米尺度上精确构建材料之间的界面，实现对电磁波的精确控制，为制备特定的电磁功能材料提供了重要的物质基础。其中，异质界面工程的主要优化策略包括成分调控和结构设计，特别是在成分调控有限的情况下，合理的多组分结构设计可以显著提高界面面积和界面效应。近年来，通过合理设计异质结构来促进界面极化效应受到了广泛的关注。二维材料在异质界面工程领域展现出可调性、界面效应增强和优越的电子传输特性，为实现定制化的电磁和光学功能提供了潜在的精确控制和优良性能。二维材料 MXene 和 GO 以其独特的性能在异质界面工程中备受关注。MXene 的高导电性和化学可调性，以及 GO 表面官能团的多样性，为定制异质界面提供了广泛的选择。应用这些材料，可以实现精确的界面调节，优化电磁和光学性能，为高效设计和制备电磁功能材料提供了一条有效途径。

本书的 3.2 节介绍了利用 MXene、氧化石墨烯、海藻酸钠制备复合薄膜，通过优化载流子的输运方式最终获得了宽频段低频散 ENZ 性能，而其载流子对负介性能的影响规律和最佳输运方式的筛选过程如下所述。

采用氢氟酸对 Ti_3AlC_2 (MAX 相) 中的铝层进行选择性蚀刻，合成了 MXene。Li^+ 的掺入增加了 MXene 的层间间距，从而减弱了层间的相互作用，导致仅通过超声就可以获得少层或单层的 MXene 纳米片。MXene 的 X 射线衍射 (XRD) 结果 (图 3.51(a)) 显示，与 MAX 相相比，铝 (0 0 4) 的特征峰消失，(0 0 2) 的特征峰左移，证明 MXene 的制备成功。此外，XRD 测试主要检测到 MXene 的 (0 0 l) 峰，仅在约 61° 处观察到弱的 (1 1 0) 峰，证明了 MXene 纳米片具有良好的排列特性。透射电子显微镜 (TEM) 图像 (图 3.51(b) 和 (c)) 清楚地显示了 MXene 成功分层成单层，高分辨透射电子显微镜 (HRTEM)(图 3.51(d)) 显示 MXene 中存在 (0 0 10) 晶面。选择区域电子衍射 (SAED) 结果 (图 3.51(e)) 证实了 MXene 纳米片的 (0 0 10) 和 (1 1 0) 晶面，表明 MXene 纳米片的晶体结构是有序的。原子力显微镜 (AFM) 图像 (图 3.51(f)) 表明，获得的 MXene 厚度为 1nm，横向尺寸为 2μm。TEM 和 AFM 图 (图 3.51(g)~(i)) 显示，所得 GO 为单层，厚度为 0.8nm，横向尺寸为 4μm。XRD 结果 (图 3.51) 显示 GO 具有明显的 (0 0 2) 晶体结构，层间间距为 8.45Å。

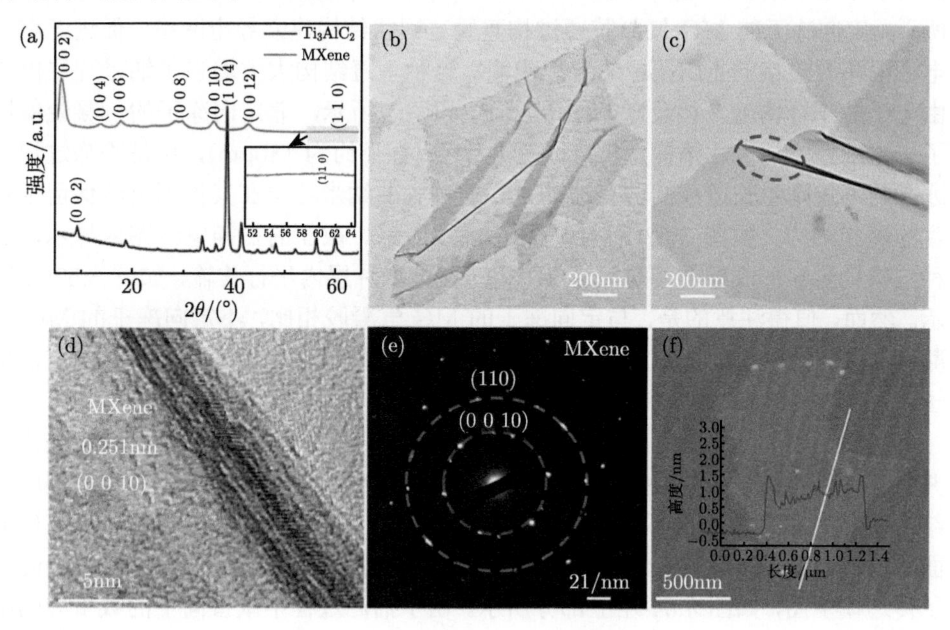

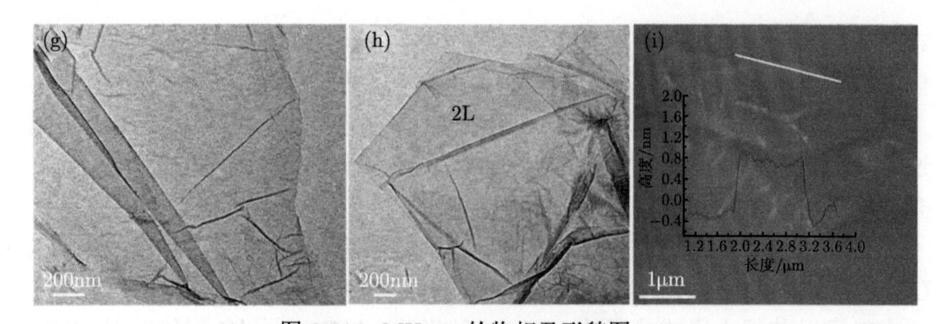

图 3.51　MXene 的物相及形貌图

(a) XRD 图谱；(b)，(c) TEM 图像；(d) HRTEM 图像；(e) SAED 图像；(f) AFM 图像；(g)，(h) 氧化石墨烯的 TEM 图像；(i) AFM 图像

二维材料中电荷的输运依赖于载流子在每个片内的传播 (片内输运) 和从一个片到周围片的网络之间的相互作用 (片间输运)。MXene 材料中载流子 (电子和空穴) 有效质量的强烈的方向依赖性导致载流子迁移速率的垂直各向异性。先前的研究表明，在平面内和垂直于平面的载流子迁移速率可以表现出几乎一个数量级的变化。需要注意的是，负介电常数与载流子浓度和迁移速率密切相关。因此，对材料的初步分析致力于评估各种电荷输运模型对负介电常数的影响。我们制备了具有不同电荷输运模型的 MXene/GO (MG) 超薄膜和气凝胶，其 SEM 图像如图 3.52 所示。MG 超薄膜是通过将 MXene 和 GO 纳米片层堆叠而成的，其中自由电子垂直于纳米片进行传输，如图 3.52(a) 和 (b) 所示。此外，如图 3.52(c)～(f) 所示，定向冻干的 MG 气凝胶通过构建垂直网状结构建立导电网络，促进了自由电子沿相互连接的 MXene 纳米片传输，这种垂直结构大大增强了纳米片层内自由电子的平行输运。相反，如图 3.52(g) 和 (h) 所示，非定向冻干的气凝胶保持了层层堆叠的纳米片结构，其特征是大片层 (直径约为 180μm)，这是冷冻过程中冰晶的不规则生长造成的。有趣的是，这种大的纳米片层在其外围仍然保留了垂直的网状结构，如图 3.52(h) 中的红色虚线所示。截面的扫描电镜图像显示，这种结构也能够形成导电网络，使自由电子在纳米片层内平行传输，如图 3.52(i) 所示。然而，值得注意的是，与定向冻干的 MG 气凝胶相比，不定向冻干的 MG 气凝胶中平行传输的自由电子比例更低。这种变化归因于大纳米片层结构中自由电子的主要垂直输运方式。

MG 超薄膜的 SEM 图像如图 3.53 所示。显然，MXene 和 GO 的堆叠排列并不遵循严格的平行构型 (红色虚线圈)，这是由于 MXene 和 GO 的褶皱原子结构及其表面官能团的不规则生长所致。这种非平行排列在 MG 超薄膜的横截面 SEM 图像中得到进一步证明。考虑到以上因素，构建了 MG 超薄膜中的电子传递模型图，如图 3.54 左上部分所示。由于抽滤过程中垂直向下的吸引力的影响，MXene 纳米片主要采用逐层堆叠结构，这有利于自由电子的垂直传输。尽管如

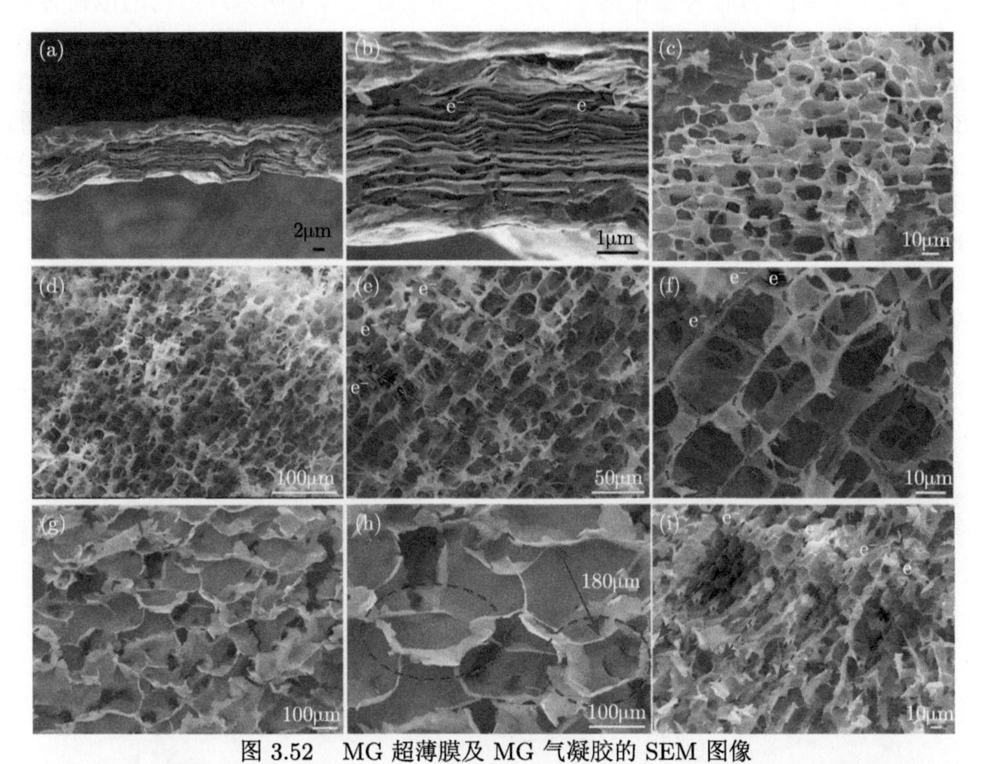

图 3.52 MG 超薄膜及 MG 气凝胶的 SEM 图像

(a)、(b) MG 超薄膜；(c)～(f) 定向冻干 MG 气凝胶表面及侧面；(g)～(i) 非定向冻干 MG 气凝胶表面及侧面

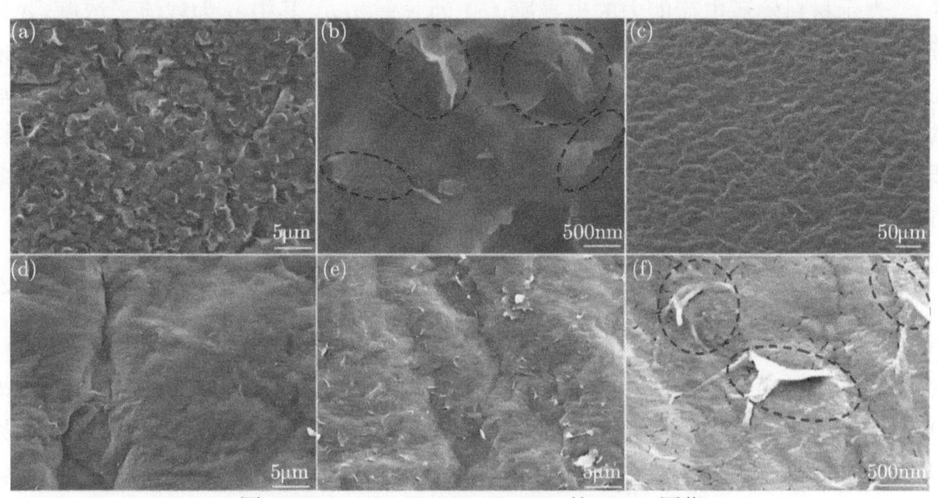

图 3.53 MXene、GO 及 MG 的 SEM 图像

(a)、(b) MXene 薄膜表面；(c)、(d) GO 薄膜；(e)、(f) MG 超薄膜

此，MXene 纳米片在每层中的不均匀排列也允许平行于纳米片结构的电荷传输机制。此外，GO 的较大比表面积阻碍了 MXene 纳米片之间的电荷转移，导致 MXene 和 GO 界面处电荷积聚，从而降低了有效载流子浓度和迁移速率，如图 3.54 左下部分所示。图 3.54 的右侧是描绘 MG 气凝胶的电荷输运模型的示意图。值得注意的是，垂直导电网络的建立削弱了 GO 对自由电子传输的阻碍作用，实现了主要平行于纳米片结构的更灵活的传输。因此，与 MG 超薄膜相比，这种结构可以导致有效载流子浓度和迁移速率的增大。

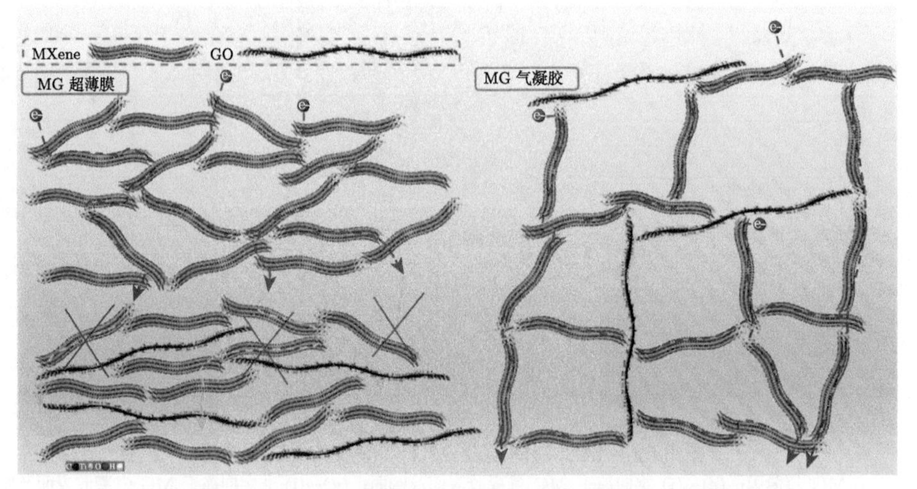

图 3.54 MG 超薄膜和气凝胶的电荷输运模型示意图

表示材料输运电荷能力的电导率 (σ) 为 $\sigma = ne\mu$，其中 n 为载流子浓度，e 为元电荷，μ 为载流子迁移率。本研究以不同 MXene 与 GO 的比例 (1:5、1:4、1:3、1:2、1:1、2:1、3:1 和 4:1) 合成了一系列 MG 超薄膜，分别为 MG1-5、MG1-4、MG1-3、MG1-2、MG1-1、MG2-1、MG3-1 和 MG4-1。关于交流电导率的相应结果如图 3.55(a) 所示。当 MXene 比率低于 1:1 时，MG 超薄膜的导电率随着频率的增加而升高, 展示出跳跃电导行为，符合幂次定律。表示这一现象的方程为

$$\sigma_{\text{ac}} = A\left(2\pi f\right)^{n} + \sigma_{\text{dc}} \tag{3.42}$$

式中，σ_{ac} 为交流电导率；σ_{dc} 为直流电导率；A、n 为常数；f 为外加电场频率。MG 超薄膜的电导率随着 MXene 含量的增加而逐渐升高，这可归因于载流子浓度和迁移速率的增加。值得注意的是，MG2-1、MG3-1 和 MG4-1 超薄膜在高频下表现出趋肤效应，表明相互连接的 MXene 纳米片促进了类金属的传导行为。图 3.55(b) 和 (c) 显示了观察到的介电行为变化，这是由不同的电荷输运机制造成的。从微观结构的角度来看，GO 纳米片对 MXene 纳米片的分散导致自由电

子沿孤立的 MXene 纳米片进行跳跃电导。因此，在孤立的 MXene 和 GO 之间的界面处产生界面极化，导致电荷积累，最终导致正介电常数增加。这种现象可以用 Maxwell-Wagner-Sillars 界面极化效应来解释。然而，当 MXene 含量足够高时，GO 无法隔离所有的 MXene 纳米片，从而形成由 MXene 纳米片组成的相互连接的导电网络。在这种情况下，自由电子通过 MXene 导电网络进行传导，引起等离振荡，从而响应外部电场的变化。

采用与 MXene/GO 超薄膜相同的比例制备了定向冻干气凝胶 (MG2-1-D、MG3-1-D 和 MG2-1-D) 和非定向冻干气凝胶 (MG2-1-N、MG3-1-N 和 MG4-1-N)。MG 超薄膜和气凝胶的电导率和负介电常数对比图如图 3.55(d)~(i) 所示。所有测试结果表明，MG 气凝胶的电导率和介电常数均大于 MG 超薄膜，其中定向冻干气凝胶的电导率和介电常数最高。这是由于与纳米片平行方向的载流子迁移速率高于与纳米片垂直方向的载流子迁移速率，并且 GO 阻碍了自由电子的输运。这些发现表明, 在 MG 超薄膜中层层堆叠结构成功地利用了 GO 对自由

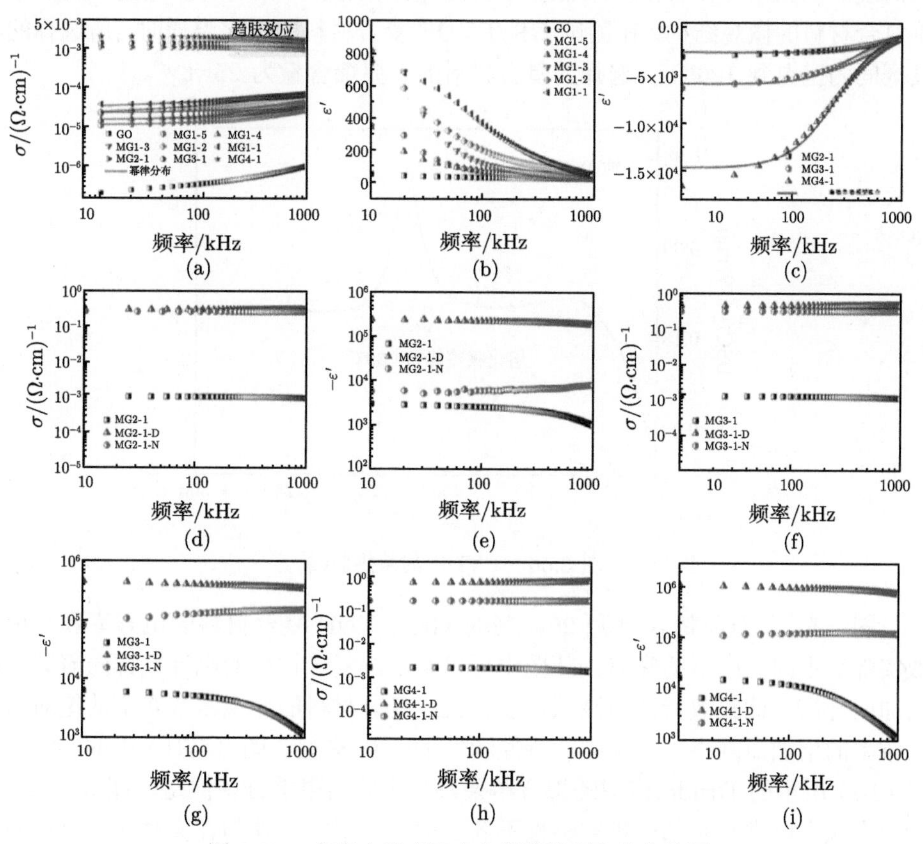

图 3.55　交流电导率及介电常数随频率的变化图

电子传输的阻碍效应, 导致了有效载流子浓度的降低。此外，MG 超薄膜中垂直于纳米片的电荷输运模式具有较低的载流子迁移速率。总之，这些综合效应有助于显著降低负介电常数响应的强度。

3.6　负介材料温度特性

对于逾渗构型负介材料而言，温度是否也影响负介行为呢？答案是肯定的。无论导电填料是碳材料、金属还是导电陶瓷，其内部自由电子在无电场作用下都进行布朗运动，这是典型的热运动，具有显著的温度依赖性。而自由电子发生等离振荡进而实现负介性能的过程，就是外电场作用打破热运动的平衡态而实现自由电子集体间歇运动的过程。

本节以复合材料石墨烯/聚四氟乙烯 (GR/PVDF)、$Ag/BaTiO_3$ 及单相材料 $La_{0.5}Sr_{0.5}MnO_3$ 为例，简要介绍温度对负介性能的影响。图 3.56 是 PVDF 的差热曲线。从图中可以看出，聚合物 PVDF 的熔点为 174.38℃ 。因此，为了不影响复合材料的微观结构，在测试 GR/PVDF 复合材料的介电温谱时，所选择的温度区间为室温到 126℃ ，选择的复合材料的石墨烯含量为 25wt%。

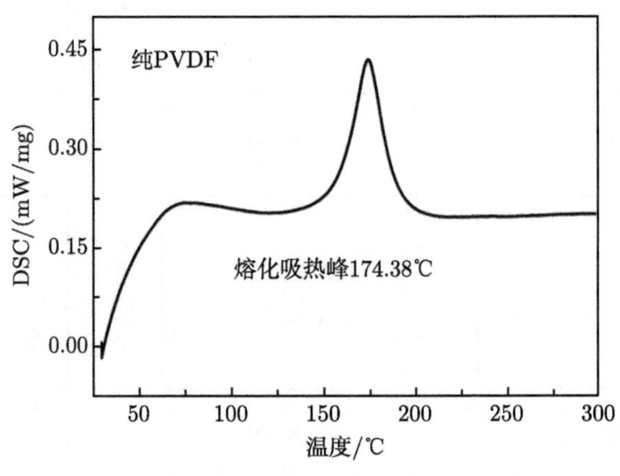

图 3.56　PVDF 的差热曲线

图 3.57 是石墨烯含量为 25wt%的 GR/PVDF 复合材料的电导率和介电常数实部在不同温度下的频谱。从图中可以看出，复合材料的电导率都随着频率的增加而升高，此频散特性与测试温度无关；复合材料的介电常数实部的绝对值随着频率的增加而减小，但其频散特性满足 Drude 模型。图 3.57(b) 中的实线是用式 (4-1) 所示的 Drude 模型的拟合结果，与实验结果重合。但是，图 3.57(b) 所示的高频介电常数实部的频散特性不满足 Drude 模型，这与在高频段孤立分布的石墨烯的介电极化相关。

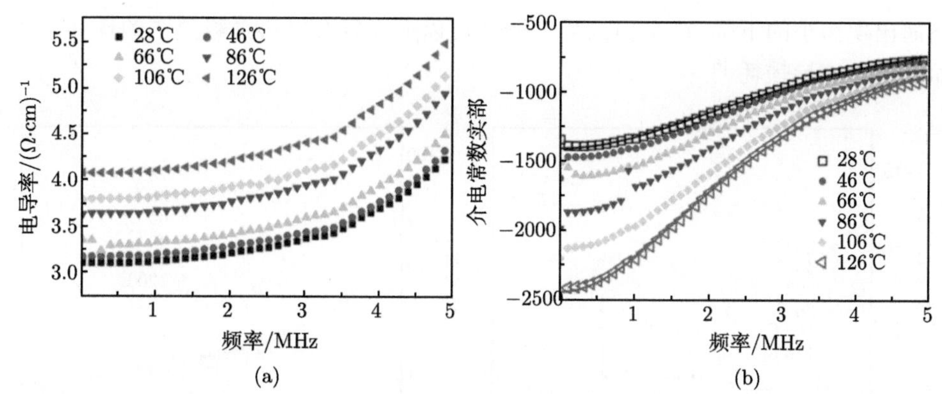

图 3.57 石墨烯含量为 25wt%的 GR/PVDF 复合材料的电导率 (a) 和介电常数实部 (b) 在不同温度下的频谱

图 3.58 是石墨烯含量为 25wt%的 GR/PVDF 复合材料的交流电导率和介电常数实部随温度的变化曲线。由图可知，交流电导率随着温度的增加而升高，这是因为在高温下载流子的能量升高，可使更多的载流子越过载流子的输运势垒，从而使得参与电导的载流子数量增多，即载流子浓度的升高，负介电常数的绝对值随着温度的升高而增大。根据 Drude 模型，等离振荡频率 f_{p} 与载流子浓度成正比，因此，温度的变化影响负介电常数的频散，温度的升高使得负介电常数绝对值增大。

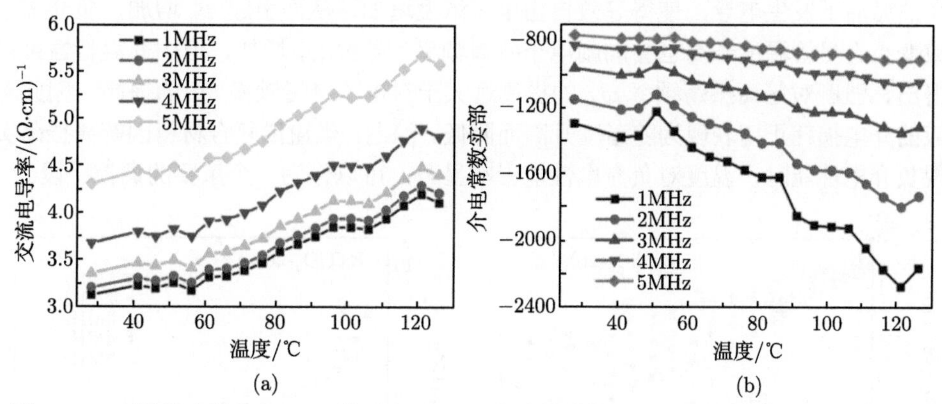

图 3.58 石墨烯含量为 25wt%的 GR/PVDF 复合材料的交流电导率 (a) 和介电常数实部 (b) 随温度的变化曲线

图 3.59 是石墨烯含量为 25wt%的 GR/PVDF 复合材料的介电常数虚部和介电损耗在不同温度下的频谱。从图中可以看出，介电常数虚部与频率在对数坐标系中呈线性关系，说明介电损耗仍然主要以电导损耗为主。随着测试温度的升高，复合材料的介电常数虚部出现微小的增加，这是由于温度使得载流子浓度升高，从而电导率随温度升高而增加。复合材料的介电损耗正切值随测试温度的升

高而出现微小的下降，这是因为温度升高可以提高复合材料中载流子的迁移率，从而降低了电导损耗 [6]。

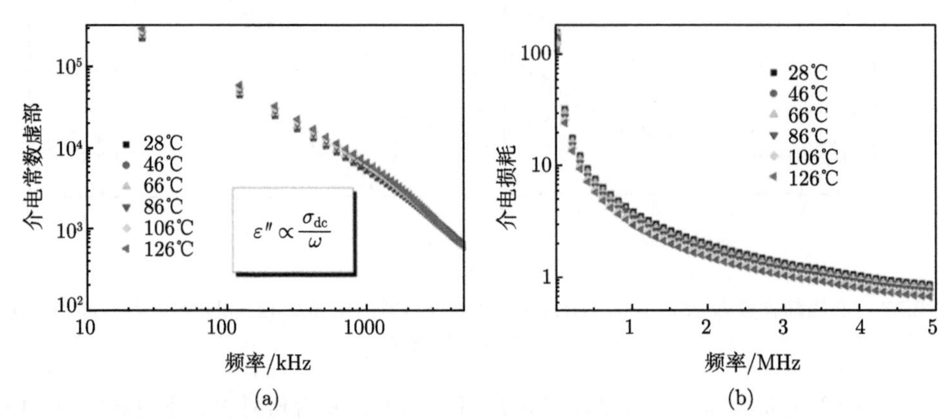

图 3.59　不同温度下石墨烯含量为 25wt%的 GR/PVDF 复合材料介电常数虚部 (a) 和介电损耗 (b) 频谱

当逾渗负介材料的导电相为金属时，以 Ag 质量分数为 20%的复合材料为例，研究了其介温特性，如图 3.60 所示。随着温度的增加，负介电常数减小，主要原因是在 $BaTiO_3$/Ag 复合材料中，一些间隔距离较近但未形成导电通路的 Ag 颗粒在热激活下发生电导，使得等效自由电子浓度增加，从而引起 ω_τ 增加，负介电常数变小。尽管温度升高也会加剧电子碰撞频率，导致 ω_τ 增加，但由介温特性可以得出，温度对等离振荡频率 ω_p 的提高远大于对电子碰撞频率 ω_τ 的提高，因此对应的介电损耗正切表现为随温度升高而降低。综上，当逾渗复合材料因等离振荡实现负介电性能时，温度对负介电性能影响显著，可以作为一个重要的调控手段。

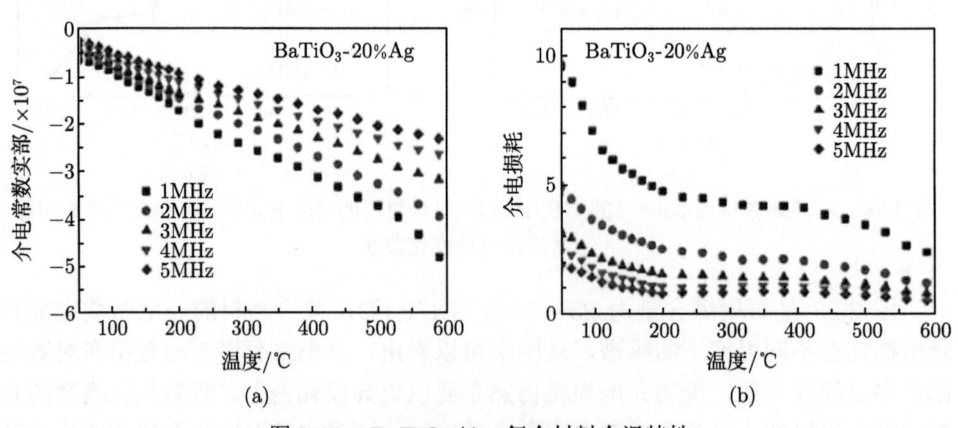

图 3.60　$BaTiO_3$/Ag 复合材料介温特性

(a) 介电常数实部；(b) 介电损耗

当绝缘基体为铁电材料时，其介电温谱的特征主要源于铁电材料的响应。对于 $BaTiO_3/Ni$ 复合材料，当 Ni 含量较低时，复合材料的介电响应特性应以 $BaTiO_3$ 为主。图 3.61 为 $BaTiO_3/Ni$ 复合材料在 10kHz 的介电温谱。纯 $BaTiO_3$ 在居里温度为 120℃ 处发生四方相–立方相结构转变，伴随着铁电–顺电转变，同时介电常数出现峰值。随着 Ni 含量的增加，介电常数增大，但居里温度未发生移动，证明 Ni 没有进入 $BaTiO_3$ 晶格中。

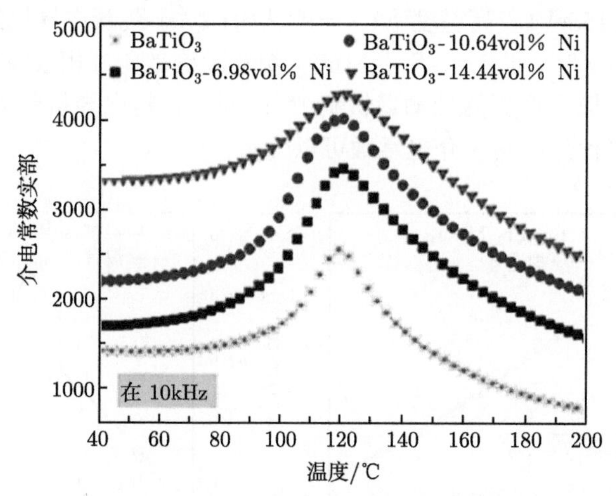

图 3.61 $BaTiO_3/Ni$ 复合材料的介电温谱

$La_{0.5}Sr_{0.5}MnO_3$ 陶瓷的电导率 (σ) 随温度 (T) 的变化关系如图 3.62(a) 所示。电导率随温度的升高而降低，与金属的电导率行为相似。通常金属的电导率与温度之间的关系符合 [52]

$$\sigma = \frac{\sigma_{T_0}}{1+\alpha\left(T-T_0\right)} \tag{3.43}$$

其中，σ_{T_0} 是在给定温度 T_0 处的电导率；α 是金属的热膨胀系数。利用式 (4-5) 对 $La_{0.5}Sr_{0.5}MnO_3$ 的电导行为进行拟合后，拟合结果 (图 3.62(a) 中红色实线) 与实验数据吻合得较好。在较低的温度下，大多数自由电子的运动受外加电压控制，形成定向移动，导致高的电导率。随着温度升高，自由电子的运动速度更快，但导致电子碰撞更剧烈，随机散射运动增多，因此外加电压不能有效地控制电子定向移动，从而导致电导率下降。Drude 模型也证实了这一现象，电子碰撞频率 ω_τ 满足 [53]

$$\omega_\tau = \frac{n_{\text{eff}}e^2}{m_{\text{eff}}\sigma} \tag{3.44}$$

由于温度升高，ω_p 不变，表明 n_{eff} 和 m_{eff} 不发生改变，而 ω_τ 随着温度升高而增大，因此根据式 (3.44)，电导率 σ 随着温度升高而下降。$La_{0.5}Sr_{0.5}MnO_3$

陶瓷的电导率随温度的变化关系以 Arrhenius 形式绘图后，如图 3.62(b) 所示。Arrhenius 方程为 [54]

$$\sigma = A\mathrm{e}^{-E_{\mathrm{a}}/(K_{\mathrm{B}}T)} \tag{3.45}$$

其中，A 为指前因子；E_{a} 为热激活能；K_{B} 为玻尔兹曼常量；T 为绝对温度 (单位为 K)。利用 Arrhenius 方程可以计算出 $La_{0.5}Sr_{0.5}MnO_3$ 陶瓷电导的热激活能。在 220℃ 上下，对应两个斜率的线性变化。由斜率计算得到的 E_{a} 分别为 0.077eV(较低温度下) 和 0.158eV(较高温度下)。一般认为，对于跳跃电导机制，电导激活能通常为 0.4~0.8eV[55]，而 $La_{0.5}Sr_{0.5}MnO_3$ 陶瓷无论是菱方相或者四方相，其电导激活能都过小，属于典型的带输运机制 [56]；而当材料电导机制为带输运机制时，其电导为类金属行为，同时介电常数可以为负 [56]。

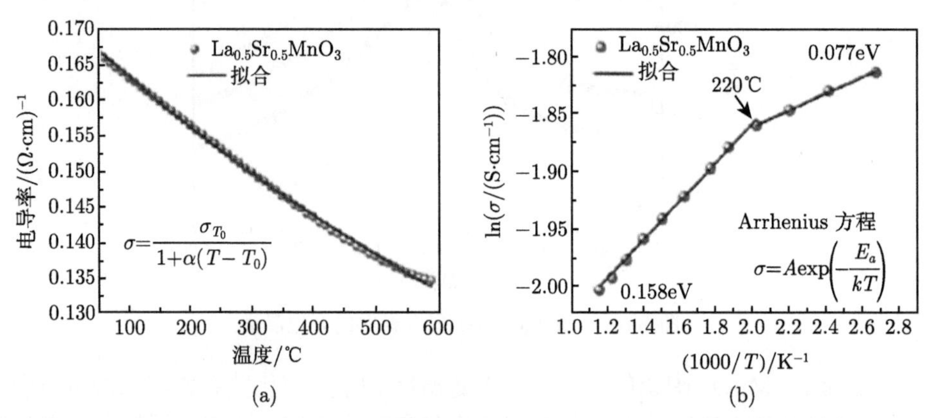

图 3.62　$La_{0.5}Sr_{0.5}MnO_3$ 陶瓷的电导率随温度的变化关系 (a) 及电导率的 Arrhenius 图 (b)

不同温度下 $La_{0.5}Sr_{0.5}MnO_3$ 陶瓷的电抗随频率的变化如图 3.63 所示。若电抗为正，表明材料具有电感特性。随着温度的升高，Z'' 略有增加。有趣的是，Z'' 在较高的频率处出现峰值，并随温度升高向高频移动。若温度越高，电抗峰越宽，说明自由电子碰撞越剧烈。

$La_{0.5}Sr_{0.5}MnO_3$ 陶瓷的介电温谱如图 3.64(a) 所示。在 50~600℃，介电常数均为负，且随温度升高，负介电数值变化不大。通常，对于正介材料，介电性能的温度系数小于 ±5%被认为是介温特性稳定 [57]。负介电常数随温度的变化尚缺少定量的指标，在 $La_{0.5}Sr_{0.5}MnO_3$ 陶瓷中，从 50℃ 到 600℃，温度系数分别为 4.8%(1MHz)、2.2%(2MHz)、1.7%(3MHz)、1.8%(4MHz) 和 2.6%(5MHz)。$La_{0.5}Sr_{0.5}MnO_3$ 单相陶瓷中稳定的介温特性主要是由于 ω_{τ} 远低于 ω_{p}，所以负介电常数的数值主要由 ω_{p} 决定，Drude 模型简化为

$$\varepsilon_{\mathrm{r}}'(\omega) = 1 - \frac{\omega_{\mathrm{p}}^2}{\omega^2} \tag{3.46}$$

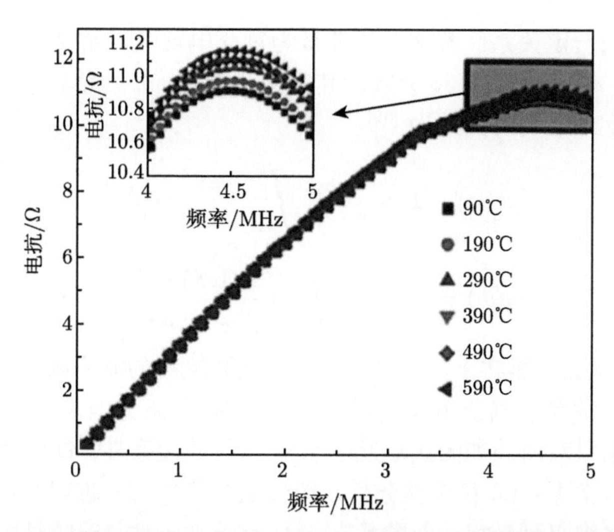

图 3.63 不同温度下 $La_{0.5}Sr_{0.5}MnO_3$ 陶瓷的电抗随频率的变化关系

$La_{0.5}Sr_{0.5}MnO_3$ 陶瓷的介电损耗随温度的变化如图 3.64(b) 所示。在较宽的温度范围内，介电损耗均较低，尤其是从 2MHz 到 5MHz，损耗角正切均小于 0.2。由于在低频时主要是电导损耗占主导地位，因此在 1MHz 时损耗较大。在 $La_{0.5}Sr_{0.5}MnO_3$ 陶瓷中，可以获得介温特性稳定的负介电性能，同时保持低损耗，这对许多以传输为特性的电磁器件具有重要意义 [58]。

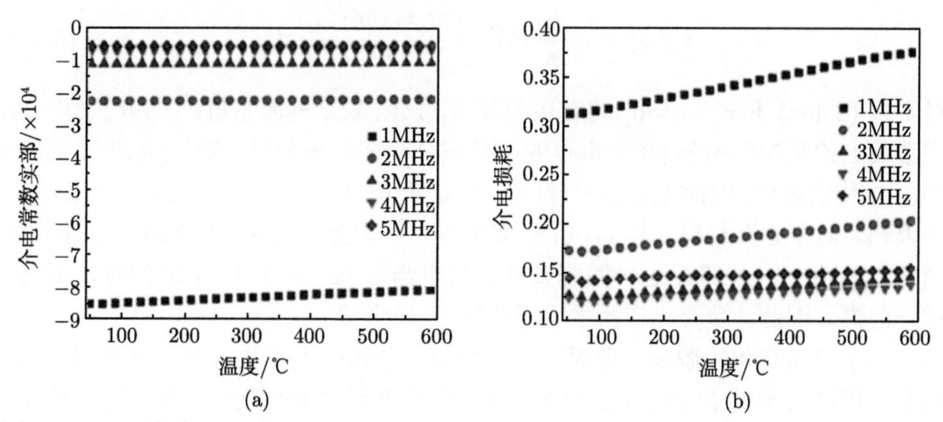

图 3.64 不同频率下 $La_{0.5}Sr_{0.5}MnO_3$ 陶瓷负介电常数实部 (a) 和介电损耗 (b) 随温度的变化关系

3.7 Kramers-Kronig 关系

20 世纪 20 年代，Kramers 与 Kronig 发现，一个随频率变化的物理量的实部和虚部间存在一定关系：若这个物理量为复介电常数，定义式为 $\varepsilon(\omega) = \varepsilon_1(\omega) + \mathrm{i}\varepsilon_2(\omega)$，其中 $\varepsilon_1(\omega)$ 和 $\varepsilon_2(\omega)$ 分别为其实部和虚部，ω 为角频率，那么介质中介电常数实部与虚部之间的关系为 [59]

$$\varepsilon_1(\omega) - 1 = \frac{1}{\pi} P.V. \int_{-\infty}^{+\infty} \frac{\varepsilon_2(\omega')}{\omega' - \omega} \mathrm{d}\omega' \tag{3.47a}$$

$$\varepsilon_2(\omega) = -\frac{1}{\pi} P.V. \int_{-\infty}^{+\infty} \frac{\varepsilon_1(\omega') - 1}{\omega' - \omega} \mathrm{d}\omega' \tag{3.47b}$$

上式称为 K-K 关系。事实上，任何一个线性无源系统的响应函数，其实部和虚部之间都满足这一关系。推断 K-K 转换关系的前提是下述四个条件：① 因果性条件，即物理体系只对所施加的扰动发生响应；② 线性条件，即对体系的扰动与体系的响应为线性关系；③ 稳定性条件，即体系是稳定的，也就是说，对体系的扰动停止后，体系恢复到受扰动前的状态；④ 有限性条件，即随频率变化的物理量在包括零与无穷大的所有频率范围内都是有限制的。若这 4 个条件能得到满足，K-K 转换只是一个纯数学上的问题。而实验中能测出的只是有限频域 $\omega_1<\omega<\omega_2$ 上的物理参数，因此，需要引入求和法则，对有限频域 $\omega_1<\omega<\omega_2$ 的物理参数进行求和，即

$$\varepsilon_1(\omega) - 1 = \frac{2}{\pi} P.V. \int_{\omega_1}^{\omega_2} \frac{\omega'\varepsilon_2(\omega')}{\omega'^2 - \omega^2} \mathrm{d}\omega' \tag{3.48a}$$

$$\varepsilon_2(\omega) = -\frac{2\omega}{\pi} P.V. \int_{\omega_1}^{\omega_2} \frac{\varepsilon_1(\omega') - 1}{\omega'^2 - \omega^2} \mathrm{d}\omega' \tag{3.48b}$$

对于式 (3.48a) 和式 (3.48b) 的右边积分项，*P.V.* 表示柯西主值，即为广义积分在实数线上的某类瑕积分 (扣除奇点的广义积分)。在求积分时，需给 $\varepsilon_2(\omega)$ 加上一个相位 j，代表虚部，因此 $1/\varepsilon_2(\omega)(1/\mathrm{j} = -\mathrm{j})$ 小于 0，这导致 $\varepsilon_1(\omega)$ 受到 $1/\varepsilon_1(\omega) < 1$ 的限制。对于正介材料，其 $\varepsilon_1(\omega)$ 一般大于 1，因此满足这一限制条件。事实上，当 $\varepsilon_1(\omega)<0$ 时，也满足这一限制条件。只有当 $\varepsilon_1(\omega)$ 处于 0~1 之间时，不满足这一前提。因此，负介电在数学上不违背 K-K 关系。

为了脱离具体的微观物理模型，从数学上获得介电常数实部和虚部间的内在联系，根据关系式 (3.48)，在 MATLAB 软件里编程进行数值计算，然后将计算数据可视化。如图 3.65 所示，为 $La_{0.9}Sr_{0.1}MnO_3$ 的介电频谱 (10MHz~1GHz) 及其 K-K 关系验证结果。由图 3.65 可以看出，$La_{0.9}Sr_{0.1}MnO_3$ 的介电常数实部在 100MHz 附近出现了介电谐振，对应于介电常数虚部出现了一个共振吸收峰。此外，在较低频率范围 (10~30MHz) 内，由于数值计算方法的限制，经 K-K 关系推导出来的结果与实验结果相比存在相当大的偏差，然而随着频率范围的宽化，K-K 关系推导出来的数据与实验结果吻合，这说明实验结果是可信的。

对于其他 Sr 含量的 $La_{1-x}Sr_xMnO_3(x = 0.2, 0.3, 0.4, 0.5, 0.6, 0.7)$，采用同样的方法对其介电测试结果进行 K-K 关系验证，验证结果如图 3.66 所示。

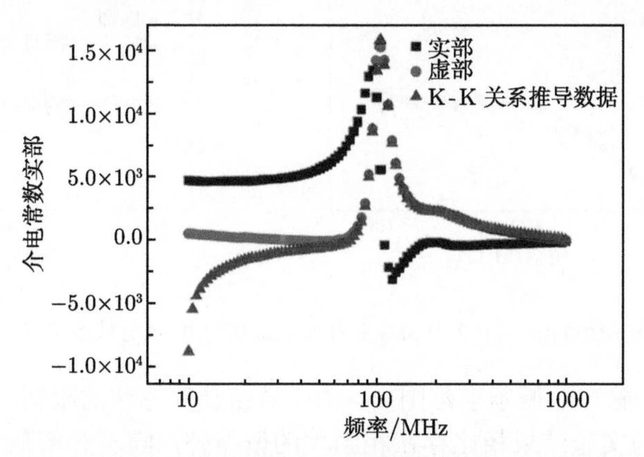

图 3.65 $La_{0.9}Sr_{0.1}MnO_3$ 的介电频谱 (10MHz~1GHz) 及其 K-K 关系验证结果

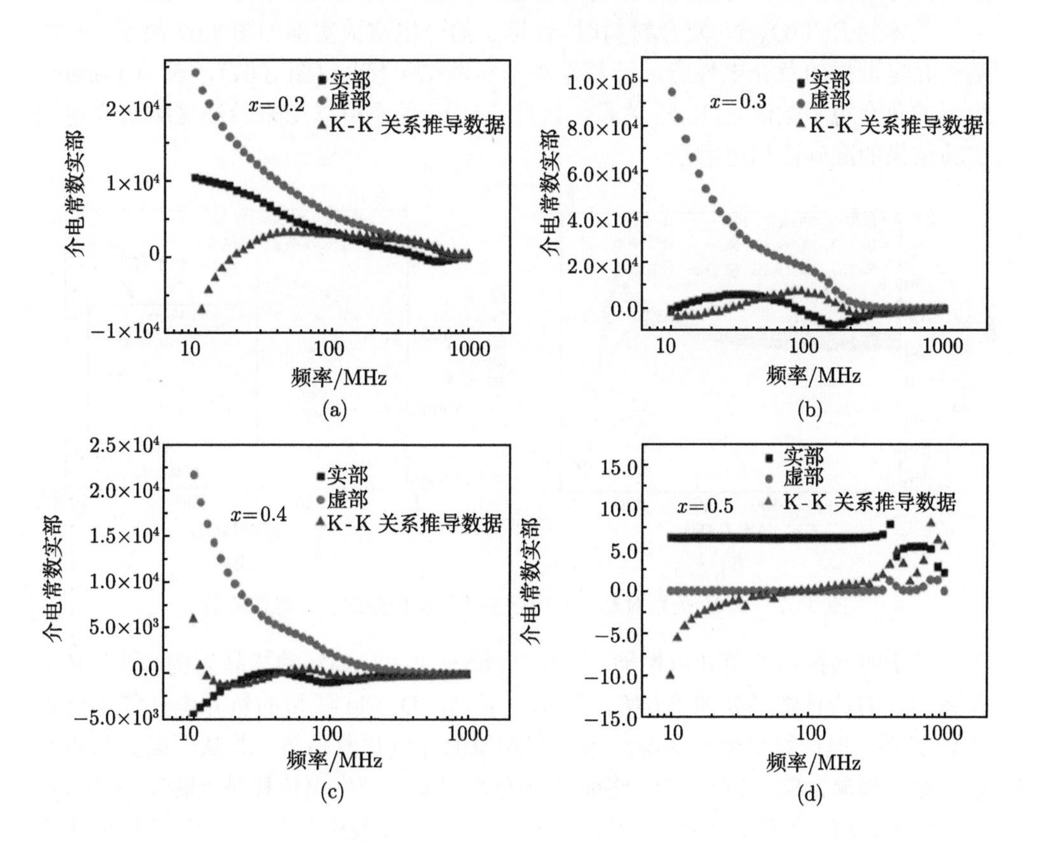

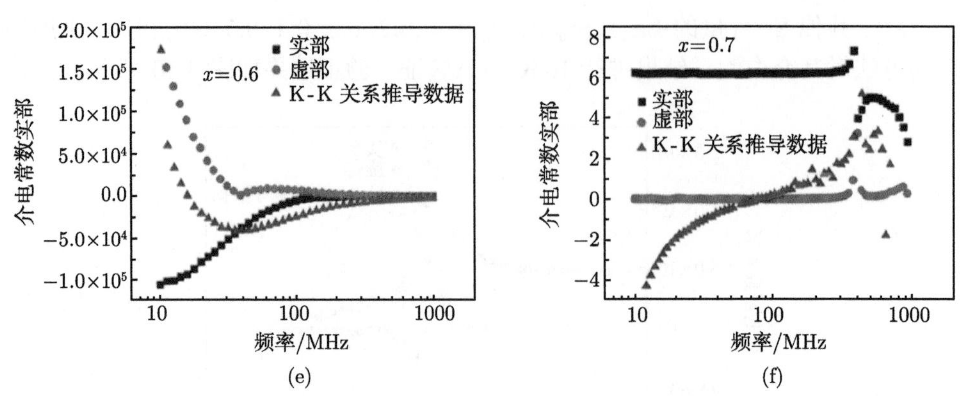

图 3.66　$La_{1-x}Sr_xMnO_3(x = 0.2, 0.3, 0.4, 0.5, 0.6, 0.7)$ 的介电频谱及其 K-K 关系验证结果

由图可见，除在较低频率范围内，由于数值计算方法的限制，经 K-K 关系推导出来的数据与实验结果相比存在相当大的偏差外，随着频率范围的宽化，K-K 关系推导出来的数据与实验结果符合得较好，这说明实验结果是可信的。

具体到 $BaTiO_3$/Ni 复合材料时，计算出的介电常数实部如图 3.67 所示。显然，基于介电谐振的负介电性能，计算结果与实验结果接近 (图 3.67)，表明 Lorentz 线型的负介电常数满足 K-K 关系，因此，K-K 关系可以用来验证这类负介电的实验结果的准确性和可靠性。

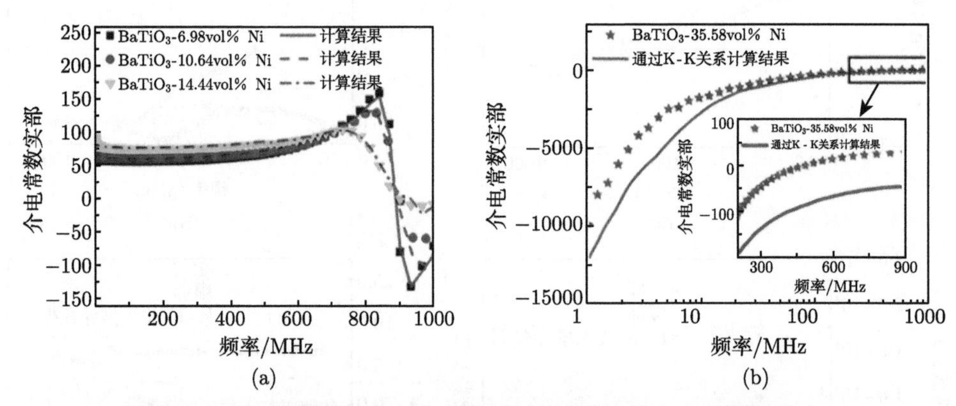

图 3.67　K-K 关系对基于介电谐振和等离振荡的负介电性能验证

基于等离振荡的负介电性能，以 Ni 含量为 35.58 vol%的样品为例，利用 K-K 关系得到的计算结果如图 3.67(b) 所示。显然，Drude 线型的负介电性能不满足 K-K 关系，但计算结果与实验结果具有相似的介电频散趋势。若从因果关系重新审视这一现象，$E = 1/\varepsilon \times D$，施加电场为外“因”，产生电位移是“果”，只有 $1/\varepsilon$ 处于线性系统，才符合 K-K 关系。对于 $BaTiO_3$/Ni 复合材料，当 Ni 含量低于逾渗阈值时，仍属于电介质特性，若施加电场，则会产生电位移，这是一个线性响应

系统。因此，K-K 关系对介电谐振导致的负介电性能是有效的。对于 Ni 含量超过逾渗阈值的样品，表现出典型的类金属行为。在这种情况下，施加电场，不再是电荷的短程移动，而是长程移动产生电导。对于具有 Drude 型负介电特性的材料，其交流电导率具有明显的色散，不再是线性响应系统，且由于趋肤效应，电导率随着频率的增大而减小。因此，利用 K-K 关系得到的计算结果与基于等离振荡的负介电常数实验数据存在偏差。

参 考 文 献

[1] Shalaev V M. Nonlinear Optics of Random Media. Berlin: Springer, 1999.

[2] Landauer R. Electrical conductivity in inhomogeneous media. AIP Conf Proc, 1978, 40 (1): 2-45.

[3] Ishimaru A. Wave Propagation and Scattering in Random Media. New York: IEEE Press, 1997.

[4] Garnett J C M. Colours in metal glasses, in metallic films, and in metallic solutions. II. Philoso T R Soc A, 1905, 205: 237-288.

[5] Bruggeman D A G. Berechnung verschiedener physikalischer konstanten von heterogenen substanzen. I. dielektrizitätskonstanten und leitfähigkeiten der mischkörper aus isotropen substanzen. Annalen der Physik, 1935, 416 (8): 665-679.

[6] 田莳. 材料物理性能. 北京：北京航空航天大学出版社, 2004.

[7] 基泰尔. 固体物理导论. 北京：科学出版社, 1979.

[8] 史志成. 多孔金属陶瓷微结构调控及双负机理. 济南: 山东大学, 2013.

[9] Han D, Xie P, Fan G, et al. Three-dimensional graphene network supported by poly phenylene sulfide with negative permittivity at radio-frequency. J Mater Sci-Mater El, 2018, 29: 20768-20770.

[10] Xie P, Zhang Z, Liu K, et al. C/SiO_2 meta-composite: Overcoming the λ/a relationship limitation in metamaterials. Carbon, 2017, 125: 1-8.

[11] Yousefi N, Sun X, Lin X, et al. Highly aligned graphene/polymer nanocomposites with excellent dielectric properties for high-performance electromagnetic interference shielding. Adv Mater, 2014, 26 (31): 5480-5487.

[12] Xie P, Wang Z, Sun K, et al. Regulation mechanism of negative permittivity in percolating composites via building blocks. Appl Phys Lett, 2017, 111: 112903.

[13] Xie P, Sun K, Wang Z, et al. Negative permittivity adjusted by SiO_2-coated metallic particles in percolative composites. J Alloy Compd, 2017, 725: 1259-1263.

[14] Hou Q, Yan K, Fan R, et al. Experimental realization of tunable negative permittivity in percolative $Fe_{78}Si_9B_{13}$/epoxy composites. RSC Adv, 2015, 5: 9472-9475.

[15] Shi Z, Chen S, Fan R, et al. Ultra low percolation threshold and significantly enhanced permittivity in porous metal–ceramic composites. J Mater Chem C, 2014, 2 (33): 6752-6757.

[16] Shi Z, Fan R, Wang X, et al. Radio-frequency permeability and permittivity spectra of copper/yttrium iron garnet cermet prepared at low temperatures. J Eur Ceram Soc, 2015, 35: 1219-1225.

[17] Wang X, Shi Z, Chen M, et al. Tunable electromagnetic properties in Co/Al_2O_3 cermets prepared by wet chemical method. J Am Ceram Soc, 2014, 97 (10): 3223-3229.

[18] Chen W. The Electrical Engineering Handbook. Amsterdam: Elesvier, 2004.

[19] Han D, Xie P, Fan G, et al. Three-dimensional graphene network supported by poly phenylene sulfide with negative permittivity at radio-frequency. J Mater Sci-Mater El, 2018, 29 (24): 20768-20774.

[20] Han M, Yin X, Wu H, et al. Ti_3C_2 MXenes with modified surface for high-performance electromagnetic absorption and shielding in the X-band. ACS Appl Mater Interfaces, 2016, 8 (32): 21011-21019.

[21] Murray W A, Barnes W L. Plasmonic materials. Adv Mater, 2007, 19 (22): 3771-3782.

[22] Shelby R A, Smith D R, Schultz S. Experimental verification of a negative index of refraction. Science, 2001, 292 (5514): 77-79.

[23] Padilla W J, Basov D N, Smith D R. Negative refractive index metamaterials. Mater Today, 2006, 9 (7): 28-35.

[24] Gu H, Zhang H, Ma C, et al. Polyaniline assisted uniform dispersion for magnetic ultra-fine barium ferrite nanorods reinforced epoxy metacomposites with tailorable negative permittivity. J Phys Chem C, 2017, 121: 13265-13273.

[25] Shi Z, Fan R, Wang X, et al. Radio-frequency permeability and permittivity spectra of copper/yttrium iron garnet cermet prepared at low temperatures. J Eur Ceram Soc, 2015, 35 (4): 1219-1225.

[26] Tsutaoka T, Kasagi T, Hatakeyama K. Permeability spectra of yttrium iron garnet and its granular composite materials under dc magnetic field. J Appl Phys, 2011, 110: 053909.

[27] Yan K, Fan R, Chen M, et al. Perovskite (La,Sr)MnO_3 with tunable electrical properties by the Sr-doping effect. J Alloy Compd, 2015, 628: 429-432.

[28] Adams D C, Inampudi S, Ribaudo T, et al. Funneling light through a subwavelength aperture with epsilon-near-zero materials. Phys Rev Lett, 2011, 107: 133901.

[29] Edwards B, Alù A, Young M E, et al. Experimental verification of epsilon-near-zero metamaterial coupling and energy squeezing using a microwave waveguide. Phys Rev Lett, 2008, 100: 033903.

[30] Engheta N. Taming light at the nanoscale. Phys World, 2010, 23 (09): 31-34.

[31] Shi Z, Fan R, Yan K, et al. Preparation of iron networks hosted in porous alumina with tunable negative permittivity and permeability. Adv Funct Mater, 2013, 23 (33): 4123-4132.

[32] Yao X, Kou X, Qiu J. Multi-walled carbon nanotubes/polyaniline composites with negative permittivity and negative permeability. Carbon, 2016, 107: 261-267.

[33] Pendry J B, Holden A J, Robbins D J, et al. Magnetism from conductors and enhanced

nonlinear phenomena. IEEE T Micro Theory, 1999, 47 (11): 2075-2084.

[34] 赵凯华, 陈熙谋. 电磁学 (上册). 北京: 高等教育出版社, 1985.

[35] Bishop J E L. Modelling domain wall motion in soft magnetic alloys. J Magn Magn Mater, 1984, 41 (1): 261-271.

[36] Bishop J E L. Magnetic domain structure, eddy currents and permeability spectra. Br J Appl Phys, 1966, 17 (11): 1451.

[37] Pry R H, Bean C P. Calculation of the energy loss in magnetic sheet materials using a domain model. J Appl Phys, 1958, 29 (3): 532-533.

[38] Chen D X, Munoz J L. Theoretical eddy-current permeability spectra of slabs with bar domains. IEEE T Magn, 1997, 33 (3): 2229-2244.

[39] Liu T, Xie X, Pang Y, et al. Co/C nanoparticles with low graphitization degree: A high performance microwave-absorbing material. J Mater Chem C, 2016, 4 (8): 1727-1735.

[40] Ding D, Wang Y, Li X, et al. Rational design of core-shell Co@C microspheres for high-performance microwave absorption. Carbon, 2017, 111: 722-732.

[41] Liu W, Shao Q, Ji G, et al. Metal-organic-frameworks derived porous carbon-wrapped Ni composites with optimized impedance matching as excellent lightweight electromagnetic wave absorber. Chem Eng J, 2017, 313: 734-744.

[42] Xie P, Li H, He B, et al. Bio-gel derived nickel/carbon nanocomposites with enhanced microwave absorption. J Mater Chem C, 2018, 6 (32): 8812-8822.

[43] Wu H, Yin R, Qian L, et al. Three-dimensional graphene network/phenolic resin composites towards tunable and weakly negative permittivity. Mater Design, 2017, 117: 18-23.

[44] Xie P, Wang Z, Sun K, et al. Regulation mechanism of negative permittivity in percolating composites via building blocks. Appl Phys Lett, 2017, 111: 112903.

[45] 基泰尔. 固体物理导论 (原著第八版). 项金钟, 吴兴惠, 译. 北京: 化学工业出版社, 2005.

[46] Dang Z m, Yuan J, Zha J W, et al. Fundamentals, processes and applications of high-permittivity polymer–matrix composites. Prog Mater Sci, 2012, 57: 660-723.

[47] Nan C, Shen Y, Ma J. Physical properties of composites near percolation. Annu Rev Mater Res, 2010, 40: 131-151.

[48] Slocum D M, Inampudi S, Adams D C, et al. Funneling light through a subwavelength aperture using epsilon-near-zero materials. Phys Rev Lett, 2011, 107: 133901.

[49] Liu R, Cheng Q, Hand T, et al. Experimental demonstration of electromagnetic tunneling through an epsilon-near-zero metamaterial at microwave frequencies. Phys Rev Lett, 2008, 100: 023903.

[50] Dang Z, Wang L, Yin Y, et al. Giant dielectric permittivities in functionalized carbon-nanotube/ electroactive-polymer nanocomposites. Adv Mater, 2007, 19 (6): 852-857.

[51] Sun K, Fan R, Yin Y, et al. Tunable negative permittivity with fano-like resonance and magnetic property in percolative silver/yittrium iron garnet nanocomposites. J Phys Chem C, 2017, 121: 7564-7571.

[52] Varadan V V, Ji L. Temperature dependence of resonances in metamaterials. IEEE T Micro Theory, 2010, 58: 2673-2681.

[53] Sun K, Fan R, Zhang Z, et al. The tunable negative permittivity and negative permeability of percolative Fe/Al_2O_3 composites in radio frequency range. Appl Phys Lett, 2015, 106: 172902.

[54] Glaudell A M, Cochran J E, Patel S N, et al. Impact of the doping method on conductivity and thermopower in semiconducting polythiophenes. Adv Energy Mater, 2015, 5 (4): 1401072.

[55] Yang J, Meng X J, Shen M R, et al. Hopping conduction and low-frequency dielectric relaxation in 5mol% Mn doped (Pb,Sr)TiO_3 films. J Appl Phys, 2008, 104: 104113.

[56] Prigodin V N, Epstein A J. Nature of insulator–metal transition and novel mechanism of charge transport in the metallic state of highly doped electronic polymers. Synthetic Met, 2001, 125: 43-53.

[57] Zeb A, Bai Y, Button T W, et al. Temperature-stable relative permittivity from −70℃ to 500℃ in ($Ba_{0.8}Ca_{0.2}$)TiO_3–Bi($Mg_{0.5}Ti_{0.5}$)O_3–$NaNbO_3$ ceramics. J Am Ceram Soc, 2014, 97: 2479-2483.

[58] Khurgin J B. How to deal with the loss in plasmonics and metamaterials. Nat Nanotechnol, 2015, 10 (1): 2-6.

[59] Sadeghi H, Zolanvar A, Khalili H, et al. Effective permittivity of metal–dielectric plasmonics nanostructures. Plasmonics, 2014, 9 (2): 415-425.

第 4 章　负介材料应用

负介材料为天线、电容、电感、电磁屏蔽等射频和微波应用提供了全新的选材依据和设计思路，本章主要围绕负介材料在射频和微波段的应用进行简单介绍，并对未来的发展趋势做出展望。

4.1　超构电容器

电容器是电子设备中大量使用的无源元件之一，其性能提升及材料研发一直是研究热点 [1-3]，面临着平衡介电常数、损耗和击穿强度等相互制约参数的挑战。为解决传统介电材料所存在的各种问题，提出了由负介电常数层和正介电常数层交替堆叠的超构叠层 [4-6]，通过研究负介电中间层对超构叠层介电性能的影响，来进一步改善材料的介电性能。

图 4.1 所示为基于负介材料的超构叠层，理论上可以等效于三个串联电容器 C_1、C_2 和 C_3 组成的电容器结构。因此，三明治结构复合材料的总电容可表示为 $1/C = 1/C_1 + 1/C_2 + 1/C_3$。一般来说，$C_1$、$C_2$ 和 C_3 都是正值，因此总电容 C 将小于它们中的任何一个。如果 C_2 变为负值而 C_1 和 C_3 保持为正，则三明治结构复合材料的总电容 C 将会增大。进一步，如果 $(1/C_1 + 1/C_3)$ 和 $1/C_2$ 的绝对值接近，$(1/C_1 + 1/C_2 + 1/C_3)$ 的值接近于零，得到三明治结构复合材料总电容 C 的理论值将会趋于无限大。基于上述理论，可以在一种结构简单、制备工艺成熟、功能可定制的材料中实现更高的介电常数和相对低的介电损耗，并通过对材料成分和结构的控制实现对材料性能的调控。

基于有效介质理论计算结果表明，当中间层和外层均为正时，三明治结构复合材料的介电常数小于相应的单层复合材料的介电常数。然而，与单层 BT/PVDF 复合材料相比，具有负介电层的超构叠层具有显著增强的介电常数，并且通过平衡单层的介电性能可以轻松调整复合材料的介电常数。同时，为了验证上述设计的实际可行性，实验制备了单层 BT/PVDF 和 GR/PVDF 复合材料及三明治结构复合材料，结果表明，含有负介电中间层 (X-20.3-X) 的三明治结构复合材料的介电常数远高于含有正介电中间层 (X-8.6-X) 和双层 BT/PVDF 复合材料的介电常数，这可能源于负介电层和正介电层之间的强界面极化。此外，三明治结构复合材料中的介电常数增强不会导致损耗升高，这将极大地促进这些复合材料在印刷电路、微波天线和嵌入式电容器中的应用。

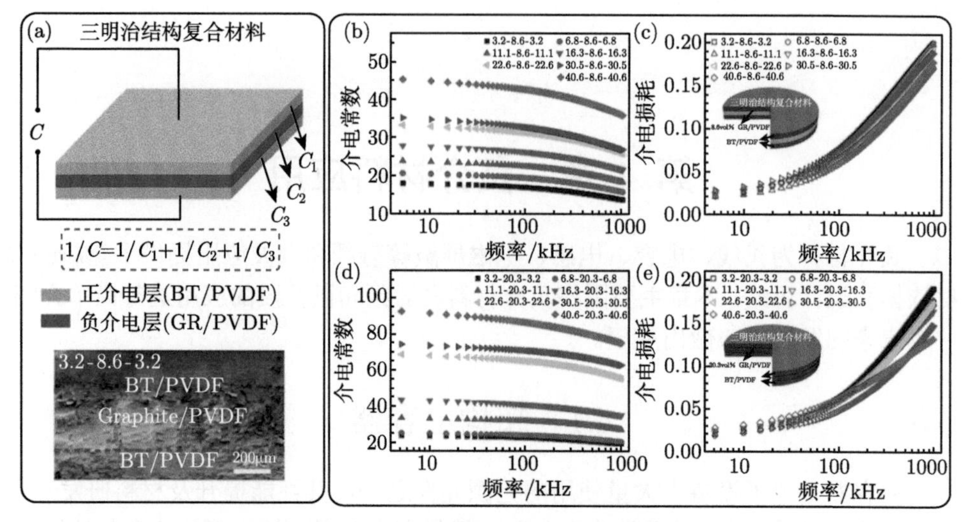

图 4.1　超构叠层设计及实验研究

从理论上讲，超构叠层中负介电层的电容绝对值大小与正介电层的电容值越接近，材料的整体电容值将越大。然而，对于导体/绝缘体逾渗构型负介材料，由于材料内部超高的电子浓度，其负介电常数数值通常很大，导致层合材料中正介电层和负介电层不匹配，对其应用设计产生了很大的局限性。因此，开发近零负介电常数材料，使其负介电常数数值的量级与正介电层相互匹配具有重要意义。

在逾渗构型复合材料中实现近零负介电常数，应采用高导电填料和低损耗基体，通过调控复合材料的电子浓度，可以获得近零负介电常数。在众多导电材料中，多壁碳纳米管 (MWCNTs) 具有适中的电子浓度和高电子迁移率，可以作为导电相。同时，与聚偏二氟乙烯等高介电常数聚合物相比，聚酰亚胺 (PI) 具有较低的损耗、优异的机械性能和高的热稳定性，可以作为绝缘基体。此外，为了进一步调节材料的频散特性，在 MWCNTs/PI 复合体系中引入了绝缘纳米粒子二氧化硅 (SiO_2)，获得了三相复合体系与可调负介电常数，如图 4.2 所示 [7]。

利用传统的球磨和高温高压成型技术，设计和制备了三明治结构的 PI 基超构叠层。超构叠层的中间层由 SiO_2/MWCNTs/PI 负介材料组成，两侧绝缘层由纯 PI 组成。测试结果表明，SiO_2 的引入有利于实现正负介电层的匹配，同时显著改善了聚合物基负介复合材料的频散特性。当 MWCNTs 和 SiO_2 的质量分数分别为 4.0%和 2.5%时，SiO_2/MWCNTs/PI 复合材料在高频下表现出从 −9 到 −8 的近零负介电常数，与纯 PI(介电常数约 3.4) 处于同一量级。具有负介电层的三明治结构设计在 10kHz 达到了约 2.4pF 电容，是纯 PI 的 6 倍，同时介电损耗小于 0.018。

随着对三明治型超构叠层化设计研究的深入，表明三相或多层结构复合材料具有优异的击穿性能或者其他性能 (如热性能)，但对于介电常数的提高仍十分有限。研究者进一步简化制备工艺、减少层数，同时兼顾正负介电层的协同作用，开发了包含独立正负介电层的双层复合材料，使得材料的介电性能进一步得到突破，这对于超构叠层设计应用与高介电集成电子器件具有重要意义。

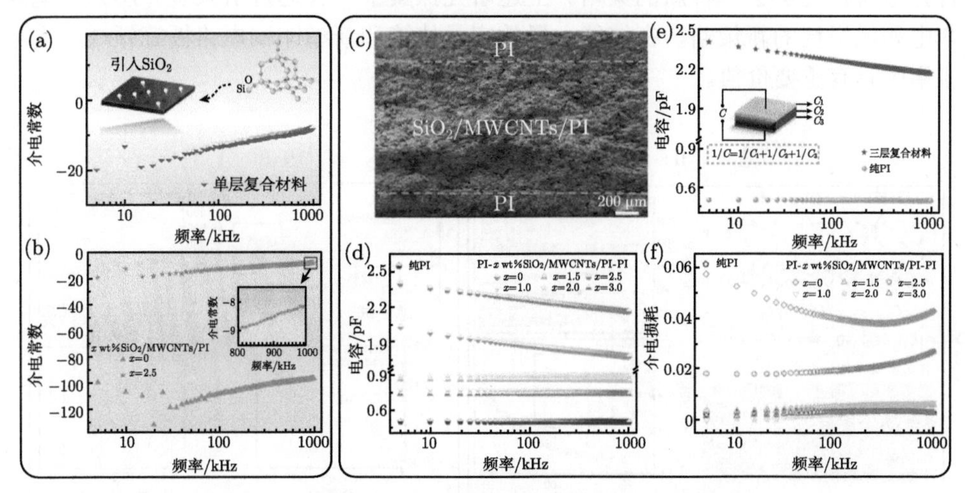

图 4.2 近零负介材料在超构叠层中的应用及性能表征

在上述超构叠层的设计中，由于相邻层之间的界面上的电荷积累和极化，以及边缘绝缘层的引入，材料整体的介电性能有所改善，但其介电性能还有待提高。相较于三明治结构的设计，基于负介材料的双层复合材料更利于获得高介电常数。作者团队先后在 PVDF 基体中引入石墨、石墨烯等不同类型的碳材料，形成了导体/绝缘体逾渗构型复合材料，如图 4.3 所示。通过控制导电填料的含量可以分别构建同基体的正负介电层，其介电性能可通过调整单层的厚度比和介电性能来实现定制化，而对于负介电层的构建尤为关键。Wang 等将 PVDF 基体与孤立石墨颗粒组成的复合材料设计为正介电层，而具有相互连接的石墨颗粒与 PVDF 基体被设计为负介电层 [8]。测试结果表明，在双层复合材料中引入负介电层显著提高了介电常数，其介电常数比纯聚合物基体提高了 40 倍，而低损耗仍可与纯聚合物基体相当。

随后，Wang 等构筑了 GR/PVDF 复合材料，当石墨烯含量增加到 6wt%时，材料的介电常数由正值变为负值，这归因于材料内部自由电子的等离振荡 [9]。此外，阻抗分析表明，负介行为表现为电感特性，正介电行为表现为电容特性。对于双层和三层结构 GR/PVDF 复合材料，正介电层和负介电层之间的强界面极化及自由电荷积累对介电常数具有明显的提升效应。同时，复合材料仍保持较低的介电损耗和中等的击穿强度。更为突出的是，当双层结构复合材料的负介电层石墨烯质量分数为 10%且正介电层石墨烯质量分数为 2%时，介电常数高达 559，而损耗 tanδ 仅为 0.053。从理论上讲，高介电常数源于正介电层和负介电层之间的强界面极化。此外，低 tanδ 归因于电容层中电子转移的有效限制。因此，引入负介电层的多层结构 GR/PVDF 复合材料可以实现高介电常数和低损耗，为制备介电材料提供了一种新的策略。上述研究探索了一种通过引入负介层来实现高介电和低损耗的新策略，在储能、场效应晶体管和新型印刷电路板等领域的实际应用中具有重要价值。

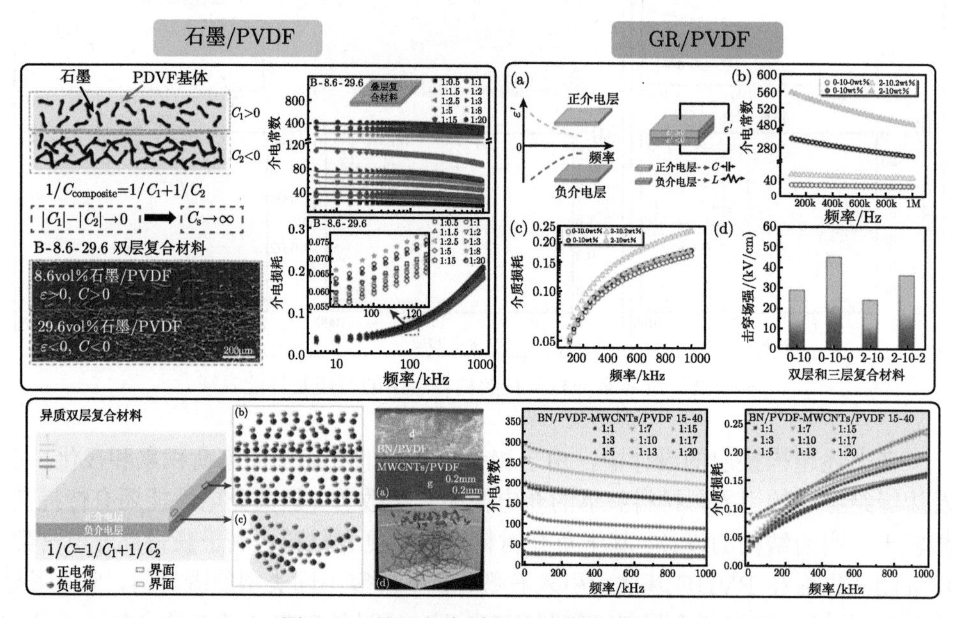

图 4.3　基于负介材料的双层结构设计

在超构叠层的设计中，除了单层材料的影响外，正介电层和负介电层的厚度比对介电性能的影响也至关重要。近期，作者团队研究了基于负介材料的异质双层复合材料，如图 4.3 所示 [10]。该设计以 PVDF 作为基体，利用 h-BN 片作为正介电层的填料，以实现高击穿强度。同时，在 PVDF 中加入 MWCNTs 作为负介电层。该研究通过实验和串联电容模型探索了不同层厚比对双层复合材料性能的影响。结果表明，厚度比在 1:100 至 1:500 之间变化时，介电常数随着厚度比的增加而减小。同时，双层复合材料的介电常数改善并没有引起损耗增加，与 PVDF 基体在整个测试频率范围内低于 0.25 的介电损耗相当。此外，该工作探索了正负叠层设计在介电储能中的应用，结果表明厚度比为 15:12 的双层复合材料的放电能量密度为 22.11J/m^3，以及具有 0.03@10kHz 的低损耗。本项工作在将正介电和负介电层材料结合的同时，考虑了各层之间的厚度，实现了放电能量密度和介电损耗的良好结合，是一种设计性能良好的介电材料的有效方法。

4.2 非绕线式电感

电感是电子工业中的三大无源器件之一，广泛应用于各种电子设备的线路之中，是一种基础元件，在工频到射频段 (10^1~10^{10}Hz) 均有着广泛应用 [11]。电感器有很多种类，常见的有空心线圈、磁棒线圈、磁环线圈、固定色环和色码电感器、微调电感器等。按照与电路板的结合方式，可将电感粗略分为插装式和贴片式，按照其外层结构可分为屏蔽型和无屏蔽型，按照所用磁性材质可分为金属型、非金属型两大类。

片式电感是目前主流的研究方向，从结构上看，实现片式化的电感器件可采用绕线式和叠层式两种方式 [12]。前者是沿用传统电感器件的结构模式，将细的导线绕在软磁铁氧体磁芯上形成线圈，然后将磁芯固定于基座上并引出钩形短引线，外层用树脂固封。其特点是工艺继承性好，但由于受绕线工艺的限制，其小型化很有限。叠层片式电感器件的制备利用多层陶瓷技术将磁性材料或低介陶瓷材料与内电极交替叠层共烧形成独石结构，可以实现小型化。同时，相对于绕线式结构，利用叠层式结构制备的片式电感器件还具有体积小、重量轻、磁屏蔽良好、可焊性和耐热性好、可靠性高、适于高密度组装等优点，因此成为研究和发展的主流方向。近年来，随着电子工业急速增长，以及航天军工领域对高端电子设备的需求提升，对包括电感在内的各种电子元件在产能和质量方面都提出了更高的要求，小型化、高功率、高可靠三方面发展趋势明显 [13]。采用多层陶瓷共烧技术制造叠层片式电感器件的方法已经接近其技术极限，无法进一步满足集成化、小型化等要求，亟须设计开发新型电感器件及材料。

2006 年前后，清华大学周济教授研究发现，一些电介质材料由于介电共振可以在一定频段下产生负介电常数 [14]。因此，利用具有负介电常数的材料，有望通过相对简单的电容结构实现非绕线式感性元件，从而为感性元件尺寸的进一步降低提供新的方法。基于上述理论，周济教授提出了一种新型的非绕线式感性元件，该感性元件以 $PbZr_{0.65}Ti_{0.35}O_3$(PZT) 陶瓷作为介质，可以加工为圆柱形、长方形、正方形等几何形状 [15]。

由 PZT 陶瓷组成的非绕线式感性元件的阻抗频谱如图 4.4 所示。从图 4.4 可以看出，在 200~2000MHz 频段，材料的阻抗随着频率的提高先减小后呈线性增加，这是由于 PZT 陶瓷在 100MHz 附近对交流信号产生了感抗。当小于 100MHz 时，电路中电容的作用大于电感，样品内部电压相位落后于电流相位，材料表现出电容性；反之，当大于 100MHz 时，电路中电感的作用大于电容，样品内部电流相位落后于电压相位，材料表现出电感性。基于 PZT 陶瓷设计的感性元件具有类似于陶瓷电容器的结构，并且在超过 100MHz 时，阻抗随频率增加而增大，符合传统电感器的规律。值得注意的是，上述感性元件的设计不仅局限于 PZT 陶瓷，可以产生负介电常数的其余材料也有类似的现象。

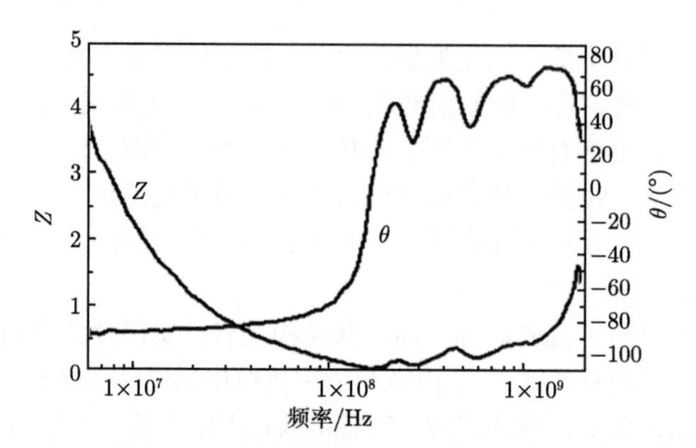

图 4.4 基于 PZT 陶瓷的非绕线式感性元件的阻抗频谱 [15]

上述示例为国内外众多研究者提供并验证了一个思路：可以通过具有负介电常数的材料设计非绕线式感性元件。基于上述思路，国内外研究者对不同类型的负介材料进行了研究，试图探寻负介材料与电感的内在联系，以期指导非绕线式电感的设计和制造。作者团队提出的逾渗构型负介材料，为非绕线式电感的设计和选材提供了新选择。图 4.5 所示为氮化钛/氧化铝复相陶瓷的电抗随频率的变化关系，当氮化钛含量较低时，电抗为负数，表明材料内的电压相位滞后于电流相位，材料表现为电容性；当氮化钛含量高于逾渗阈值时，电抗转变为正数，表明电流相位滞后于电压相位，材料表现为电感性。通常，材料的电抗和介电常数满足如下关系式：

$$\varepsilon' = -\frac{Z''^2}{2\pi f C_0 \left(Z'^2 + Z''^2\right)} \tag{4.1}$$

式中，C_0 为真空电容值；Z' 和 Z'' 分别为阻抗的实部和虚部。由上式可知，介电常数的符号与电抗的正负存在对应关系：当电抗为负数时，介电常数为正值，反之，当电抗为正数时，介电常数变为负值。材料的正、负介电常数在物理意义上的区别可以理解为材料对电流、电压相位关系的影响不同，通常具有正介电常数的材料对外表现电容性，类比可断定电感性是负介材料的一种固有属性。

负介材料的电感特性可以通过等效电路这种简捷有效的方法直观地进行分析。材料处于交流电磁场下，其可以等效为由电阻、电容和电感组成的电路。当材料组分和微观形貌发生变化时，将会对其等效电路中元件的种类、数量和数值等产生影响，从而可以根据元件的改变反推材料组分及微观结构的变化。对于氧化铝陶瓷和氮化钛含量较低的复相陶瓷，其等效电路包含串联电阻 (R_s)、并联电阻 (R_p) 和并联电容 (C_p)，等效电路如图 4.5(a) 中的插图所示：当氮化钛含量高于逾渗阈值时，由于氮化钛功能相形成的逾渗路径中存在回路，在交变电场中形成类似于电感的响应，故在复相陶瓷的等效电路中加入并联电感 (L_p)，复相陶瓷负介电材料的等效电路如图 4.5(b) 中的插图所示，在一些传输线超材料中可以利用并联电感获得负介电常数，因此复相陶瓷的负介电常数也可归因于材料内的电感性响应。

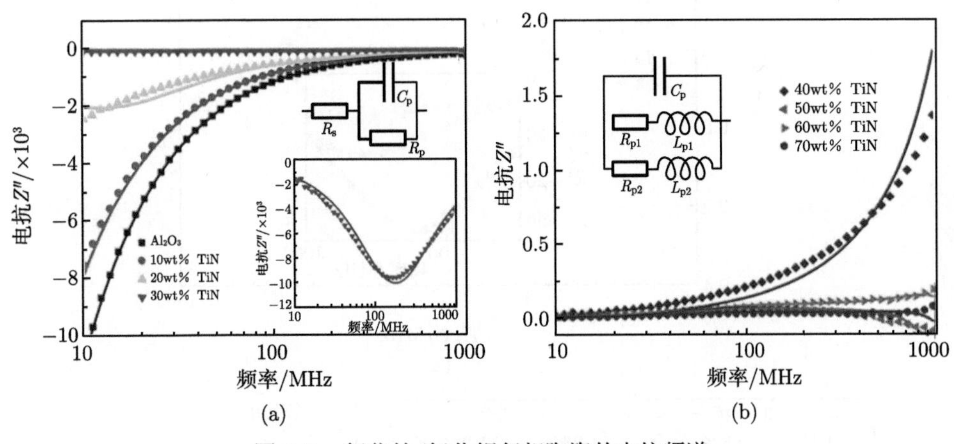

图 4.5 氮化钛/氧化铝复相陶瓷的电抗频谱

由上述内容可知，逾渗构型负介材料具有电感性。为了进一步验证这一结论具有普适性，对氧化铝陶瓷和不同碳纳米管含量复合材料的阻抗频谱及其等效电路进行了研究。图 4.6 为不同含量碳纳米管/氧化铝复相陶瓷的阻抗频谱及其等效电路分析。由图 4.6(a) 可知，碳纳米管含量小于 10wt%的复合材料的电抗在测试频段为负值，即 Z_C 大于 Z_L，电路中电容的作用大于电感，材料表现出电容特性，可以等效为具有漏电流的电容。当碳纳米管的含量进一步增加，超过逾渗阈值时，其电抗为正值，材料中电感的作用大于电容，材料表现为电感性。随着频率的增加，电抗数值由正转负，即材料在不同频率下出现了电容性–电感性转变。

我们利用等效电路模型分析了氧化铝/碳纳米管复合材料的阻抗频谱(图 4.6(b))。类似地，低于逾渗阈值的复合材料可以等效为包含串联电阻 (R_s)、并联电阻 (R_p) 和并联电容 (C_p) 的电路。R_s 主要来自于平行板、电极及测试过程中的电阻效应，R_p 主要是由漏电流引起的材料内部的接触电阻。材料中碳纳米管含量的增加导致碳纳米管之间的距离变小，漏电流增大，所以 R_p 随着碳纳米管含量的增加而减小。增加的碳纳米管会使 MWCNT-Al_2O_3 的界面面积增加，从而使 C 的数值从 2.39×10^{12}F 增大到 6.49×10^{-10}F。当碳纳米管含量超过逾渗阈值时，复合材料可以等效为含有电阻 (R_p、R_1 和 R_2)、电容 (C) 和电感 (L_1 和 L_2) 的电路。出现电感是由于材料内部形成了三维的导电网络。当碳纳米管含量从 10wt%增大到 12wt%时，材料内部形成了更多的导电网络，因此 L_1 和 L_2 的数值变大。

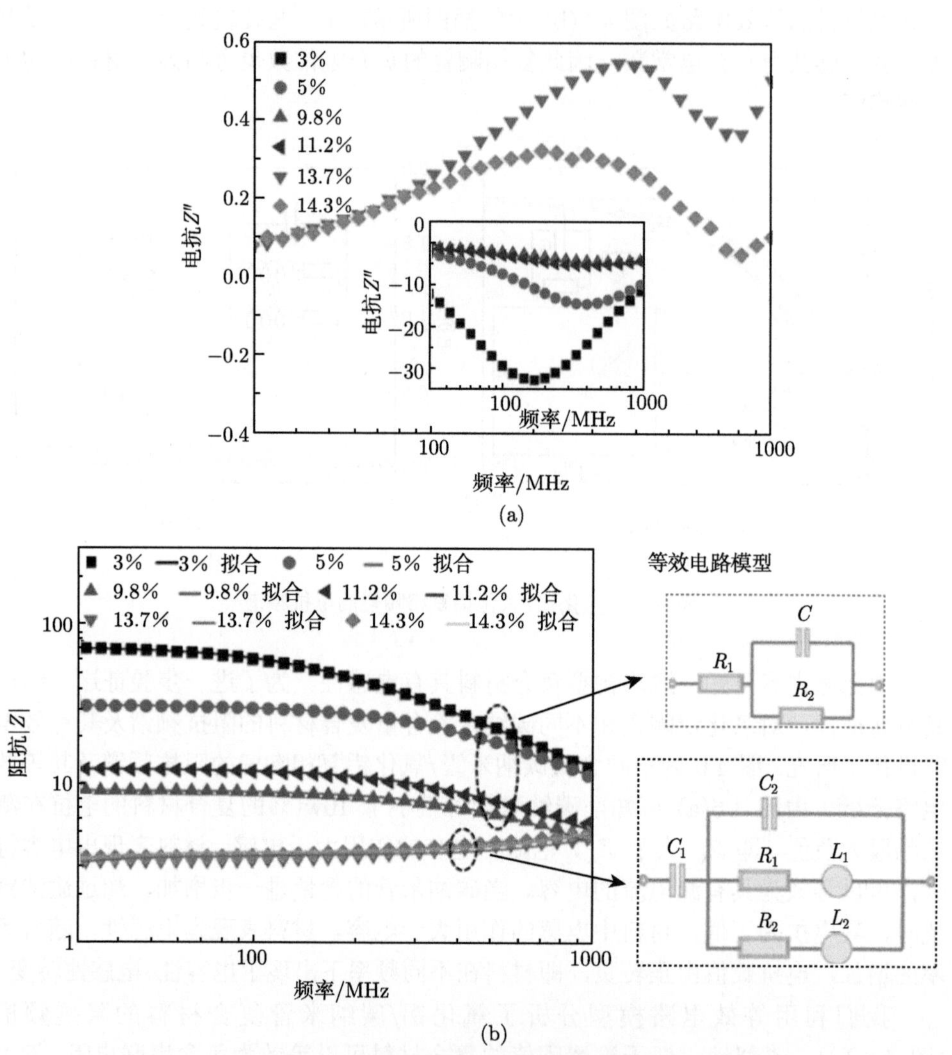

图 4.6 不同含量碳纳米管/氧化铝复相陶瓷的阻抗频谱及其等效电路

(a) 电抗频谱; (b) 阻抗频谱及等效电路

除逾渗构型负介材料外，通过对氧化锡材料进行掺杂，也实现了负的介电常数，该类材料也体现出了感性特征，有望用于非绕线式感性元件。图 4.7 为不同锑掺杂量的氧化锡陶瓷的电抗 (Z'') 随频率的变化关系，当锑掺杂量较低时，氧化锡锑陶瓷材料的电抗为负值，当锑掺杂量的摩尔分数增加到 6%时，材料的电抗开始出现正值：随着陶瓷试样中锑掺杂量的增多，电抗出现由负向正的转变，在这一过程中，材料的介电常数实部发生了由正向负的转变，表明锑掺杂量增多使介电常数由正变负的同时，也导致材料的阻抗行为发生变化。电流和电压的相位角 (φ) 可以直观地反映出二者之间的相位关系：

$$\varphi = \arctan \frac{\dot{U}_X}{\dot{U}_R} = \arctan \frac{\dot{U}_L - \dot{U}_C}{\dot{U}_R} \tag{4.2}$$

当电压相位滞后于电流相位时，φ 为负值；反之，则 φ 为正值。如图 4.7(c) 和 (d) 所示，氧化锡陶瓷的相位角接近于 $-90°$，意味着材料接近于纯电容特性，当锑掺杂量增多但低于 6%时，氧化锡锑陶瓷的相位角在 $-90° \sim 0°$ 之间变化，意味着材料具有电容特性；当锑掺杂量高于 6%时，相位角变为正值，电压相位超前电流相位，氧化锡锑陶瓷表现出电感特性。

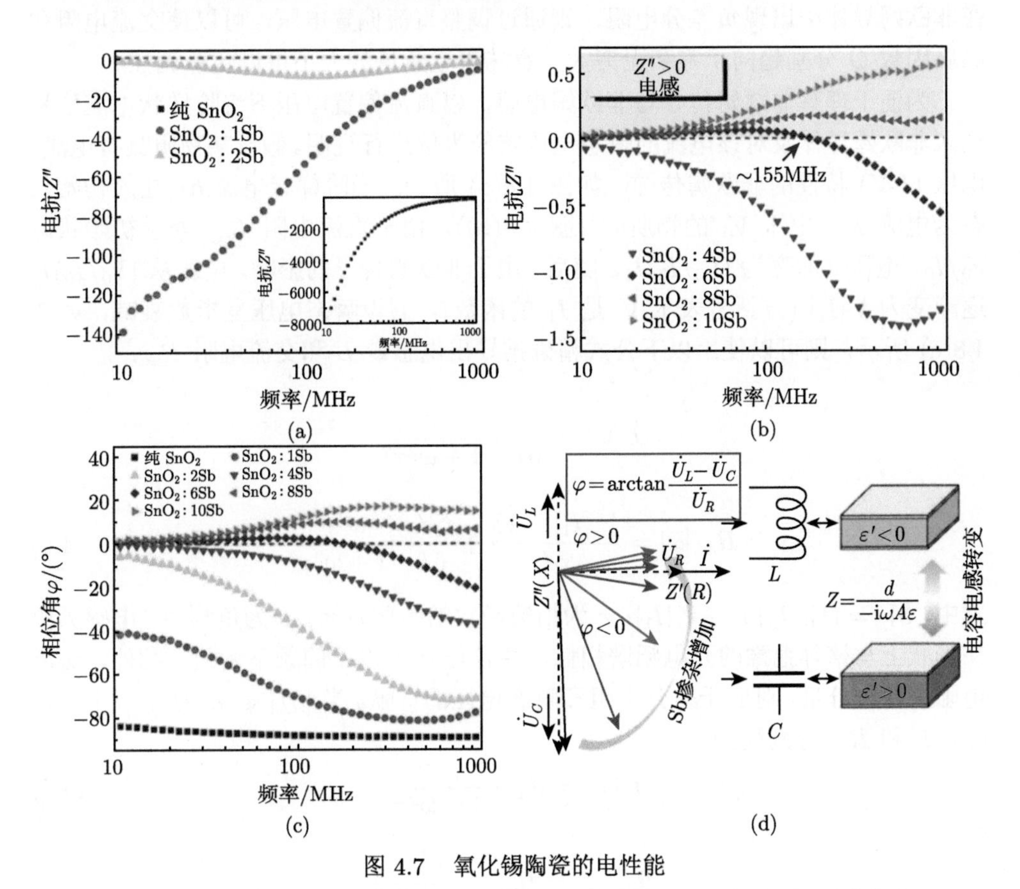

图 4.7 氧化锡陶瓷的电性能

(a)、(b) 电抗频谱；(c) 阻抗相位角频谱；(d) 100MHz 时阻抗相位角随锑掺杂量的变化关系介电常数为正值的电介质材料可应用于电容器的设计，类似地，具有电感特性的负介电材料有望被用作新型的电感材料。在平行板电容器结构的基础上，若将两金属电极间的电介质材料替换为具有负介电常数的材料，则该结构中电流、电压相位关系较之前的电容器结构会发生彻底的改变，如此便形成一个无绕线式的电感器件 [16]。因此，具有负介电常数的单相、复相材料在片式甚至薄膜电感的应用方向上具有巨大的潜力。

2017 年，日本名古屋大学的研究者 Tanabe 提出使用非欧姆材料制备非绕线式电感的设想 [17]，并通过实验证明了基于非欧姆材料 Ca_2RuO_4 实现非绕线式电感的可能性，也提出了新的物理量——电感率。在实际应用中期望大的电感量和小的交流电阻。通常在欧姆传导中，电流和电压成正比，存在线性关系，电流和电压之间的斜率是一条直线；在非欧姆传导中，电流和电压不成正比，即电流和电压为非线性关系。在非欧姆传导中，电阻随着直流偏置电压的增加而减小，如果在施加电压后电流瞬间增加，则可以获得类似于电感的效应。进一步地，如果在非欧姆导体中出现负差分电阻，则通过调整直流偏置电压，可以使交流电阻和品质因数 Q 分别趋向于零和无穷大，意味着电感量的大小可以随意调控。

为便于理解非欧姆传导与非欧姆电感，以直流偏置电压下将阶梯状电流信号注入非欧姆导体及对该电流的瞬态电压响应为例进行说明。假设某物质具有电流–电压 (I-V) 特性的非欧姆传导，如图 4.8(a) 所示。当阶梯状电流 δI 注入初始状态为电流 I_0、电压 V_0 的物质时 (图 4.8(b))，由于直流电阻 R_{dc} 处于初始状态 V_0/I_0，电压立即变为 $(V_0/I_0)I_1$。随后，由于非欧姆传导的影响，电压从 $(V_0/I_0)I_1$ 逐渐变为 $V[I_1]$ (方括号表示 V 是 I_1 的函数)。假设瞬态电压呈指数衰减，如图 4.8(c) 所示，则可以使用以下公式精确推导出电感量 L 和交流电阻 R_{ac}：

$$L[\omega] = \frac{\delta V}{\delta I} \cdot \frac{\tau}{1+\omega^2\tau^2} \tag{4.3}$$

$$R_{ac}[\omega] = \frac{V[I_1]-V_0}{\delta I} + \frac{\delta V}{\delta I} \cdot \frac{\omega^2\tau^2}{1+\omega^2\tau^2} \tag{4.4}$$

式中，$\delta V = (V_0/I_0)\,I_1 - V[I_1]$；$\tau$ 为指数函数的弛豫时间；ω 为角频率。电感频谱在形状上与德拜弛豫的介电频谱相似，并且与 τ^{-1} 以下的频率无关。此外，交流电阻有两个分量，对应于差分电阻和瞬态电压的贡献。当 $|\delta I| \ll I_0$ 且 $V[I_1] = V_0$ 时，L 和 R_{ac} 分别变为

$$L[\omega] = R_{dc} \cdot \frac{\tau}{1+\omega^2\tau^2} \tag{4.5}$$

$$R_{ac}[\omega] = R_{dc} \cdot \frac{\omega^2\tau^2}{1+\omega^2\tau^2} \tag{4.6}$$

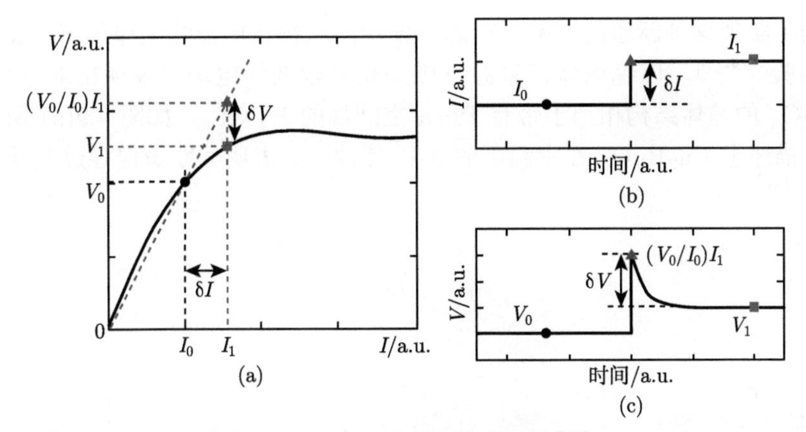

图 4.8 非欧姆传导中的电响应 [17]

(a) I-V 曲线；(b) 注入阶梯电流；(c) 电压响应

通过调整直流偏置电压可以得到 $V[I_1] = V_0$ 的条件 (图 4.6(a))。$Q[\omega]$ 定义为电感和角频率的积与交流电阻之比：

$$Q\left[\omega\right] = \frac{1}{\omega\tau} \tag{4.7}$$

尽管 L 和 R_{ac} 都与直流电阻成正比，但 L、R_{ac} 和 $Q[\omega]$ 在静态极限下分别接近 $R_{\mathrm{dc}}\tau$、零和无穷大。因此，在这种新型电感中，大的电感量和小的交流电阻是可以实现的。为了获得较大的电感，应该选择具有快速非欧姆传导响应的物质，以便在较宽范围内获得与频率无关的电感量或非常大的品质因子。由于这种新型电感没有直流偏置电压就不能工作，所以它不是无源元件而是有源元件。

以往的认知中，尽管电阻和电容与元件的尺寸有关，但是可以根据其电阻率、电导率和介电常数来评估元件的电响应。然而，电感没有与尺寸无关的物理量，故定义新的物理量电感率 ι[17]：

$$\iota \overset{\mathrm{def}}{=} L\frac{S}{l} \tag{4.8a}$$

式中，S 是构件的截面积；l 是构件的长度。电感率是一个与尺寸无关的物理量，用于评估非欧姆传导中的电感响应，可表示为

$$\iota\left[\omega\right] = \left(\rho_{\mathrm{dc}} - \frac{\mathrm{d}E}{\mathrm{d}j}\right)\cdot\left(\frac{\tau}{1+\omega^2\tau^2}\right) \tag{4.8b}$$

式中，ρ_{dc} 为直流电阻率；$\mathrm{d}E/\mathrm{d}j$ 为差分电阻率。在评价线圈式电感铁芯时，电感率单位为 H·cm。利用非欧姆材料制备的非绕线式电感称为非欧姆电感，具有体积小的优点。当元件尺寸缩小而电阻率、电感率和弛豫时间不变时，电感量与尺寸成反比。此外，$Q[\omega]$ 因子由 $(\omega\tau)^{-1}$ 给出，它与尺寸无关。

为了实现这种新型的非欧姆电感，使用层状钙钛矿莫特绝缘体 Ca_2RuO_4 进行了实验 [18-20]，该绝缘体在室温下施加相对较低的电场时表现出非欧姆传导。Ca_2RuO_4 的晶体结构相当于带有 Pbca 空间群的 K_2NiF_4，如图 4.9(a) 所示。图 4.9(b) 描述了 Ca_2RuO_4 在室温下的 I-V 特性，这表明非欧姆传导过程涉及焦耳热效应 [21]。

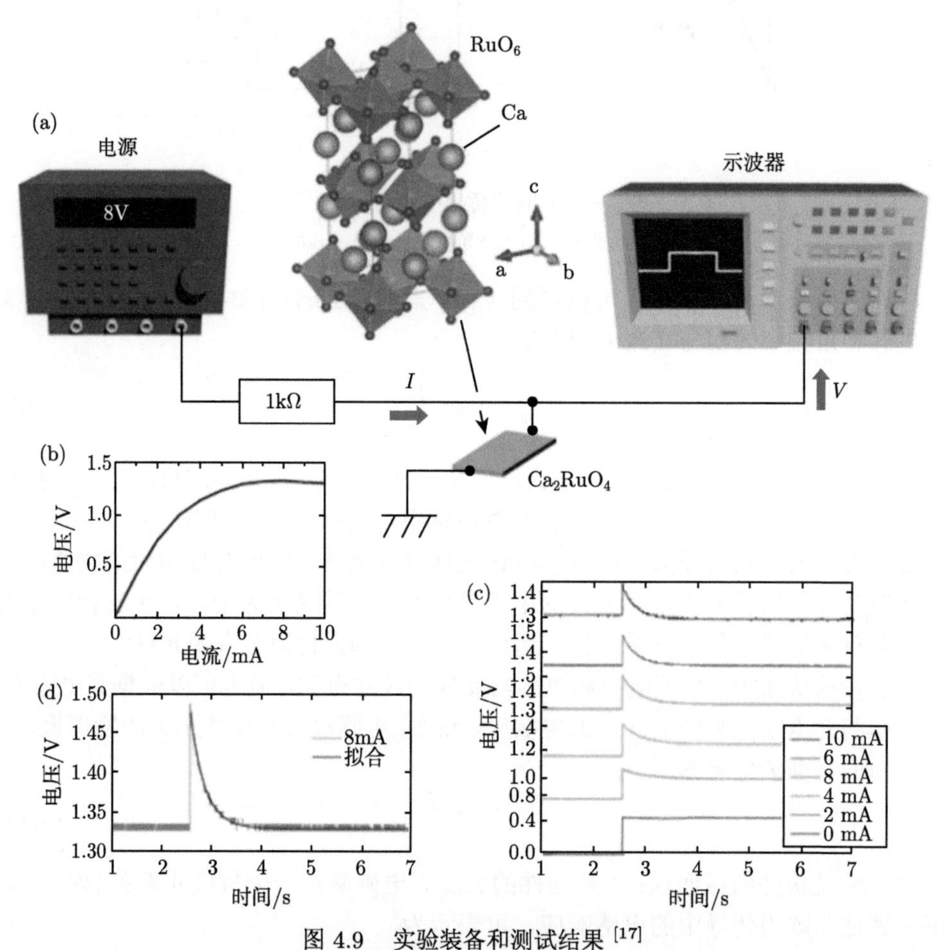

图 4.9　实验装备和测试结果 [17]

(a) 实验步骤及 Ca_2RuO_4 在室温下的晶体结构; (b) Ca_2RuO_4 的 I-V 特性; (c) Ca_2RuO_4 的电压响应; (d) 8mA 直流电流下的电压响应及拟合曲线

在 0 ～ 10mA 的直流电流下，向 Ca_2RuO_4 注入幅度为 1mA、持续时间为 5s 的脉冲电流，用示波器测量样品的瞬态电压。图 4.9(c) 描述了电压随时间的变化特性。由于欧姆传导，电压曲线在直流电流为零时呈矩形。相比之下，在 1mA 以上，电压注入后呈指数衰减，属于非欧姆传导；在 8mA 时，注入脉冲电流前后

电压相等 (图 4.7(d))，说明差分电阻为零。用指数函数拟合了电压的弛豫曲线：

$$V[t] = V_0 + \delta V \exp\left(-\frac{t-t_0}{\tau}\right) \tag{4.9}$$

其中，V_0、δV、t_0 和 τ 为拟合参数。采用拟合参数 $V_0 = 1.3V$，$\delta V = 0.14\text{V}$, $t_0 = 2.5\text{s}$，$\tau = 0.29\text{s}$，如图 4.10(a)~(c) 所示。值得注意的是，与传统线圈型电感的微亨利数量级相比，在低频区域测量到 42H 的巨大电感，并且在 0.1Hz 时 Q 因子超过 5.5；在高频区，电感减小，交流电阻 ($\delta V = \delta I$) 增大。这种电感的减少与 τ^{-1} 处交流电阻的增加相一致。

在非欧姆电感中，需要直流偏置能量且直流偏置的能量以热量的形式散失是需要提升的地方。为了减少这种耗散，在后续的研究中开发新型非欧姆材料以减少热量耗散是很重要的。

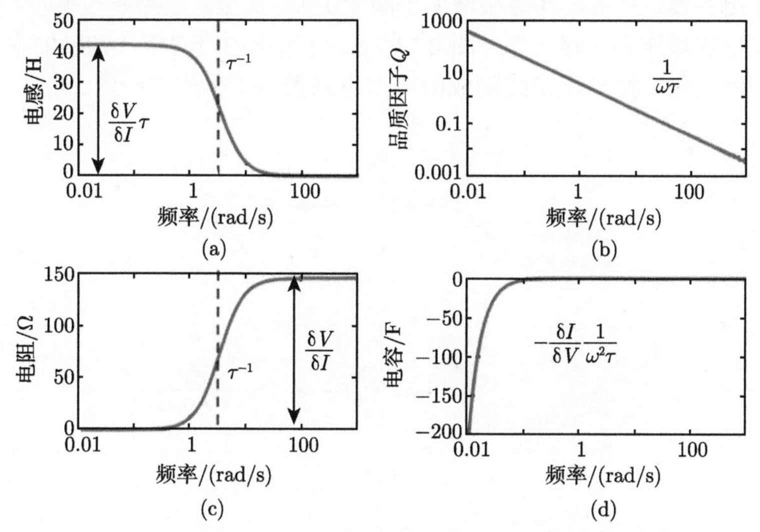

图 4.10 电感 (a)、品质因子 Q(b)、交流电阻 (c) 和电容 (d) 的频率依赖性 [17]

2018 年，美国宾夕法尼亚大学的 Nader Engheta 教授提出利用具有负介电常数的材料实现非绕线式电感的新理论，如图 4.11 所示 [16]。图 4.11(a) 为一个典型的平行板电容器结构，由两个平行的金属板和具有正介电常数的内部电介质组成。电容器的阻抗为 $Z = d/(-\mathrm{i}\omega\varepsilon A)$，$d$ 表示两个极板之间的距离，A 为极板的面积，ε 为电介质的介电常数。在图 4.11(b) 中，两个金属板间插入了具有负介电常数的填充材料，电流的相位比电压滞后 90°，与图 4.11(a) 中的电流相位比电压早 90° 不同。因此，图 4.11(b) 中的电容器结构可以看成电感元件。然而，在射频和微波领域，很难找到一种可以插入图 4.11(b) 中的两个金属板之间的负介材料，波导结构可以作为替代 [22,23]。例如，由完美电导体 (PEC) 壁制成并填充有传统电介质的平行板波导，当以低于其截止频率的横向电 (TE) 模式操作时，可以表现为具有负有效介电常数的结构，该结构的有效相对介电常数 (ε_{eff}) 色散符合 Drude 模型。换句话说，当波导工作在其截止频率以下时，可以通过微波下的正介材料实现负介电常数。

如图 4.11(c) 所示，通过在电容器平行板的两侧增加两个 PEC 侧壁，形成了新的结构简单的电感器，与 x-y 平面平行的其他两条边保持打开状态，内部顶板和底板上的两个中间点之间的电压差在结构内部产生电场，该电场在两个 PEC 侧壁上消失。这种具有亚波长尺寸的结构，波导由两个 PEC 侧壁有效形成，其工作频率远低于其截止频率，因此该结构的有效介电常数为负。由于 PEC 壁平行于 x-z 平面，x 取向电场沿 y 轴正弦变化且沿 z 轴快速消失。这种结构可以有效地充当电感，其电流相位落后于电压 90°。此外，这种集总电感器没有绕线，其外观类似于电容器，只是在其两端增加了两个 PEC 侧壁。当频率为零时，图 4.4(a) 中的常规电容器作为开路工作。图 4.11(c) 中的结构由于 PEC 侧壁的存在，预计会作为短路运行，这与由绕线制成的典型电感器的工作模式一致。

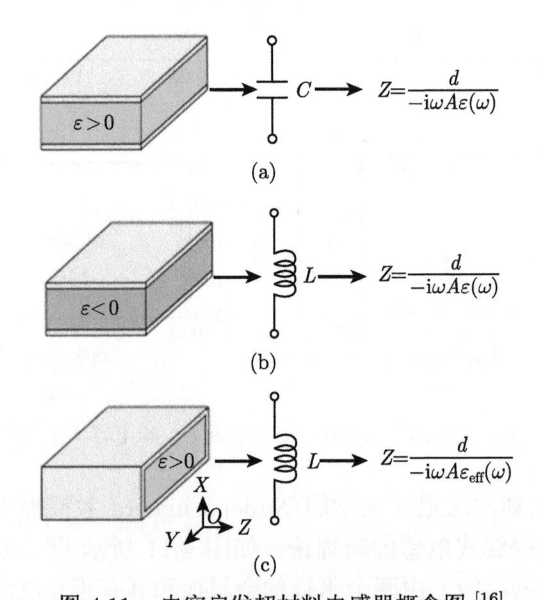

图 4.11　电容启发超材料电感器概念图 [16]

(a) 平行板电容器；(b) 基于负介材料设计的具有电感性能的元件；(c) 新型电感

在三大类无源电子元件中，电感类元件由于其特有的绕线结构，在小型化进程中遇到很大的工艺方面的困难。为顺应电子产品的普及，电子等行业迫切需要体积小、功率大、成本低，并且适合集成安装的电感产品。尽管片式叠层电感区别于以往的绕线电感，但其尺寸已经接近其技术极限。负介材料的出现，为非绕线式电感的设计提供了新思路。值得注意的是，基于负介材料的非绕线式电感在集成电路等实际应用中也存在损耗过大、电感量较小等诸多挑战。在后续的研究中，应当注重基于负介材料的非绕线式电感的工程化应用，对相关理论和机制进行深入分析，实现定量化设计。

4.3 负电容场效应晶体管

随着晶体管特征尺寸达到 10nm 以内，由于短沟道效应、漏致势垒降低效应及载流子玻尔兹曼分布的限制 (亚阈值摆幅，SS$\geqslant$ 60mV/dec) 等因素造成的亚阈值区性能退化现象变得不可忽略 [24]。器件的亚阈值摆幅增大，其阈值电压 V_{th} 和工作电压 V_{DD} 不能等比例减小，这导致器件的静态功耗急剧增大，成为阻止器件尺寸进一步缩小的主要因素。铁电负电容场效应晶体管 (Fe-NCFETs) 可以有效地调节电源电压并显著降低超大规模集成的器件功耗，为实现晶体管特征尺寸的减小和摩尔定律的延续提供了选择。

1976 年，Landauer 首次提出在铁电体中实现负电容行为 [25]。铁电材料负电容效应来源于晶格不对称性导致的自发极化，研究者采用吉布斯自由能理论，结合铁电材料的电滞回线和相关物理参数，分析证明了铁电材料的负电容现象，但是缺少对铁电材料电滞回线来源的理论分析 [26-28]。Wong 和 Salahuddin 从晶格出发，结合晶格中原子受到的各种微观力，分析得到了铁电材料极化强度 P 与电场强度 E 的 “S” 曲线关系图的物理机制 [29]。其中，“S” 曲线的负斜率区域内是热力学不稳定的，而且 P 具有多值的特点，因此，在电压正、反扫描过程中，在相同电压下铁电层处于不同的极化状态，因此 P-E 关系曲线表现出回滞的特点，即 “电滞回线”。Chen[30] 等结合多种理论，以钙钛矿型铁电材料为例，从原子微观受力出发，推导出 P 与 E 的 “S” 关系曲线；然后结合电位移矢量连续方程，得到材料所带电荷量 Q 与电压 V 的 “S” 关系曲线，从宏观角度 ($C_{\mathrm{FE}} = \partial Q_{\mathrm{FE}}/\partial V_{\mathrm{FE}}$) 证明了负电容的存在；接着采用吉布斯自由能公式，得到系统能量 U 与所带电荷 Q 的 “双势阱” 关系曲线，又从微观角度 (铁电层的电容 $C_{\mathrm{FE}}=(\partial^2 U_{\mathrm{FE}}/\partial Q_{\mathrm{FE}}^2)^{-1}$) 证明了负电容的存在，系统地介绍了铁电材料负电容现象的物理机制来源。其中，铁电体 P-E 关系的 “S” 曲线如图 4.12(a) 所示，但是当改变外加电场时，测量铁电材料的极化强度，得到图 4.12(b) 中的电滞回线，而不是图 4.12(a) 中的 “S” 曲线。这是因为在图 4.10(b) 中的蓝色虚线区域，P 具有多值特点，而且宏观 NC 现象是热力学不稳定的，所以表现出滞回曲线的特点。图 4.10(b) 中红色虚线为铁电体处于初始状态时的扫描曲线，蓝色曲线为经过一个扫描周期后的扫描曲线。

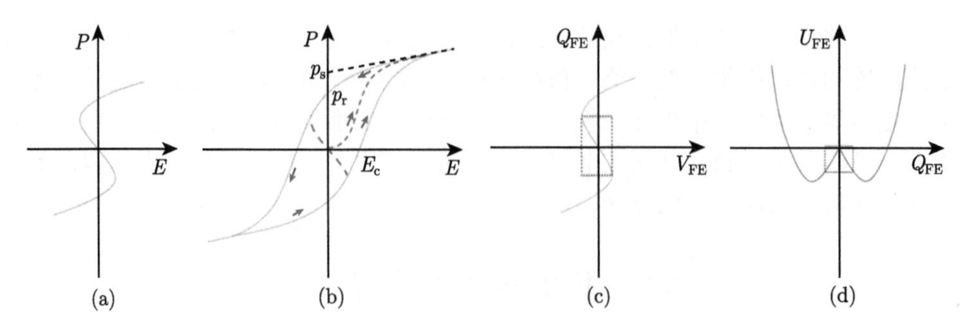

图 4.12 铁电体参数特性曲线

(a) P-E 关系曲线；(b) P-E 电滞回线；(c) Q_{FE}-V_{FE} 关系曲线；(d) U_{FE}-Q_{FE} 关系曲线

由电位移矢量方程 $\boldsymbol{D}$=$\varepsilon_0\cdot\boldsymbol{E}$+ $\boldsymbol{P}$ 可得到电场 $\boldsymbol{E}$ 与极化强度 $\boldsymbol{P}$ 的关系，其中 $\boldsymbol{D}$ 为电位移矢量，表示外部电场与内部偶极子相互作用后在材料表面所产生的净电荷。因此，材料表面净电荷 $\boldsymbol{Q}_{\mathrm{FE}}$ 即为电位移矢量，即

$$\boldsymbol{Q}_{\mathrm{FE}} = \varepsilon_0\cdot\boldsymbol{E} + \boldsymbol{P} \tag{4.10}$$

式中，ε_0 为真空介电常数。而对于铁电材料，可假设 $P \gg \varepsilon_0\cdot E$，则 $Q_{\mathrm{FE}} \approx P$。根据电场强度定义式 $E = V_{\mathrm{FE}}/t_{\mathrm{FE}}$，其中 t_{FE} 为铁电材料的厚度，可得到表面净电荷 Q_{FE} 与电压 V_{FE} 的关系，如图 4.12(c) 所示，根据宏观电容定义式 $C_{\mathrm{FE}} = \partial Q_{\mathrm{FE}}/\partial V_{\mathrm{FE}}$，可以看到图 4.12(c) 中红色虚线框区域为负电容区域。

对于铁电材料，其吉布斯自由能公式为

$$U = \alpha P^2 + \beta P^4 + \lambda P^6 - E\cdot P \tag{4.11}$$

式中，α，β 和 λ 为材料的常量参数，而且铁电材料的 α 为负值。可得到能量 U_{FE} 与电荷 Q_{FE} 的关系曲线如图 4.10(d) 所示，根据微观电容定义式 C_{FE}=$(\partial^2 U_{\mathrm{FE}}/\partial Q_{\mathrm{FE}}^2)^{-1}$，可以看到图 4.12(d) 中红色虚线框区域为负电容区域。

经过上述讨论，得到了铁电材料的本征负电容区域，但是由于负电容在宏观上是热力学不稳定的，因此，需要串联一个线性的介质层电容 (C_{DE})，通过介质层中退极化场的作用，将铁电层的电容 (C_{FE}) 稳定在负电容区域。不同电容系统自由能和极化强度的关系曲线如图 4.13 所示，可以看到，在串联一个合适大小的 C_{DE} 之后，系统自由能的最低点位于铁电电容的负电容区域，因此铁电层的负电容得到了稳定 [31]。由于热力学不稳定性，不能直接在电路中观察到 NC 现象，只能通过对比串联后系统电容的增大来间接证明铁电层中负电容的存在。其测量电路如图 4.14(a) 所示，测量模式称为小信号测量，被认为是一种准静态的测量模式，因为在测量过程中没有发生极化翻转 [32]。Gao 等 [31] 制备了图 4.14(b) 所示的 $LaAlO_3/Ba_{0.8}Sr_{0.2}TiO_3$ 超晶格结构，其中 $LaAlO_3$ 为介质层，$Ba_{0.8}Sr_{0.2}TiO_3$

为铁电层，超晶格结构的电容和相同厚度 $LaAlO_3$ 介质层的电容与电压的关系如图 4.14(c) 所示，可以看到，与相同厚度的 $LaAlO_3$ 介质层相比，超晶格结构的电容增大了，这说明 $Ba_{0.8}Sr_{0.2}TiO_3$ 铁电层的电容为负值。

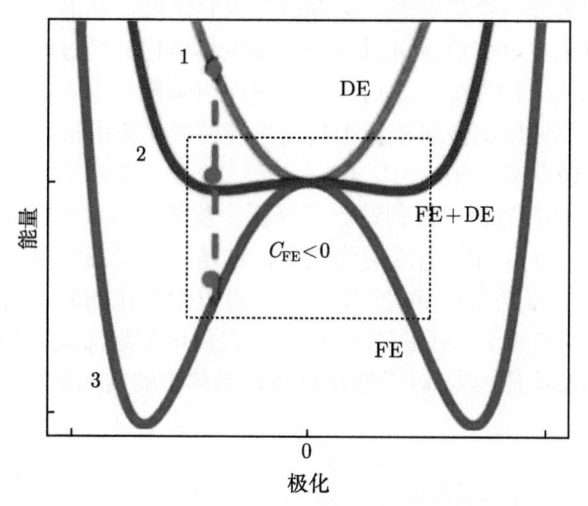

图 4.13 不同电容系统的自由能和极化强度的关系曲线

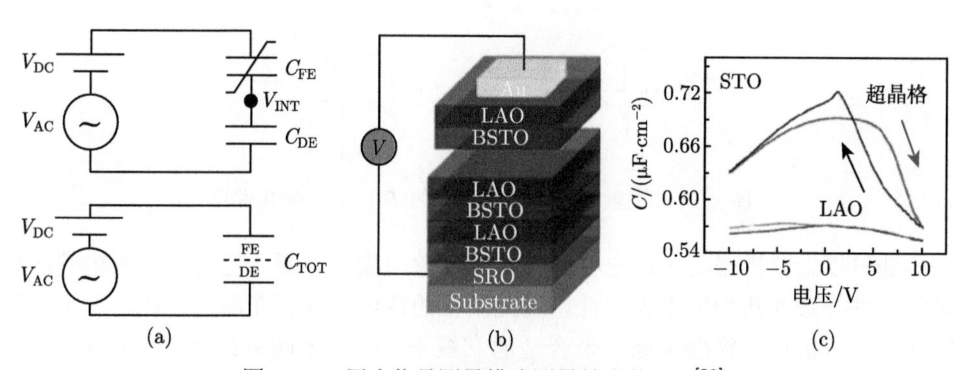

图 4.14 用小信号测量模式测量铁电体 NC[31]

(a) 等效电路图；(b) LAO/BSTO 超晶格结构示意图；(c) 电容与电压的关系

目前为止，得到了铁电材料的自由能曲线中的本征 NC 区域，并通过串联介质层电容，利用介质层能够退极化场的作用，将铁电层的电容稳定在负电容区域，称为稳态负电容。上述测量结果是在单电畴近似下得到的，在多电畴铁电材料 $Hf_xZr_{1-x}O_2$(HZO) 电容与介质层电容串联结构中没有发现这种直流增强效应，因此认为目前 HZO 中的负电容是铁电材料中存在的另外一种负电容现象，即瞬态 NC，是指在 R-C_{FE} 串联电路中 (图 4.15)，当施加一个正 (负) 脉冲电压时，在短时间内 C_{FE} 上的电压与电荷的变化相反，即 C_{FE} 上的电荷增加 (减少) 而

电压下降 (增加)。关于铁电材料瞬态负电容的实验现象已有大量的文献报道，其中，Khan 等 [33] 首次在 R-C_{FE} 串联电路中观察到了瞬态负电容现象，认为当施加的脉冲电压超过铁电材料的矫顽电压时，铁电体发生极化翻转，极化状态从一个稳定态转换到另外一个稳定态，会经过负电容区域，从而表现出短暂的负电容效应，因此，瞬态负电容效应可以看成是铁电体极化翻转过程中在自由能曲线中存在负曲率区域的一种表征。之后人们指出产生瞬态负电容的直接原因是铁电材料极化强度的变化速度比金属极板上自由电荷的变化速度快，而且这个差值越大，瞬态负电容现象越明显。2017 年，Chang 等 [34] 结合基尔霍夫电路定律和朗道自由能理论对瞬态 NC 的物理机制进行了分析，发现瞬态负电容效应并不能在无滞回 Fe-NCFETs 中导致瞬时电流增强效应，这是因为瞬态负电容的发生伴随着铁电体的极化翻转，而无滞回 Fe-NCFETs 没有发生极化翻转。因此，瞬态负电容也能观察到 SS 下降的 Fe-NCFETs，但由于自由电荷迟滞现象的存在，器件往往伴随着较大的回滞电压 [35]，对于低功耗逻辑晶体管的实现是不利的，因此仍需要进行更深入的研究。

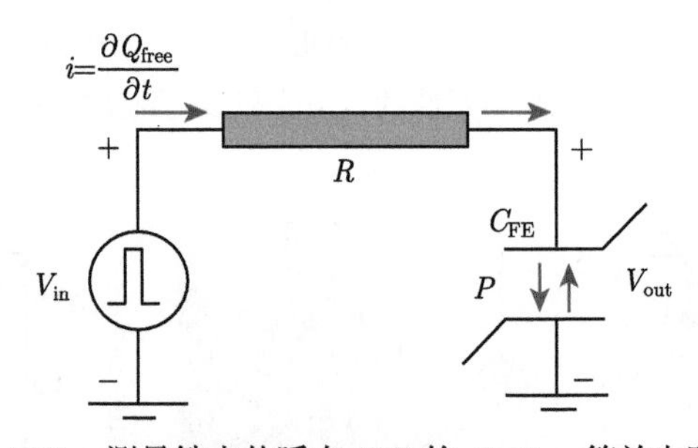

图 4.15　测量铁电体瞬态 NC 的 R-C_{FE} 等效电路图

通过以上分析得到了铁电材料负电容现象的物理来源，但是由于负电容区域多值特性导致的热力学不稳定性，因此单独的铁电材料存在滞回曲线，并不能稳定在负电容区域，需要串联一个合适的常规正电容，才能将铁电材料稳定在 NC 区域。考虑如图 4.14 所示的电容模型，采用稳态负电容理论，则各电容器上的电荷量分别为

$$Q_{\mathrm{FE}}=V_{\mathrm{FE}}C_{\mathrm{FE}} \tag{4.12}$$

$$Q_{\mathrm{S}}=\psi_{\mathrm{S}}C_{\mathrm{S}}=\left(V_{\mathrm{G}}-V_{\mathrm{FE}}\right)C_{\mathrm{S}} \tag{4.13}$$

式中，由串联电容的带电荷量相等可得

$$Q_{\mathrm{FE}}=\left(V_{\mathrm{FE}}-V_{\mathrm{FE}}\right)C_{\mathrm{S}} \tag{4.14}$$

则式 (4.14) 与图 4.12(a) 曲线的交点即为器件的工作点，如图 4.16 所示，图中红色实线为 V_{G}=0 时的沟道电容电荷量与铁电层电压的关系曲线，红色虚线为

V_G>0 时的沟道电容电荷量与铁电层电压的关系曲线。可以看到，当 $C_S<|C_{FE}|$ 时，两条曲线只有一个交点，如图 4.16(b) 所示，此时器件的转移特性曲线无回滞现象，称为 Fe-FETs；当 $C_S>|C_{FE}|$ 时，两条曲线在 NC 区域有多个交点，如图 4.16(c) 所示，此时器件的转移特性曲线有回滞现象，称为 Fe-FET[32]。而且可以看到，当 C_S 增大时，SS 低，但回滞现象变严重了。因此，器件的 SS 与回滞现象之间存在一个本质上的矛盾关系，即不能同时减小 SS 和回滞现象，研究人员结合 Kolmogorov-Avrami-Ishibashi 方程 [36]，从多电畴动态反转的角度解释了器件 SS 与回滞现象之间存在矛盾关系的物理机制。

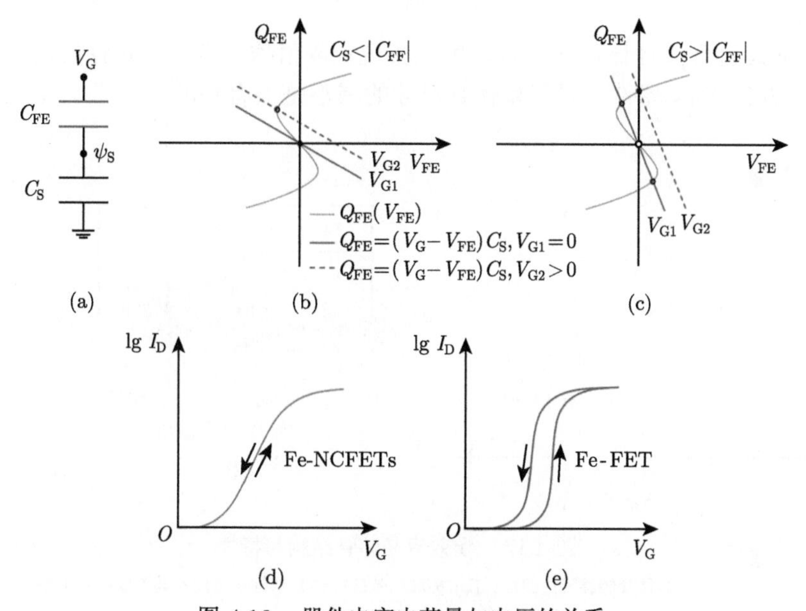

图 4.16 器件电容电荷量与电压的关系

(a) 电容模型；(b) $C_S<|C_{FE}|$；(c) $C_S>|C_{FE}|$；(d) Fe-NCFETs；(e) Fe-FET

传统金属氧化物半导体场效应晶体管 (MOSFETs) 的器件结构图和电容模型如图 4.17 所示，利用图中的等效电容模型，可以将 m 表示为

$$m=\frac{\partial V_G}{\partial \psi_s}=\left(1+\frac{C_S}{C_{ins}}\right) \tag{4.15}$$

式中，其中 C_{ins} 为介质层电容；C_S 为沟道电容。对于常规 MOS 器件来说，C_{ins} 和 C_S 均为正值，所以 m 取值总是大于 1。另外，由于 MOS 器件沟道中载流子的输运机制是漂移扩散原理，会受到载流子玻尔兹曼分布的限制，导致 n 存在一个理论最小值，即

$$n \geqslant \frac{\ln 10 \cdot k_B T}{q} \tag{4.16}$$

式中，k_B 为玻尔兹曼常量；T 为温度；q 为单位电荷。因此，传统 MOSFETs 室温 ($T = 300\text{K}$) 下的 SS 的理论最小值为 60mV/dec，而对于 Fe-NCFETs 来说，由于栅介质层中的铁电材料具有 NC 效应，因此栅介质层电容可以为负值，即

$$C_{\text{ins}} < 0 \tag{4.17}$$

所以 m 的数值可以小于 1，则 SS 可以突破 60mV/dec 的限制，但同时为了保证器件运行的稳定性，需要满足 $m > 0$，即

$$|C_{\text{ins}}| < C_{\text{S}} \tag{4.18}$$

因此，通过合理设计器件的电容，可以实现亚阈值摆幅低且稳定性好的低功耗高性能 Fe-NCFETs 器件，对于晶体管尺寸的减小是很有利的。

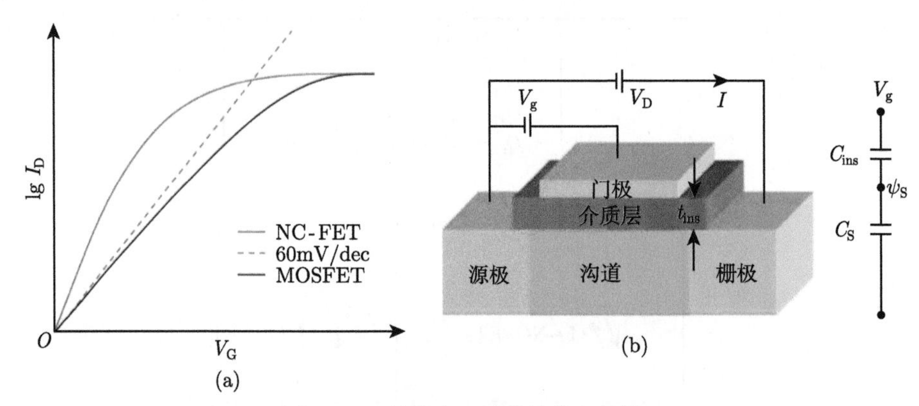

图 4.17　场效应晶体管结构与特性

(a) 场效应晶体管转移特性曲线；(b) 标准场效应晶体管结构示意图及其等效电容电路

铁电负电容场效应晶体管 (Fe-NCFETs) 相关概念最早由 Salahuddin 和 Datta 于 2008 年提出并作为一种新型低功耗器件，通过在传统的 MOSFETs 栅介质层中引入铁电材料将亚阈值摆幅降低到 60mV/dec 以下 [26]。亚阈值摆幅是描述器件开关性能的重要参数，定义为源漏电流每改变一个数量级所带来的栅压改变量。亚阈值摆幅数值越小，表示栅对沟道的控制能力越强，即器件的开关性能越好，同时可以在较小的栅压下得到相同的电流，从而降低器件的功耗。亚阈值摆幅 SS 的表达式为

$$\text{SS} = \frac{\partial V_{\text{G}}}{\partial \log_{10} I_{\text{D}}} = \frac{\partial V_{\text{G}}}{\partial \psi_{\text{S}}} \frac{\partial \psi_{\text{S}}}{\partial \log_{10} I_{\text{D}}} = m \times n \tag{4.19}$$

式中，V_G 为栅压；I_D 为源漏电流；ψ_S 为沟道表面电势；$m = \partial V_G / \partial \psi_S$ 称为体因子，表示栅压对沟道表面电势的控制能力，取决于沟道电容与栅介质层电容的

比值大小；$n=(\partial\psi_S)/(\partial\lg I_D)$ 称为传输因子，表示沟道表面电势对源漏电流的控制能力，取决于载流子的传输机制。

由于 Fe-NCFETs 仅是在 MOSFETs 栅介质层中引入了铁电材料，本质上并没有改变金属–氧化物半导体器件的工作机制，晶体管在结构上也没有太大的变化，因此 Fe-NCFETs 保持了传统金属–氧化物半导体器件高驱动电流的优点，而且还具有与互补金属氧化物半导体工艺兼容、对称的源漏工作机制、低功耗和负 DIBL 效应等优点，使 Fe-NCFETs 成为未来小尺寸、低功耗 MOS 器件中极具潜力的一种选择。沟道的形状和材料种类对于器件的性能有着很大的影响。近十年来，为了提高器件性能，延续摩尔定律，各种新技术和新沟道材料被应用于 Fe-NCFETs 中，也就是所谓的沟道工程。研究人员也因此对 Fe-NCFETs 进行了广泛的研究，各种新材料、新结构和新技术不断被提出，Fe-NCFETs 的性能也得到了极大提升。而氧化铪基铁电材料因具有高介电常数和与 CMOS 技术兼容性高等优点被人们广泛应用于 Fe-NCFETs 研究。

目前 Fe-NCFETs 沟道材料主要有三维材料和二维材料两大类。采用硅、锗基材料、III-V 族化合物和碳纳米管等三维材料作为沟道的 Fe-NCFETs 有诸多优点，如与传统 CMOS 工艺的兼容性高，沟道与铁电层之间界面性能好，在三维尺度上的可控性高，以及电学性能稳定。因此，三维沟道 Fe-NCFETs 被认为是下一代 MOS 晶体管的主要选择之一[37]。另外，二维材料 (如过渡金属硫族化合物、烯类材料和黑磷等) 具有丰富的界面效应、高的电子迁移率、可调控的光电性能和低的光散射损失等优点，而且二维材料的厚度非常小 (原子尺度)，所以对于使用二维沟道材料器件，其理论特征长度非常小，可以有效地抑制短沟道效应，从而获得非常低的关断电流，对于低功耗晶体管的实现是很有利的。因此，二维材料被广泛应用于 Fe-NCFETs，器件也表现出低 SS(6.07mV/dec) 和大开关电流比 ($>10^9$) 等优异的电学性能[38]。

4.4 超构电路

在集总电路中，电路元件的电磁过程都集中在元件内部进行，电路的所有参数都集中于空间的各个点上，各点之间的信号瞬间传递。当实际电路的尺寸远小于电路工作时的电磁波长时，集总电路近似等于实际电路。在实际应用中，将电路的工作频率扩展到太赫兹、红外和可见光等更高的频率范围，可以实现设备的小型化、更高的存储容量和更大的数据传输速率。但同时也会出现一个很普遍的疑问：集总电路元件的概念和电路理论的数学机制能否扩展并应用于光学领域[39]？

最初，研究者们认为将元件的尺寸从微波缩小到光学波长就可以实现这一目标。然而，在实现光学波段集总元件之前，必须克服几个问题。第一个问题是尺寸。与射频和微波等较低频中远小于工作波长的电子元件一样，利用先进制造技术可在光学波长下构建具有亚波长尺寸的纳米颗粒。第二个问题是金属在红外和光学频率下的电学响应。金、银、铝、铜等金属在射频和微波段是高导电材料，因此通常用于射频和微波段的电路中。然而，在光学频率下，贵金属介电常数实部为负，不表现出导电性，而是表现出等离子体共振特性。因此，在光学波长下，传导电流可能不是在这种集总光学元件中流动的主要电流。

考虑到这些问题，可以将纳米级超材料结构和纳米颗粒在亚波长尺度下定制化，操纵局部光场和电位移矢量，进而在纳米尺度上进行光学信息处理。利用超材料的光学特性，这些纳米颗粒可以组成“集总”纳米电路，也被称为超构电路 [40]。已有事实证明，材料组分可以决定纳米颗粒可能代表的集总阻抗类型 [39]：如果材料是常规电介质 (如 SiO_2 或 Si)，在光学频率下 $\mathrm{Re}(\varepsilon)>0$，则纳米粒子将充当电容 (即纳米电容器)；但是，如果纳米颗粒由光学波长下 $\mathrm{Re}(\varepsilon)<0$ 的材料 (如 Ag 或 Au) 制成，则颗粒可能表现为负电容阻抗，这意味着它将表现为电感 (即纳米电感器)；当材料表现出损耗时，即当其 $\mathrm{Im}(\varepsilon)\neq 0$ 时，纳米颗粒的纳米电路表示中应包括“纳米电阻”元件。如图 4.18(a) 所示，亚波长纳米颗粒被认为是光学频率下的集总纳米电路元件，当被单色光信号照射时，根据材料介电常数的不同等效为电容、电感或电阻。为了避免集总元件之间泄漏传导电流，考虑在亚波长纳米颗粒侧面有一层薄薄的介电近零材料，两端包覆高介电材料，这种复合纳米颗粒允许光位移电流流入和流出其两个高介电材料端子，并将该电流限制在其中，而不会从其介电近零材料侧泄漏，如图 4.18(b) 所示。类似于传统射频电路的电压和电流分布模式，超构电路在被光信号激发时，纳米模块的排列可用于在亚波长域中以所需的方式定制，通过电路板上的导线连接不同的常规电路元件，如图 4.18(c) 所示。

纳米结构是验证超构电路的理想选择，可以用作集总电路元件，如纳米电容器、纳米电感器或纳米电阻器，前提是其介电常数分别满足 $\mathrm{Re}(\varepsilon)>0$，$\mathrm{Re}(\varepsilon)<0$ 或 $\mathrm{Im}(\varepsilon)\neq 0$。如图 4.19 所示，光学电路由亚波长 Si_3N_4 纳米棒组成，相邻纳米棒之间的间隙 ($\mathrm{Re}(\varepsilon)>0$，$\mathrm{Im}(\varepsilon)=0$) 可以认为是无损的纳米电容器，而在一定波长范围内的介电常数 $\mathrm{Re}(\varepsilon)<0$，$\mathrm{Im}(\varepsilon)\neq 0$ 纳米棒作为纳米电感器，并与纳米电阻并联 [41]。与射频电子电路类似，通过改变串联/并联电路负载的等效阻抗来定制光信号的透射率，可有效地实现纳米级集总光滤波器 [42]。在电路理论的指导下，定量评估了它们在中红外状态下作为集总电路元件的等效阻抗，通过傅里叶变换红外光谱证实纳米结构确实可以作为二维光学集总电路元件，进一步评估了这些集总电路元件的等效值。当电场平行于纳米棒，宽度 w 为 125nm、高度 h 为 250nm 和间隙 g 为 75nm 时，单个 Si_3N_4 纳米棒的等效电感、电导和电容分别为 62.4fH/nm、0.16S·nm (等效电阻为 6.25Ω/nm) 和 166aF·nm；当入射电场垂直于纳米棒时，相

应的值为 0.98nH·nm、10.1μS/nm (等效电阻 0.099MΩ·nm) 和 0.03aF/nm。

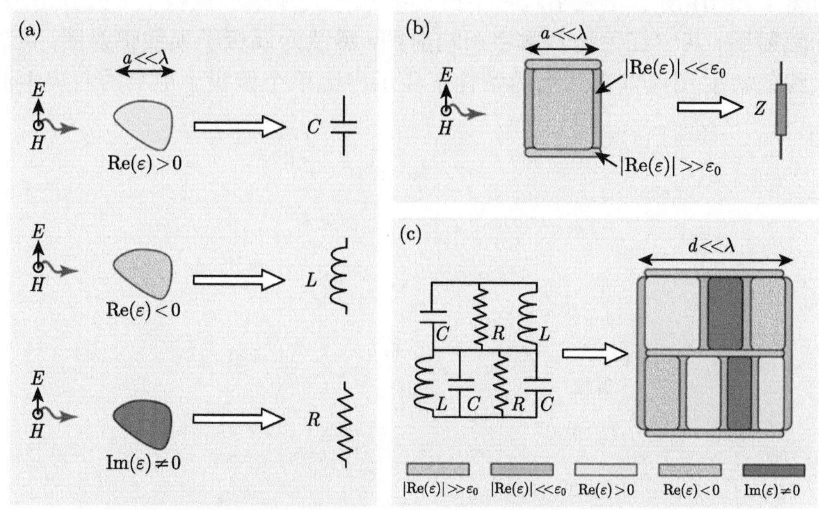

图 4.18 亚波长纳米粒子作为光学频率下的集总纳米电路元件 [39]

(a) 光频下的集总纳米电路元件；(b) 光学纳米模块；(c) 纳米电路

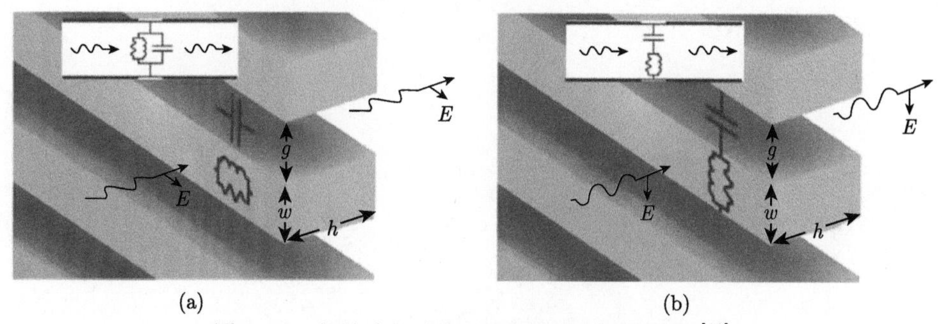

图 4.19 红外波长下的光学超电子电路示意图 [43]

(a) 水平极化; (b) 垂直极化

利用超构电路，可以将射频和微波域中的天线设计引入纳米级光学领域。八木宇田天线的主要元件是谐振偶极子和几个寄生元件，缩小天线辐射方向图并将主波束指向给定方向，如图 4.20 所示 [44]，设计了具有介电核心和等离子体壳的纳米颗粒，类似于光学频率下的电阻–电感–电容器 (RLC) 谐振超构电路。如图 4.20(a) 所示，SiO_2/Ag 核壳结构纳米颗粒的半径为 0.2λ，当 SiO_2 的核和 Ag 的壳的半径比为 0.851 和 0.834 时，纳米颗粒处于共振状态。纳米颗粒分别放置在光学点偶极子源左侧和右侧，比谐振子长度更长的无源线元件放置在偶极子左侧，距离为 0.25λ，该元件具有感应阻抗响应，可用作“反射器”；其他几个长度短于谐振子长度的导线元件位于偶极子源右侧，具有容性阻抗响应，称为导向器。天线产生的辐射方向图具有朝向“导向器”方向的窄波束和朝向反射器方向的最小值，如图 4.20(b) 所示是光学八木宇田类纳米阵列和单独偶极子天线在 620nm 波长处的辐射图，其中红色为八木宇田辐射图，黑色为偶极子天线辐射图，可以看出纳米天线的辐射图可以在适当的条件下显示出比单个偶极子更窄的右尖主波束。

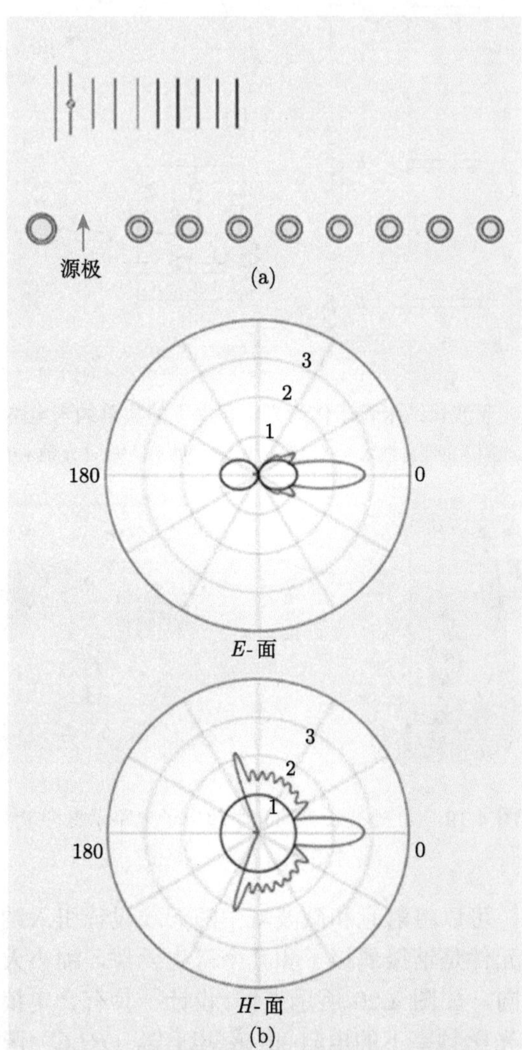

图 4.20　超构电路用于八木宇田天线设计 [44]

(a) 光学八木宇田天线几何形状; (b) 辐射方向图

在射频领域，可以使用电感、电容和电阻的并联或串联组合来设计带通或带阻滤波器。如果在超构电路中实现类似的滤波功能，需要用具有负介电常数的材料充当纳米电感器，通常由贵金属制成；用具有正介电常数的介电材料作为纳米电容器。采用并联或者串联的方法，设计这两个纳米模块进行组合，在一定光波长范围内实现带通或带阻滤波功能 [39]。如图 4.21(a) 所示，左边的射频电路是标准带通 RLC 滤波器；右边是基于超构电路的 2D 纳米滤波器横截面。2D 纳米滤波器放置在薄的平行板波导中，顶部和底部是不可穿透的壁，充当双端口网络。中间由 Si_3N_4 和 Ag 两个纳米棒并置而成，其中 Si_3N_4 的介电常数为 4.33，Ag 的介电常数符合 Drude 色散模型，插图为 2nm 波长光信号撞击纳米棒时光电场矢量的模拟放大全波数值。图 4.21(b) 为 2D 纳米滤波器传递函数的振幅和相位，

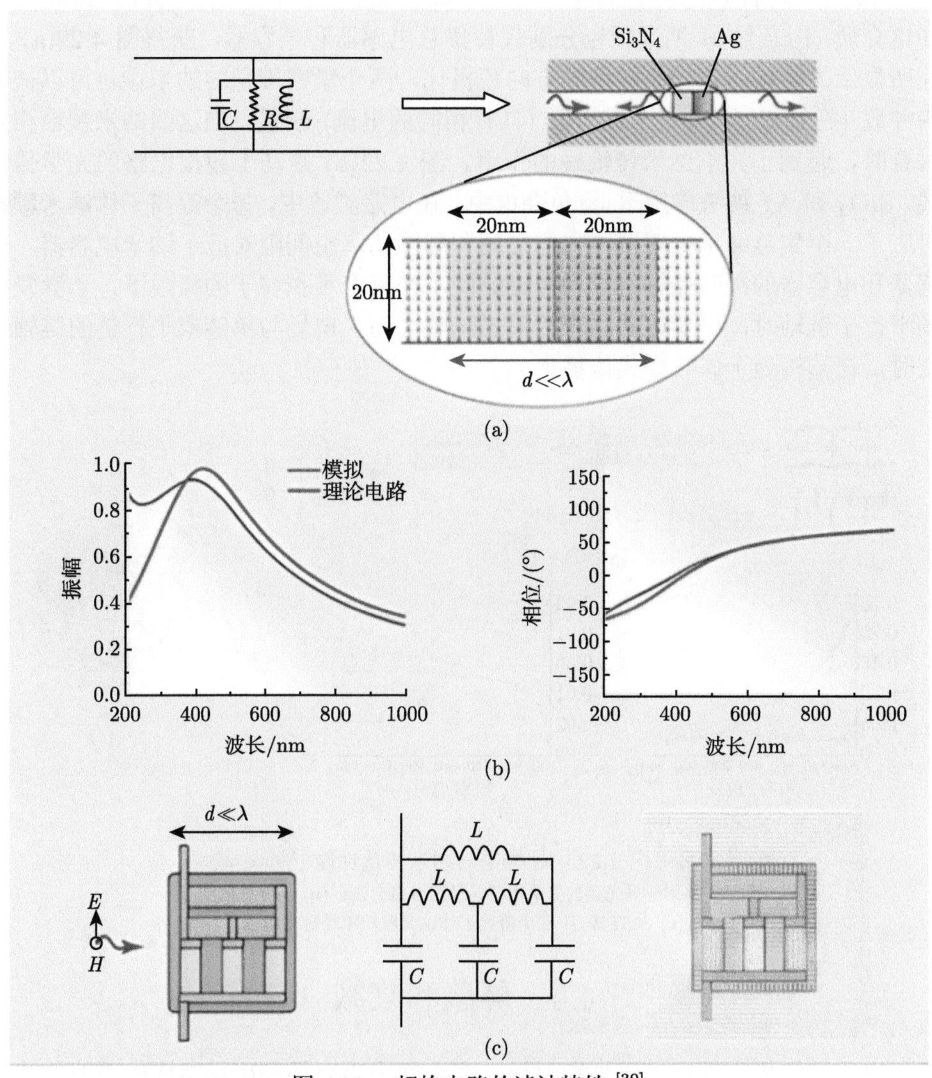

图 4.21 超构电路的滤波特性 [39]

(a) 纳米滤波器示意图；(b) 纳米滤波器传递函数的振幅和相位；(c) 超构电路示意图

其中黑色曲线表示纳米棒集合的全波二维仿真结果，红色曲线为集总电路理论的结果。两条曲线具有良好的一致性，验证了 Si_3N_4 和 Ag 纳米棒可以有效地充当集总元素。图 4.21(c) 的左图显示了另一个 2D 示例的横截面，其中六个光学纳米元件具有特定的布局，其功能与图 4.19(c) 中间面板所示的电路基本相似。从图 4.21(c) 右图可以看出，超构电路横截面中的光矢量场快照的全波 2D 仿真揭示了类似于电路中电压分布的场模式。

将负介材料和正介材料组成超构电路传输线，可以在适当的设计下表现出向前 (右旋) 或向后 (左旋) 波传播的特性。如图 4.22 所示，用负介材料 ($\mathrm{Re}(\varepsilon)<0$) 和电介质 ($\mathrm{Re}(\varepsilon)>0$) 纳米颗粒分别代替集总电感器和电容器，获得图 4.22(a) 中间所显示的结构。根据激发场的方向和极化，两个紧密堆积的纳米颗粒可以被视为并联 (施加相同的电压) 或串联 (具有相同的电流) 配置，当这些纳米颗粒相互融合时，起到了光学纳米传输线的作用。图 4.22(b) 是基于超构电路的光学传输线，SiO_2 和 Ag 被考虑用于正/负介电中。在电路类比中，每个等离子体纳米颗粒对应于一个集总纳米电感器，它们之间和周围的真空间隙对应于纳米电容器。电感器和电容器的级联能够引导和传输波能，在紧密堆积粒子的极限下，当激发电场平行于链轴时，引导模式与奇数模式一致，而当电场与单链或平行链的链轴正交时，该结构处于偶数模式传播。

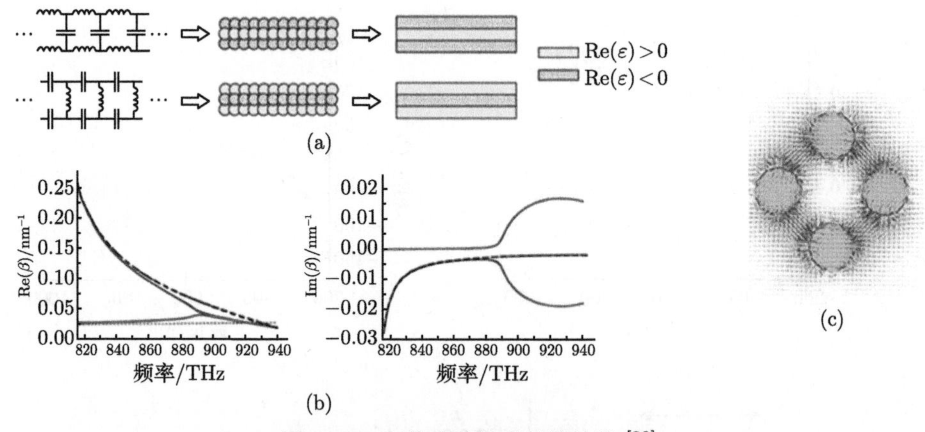

图 4.22　超构电路纳米传输性能 [39]

(a) 从射频到光频的集中电路元件组合概念图；(b) 波导色散图；

(c) 655THz 下四个等离子体纳米颗粒电场分布模拟

4.5　屏蔽和衰减

电磁波是相互垂直的电场和磁场，在空间中沿电场和磁场组成的平面的法线方向以波动的方式向前传播，如图 4.23 所示。无线通信技术等领域对电磁波的使用非常广泛，同时也带来了电磁波污染等问题。电磁波污染被认为是仅次于空气、水和噪声污染的第四大污染，空气中过量的电磁辐射威胁着人类健康和电子设备安全。高性能吸波材料及电磁屏蔽材料的研发是解决电磁辐射威胁的关键。

电磁波与不同材料间的相互作用如图 4.24 所示。当电磁波入射到材料表面，

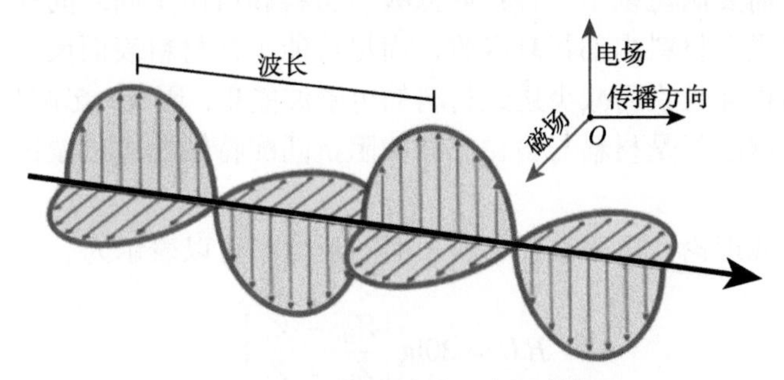

图 4.23 电磁波的示意图 [45]

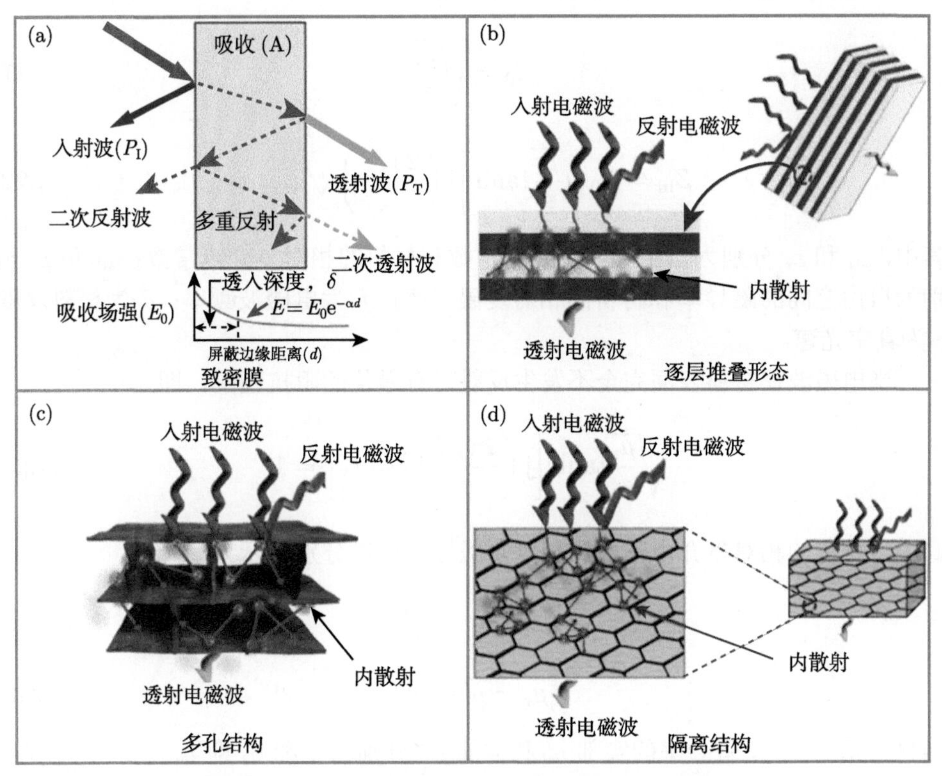

图 4.24 入射电磁波与不同结构之间的相互作用 [46]

(a) 致密膜；(b) 逐层堆叠形态；(c) 多孔结构；(d) 隔离结构

由于材料与自由空间的波阻抗差异较大，会有一部分电磁波被反射，一部分进入材料内部多次反射并被衰减吸收，其余未被吸收的电磁波将透过材料回到自由空间。电磁屏蔽的目的是减少电磁波的透射。材料对电磁波的反射、吸收及电磁波在材料内部的多重反射均是材料屏蔽性能的体现。对于吸波材料而言，获得较强的电磁吸收能力需要满足以下条件：降低吸波材料和自由空间之间的阻抗失配，使得更多电磁波进入材料内部损耗吸收，而尽可能少在材料表面反射；提高电磁波在材料内部的损耗吸收而减少透过材料的电磁波能量。因此，影响材料吸波/屏蔽性能的两个关键因素是材料与自由空间的阻抗匹配特性及电磁波在材料内部的衰减特性。

基于传输线理论，电磁波在材料表面的反射率可以表示为

$$RL = 20\lg\left|\frac{Z_{\text{in}} - Z_0}{Z_{\text{in}} + Z_0}\right| \tag{4.20}$$

其中，Z_{in} 和 Z_0 分别为材料和自由空间的波阻抗:

$$Z_0 = \sqrt{\frac{\mu_0}{\varepsilon_0}} \tag{4.21}$$

$$Z_{\text{in}} = Z_0\sqrt{\frac{\mu_{\text{r}}}{\varepsilon_{\text{r}}}}\tanh\left[\text{j}\left(\frac{2\pi fd}{c}\right)\sqrt{\mu_{\text{r}}\varepsilon_{\text{r}}}\right] \tag{4.22}$$

其中，ε_0 和 ε_{r} 分别为自由空间的介电常数和材料的相对复介电常数；μ_0 和 μ_{r} 分别为自由空间的磁导率和材料的相对复磁导率；f 为电磁波频率；d 为材料厚度；c 为真空光速。

当电磁波在材料表面完全不发生反射时有最佳的阻抗匹配，即

$$\sqrt{\frac{\mu_{\text{r}}}{\varepsilon_{\text{r}}}}\tanh\left[\text{j}\left(\frac{2\pi fd}{c}\right)\sqrt{\mu_{\text{r}}\varepsilon_{\text{r}}}\right] = 1 \tag{4.23}$$

其中，材料的相对复介电常数和相对复磁导率可以分别表示为

$$\varepsilon_{\text{r}} = \varepsilon' - \text{i}\varepsilon'' \tag{4.24a}$$

$$\mu_{\text{r}} = \mu' - \text{i}\mu'' \tag{4.24b}$$

当材料无磁性时，磁导率的实部 μ' 和虚部 μ'' 分别为 1 和 0，即 $\mu_{\text{r}} = 1 - \text{i}$, 于是有

$$\sqrt{\frac{1}{\varepsilon_{\text{r}}}}\tanh\left[\text{j}\left(\frac{2\pi fd}{c}\right)\sqrt{\varepsilon_{\text{r}}}\right] = 1 \tag{4.25}$$

因此，要获得最佳的阻抗匹配，使材料的复介电常数尽量接近自由空间的复介电常数。

材料的屏蔽性能常用电磁屏蔽效能 (SE) 表征。屏蔽效能可以用无屏蔽材料时的电磁场强度和有屏蔽材料时的电磁场强度的比值来表示，即

$$\mathrm{SE} = 20\lg\left(\frac{E_{\mathrm{T}}}{E_{\mathrm{I}}}\right) = 20\lg\left(\frac{H_{\mathrm{T}}}{H_{\mathrm{I}}}\right) = 20\lg\left(\frac{P_{\mathrm{T}}}{P_{\mathrm{I}}}\right) \tag{4.26}$$

其中，E_{I}、H_{I} 和 P_{I} 分别为有屏蔽材料时空间某一点的电场强度、磁场强度和电磁波能量；E_{T}、H_{T} 和 P_{T} 分别为无屏蔽材料时空间某一点的电场强度、磁场强度和电磁波能量。当电磁波由自由空间传播到屏蔽体表面时，屏蔽方式表现为：电磁波在屏蔽体表面因阻抗失配而引起的反射屏蔽 ($\mathrm{SE_R}$)；进入屏蔽体的部分电磁波在屏蔽体内部被材料吸收产生的吸收屏蔽 ($\mathrm{SE_A}$)；电磁波在屏蔽体内部的多重反射屏蔽 ($\mathrm{SE_M}$)。因此，材料总屏蔽效能 ($\mathrm{SE_T}$) 是反射屏蔽效能 ($\mathrm{SE_R}$)、吸收屏蔽效能 ($\mathrm{SE_A}$) 和多重反射屏蔽效能 ($\mathrm{SE_M}$) 的总和，即 $\mathrm{SE_T}=\mathrm{SE_R}+\mathrm{SE_A}+\mathrm{SE_M}$。

反射是具有不同阻抗或折射率的两种传播介质 (如空气和屏蔽) 之间的界面或表面引起的主要屏蔽机制，屏蔽表面从正面到背面的反射损耗大小可以使用高导电屏蔽层菲涅耳方程量化，即

$$\mathrm{SER\,(dB)} = 20\lg\frac{(\eta+\eta_0)^2}{4\eta\eta_0} = 39.5 + 10\lg\frac{\sigma}{2\pi f\mu} \tag{4.27}$$

其中，η 和 η_0 分别是屏蔽和空气的阻抗；σ 和 μ 分别是屏蔽材料的电导率和磁导率；f 是入射电磁波的频率。对于非磁性和导电屏蔽材料，吸收屏蔽效能可以表示为

$$\mathrm{SEA\,(dB)} = 20\lg(\mathrm{e}^{\alpha d}) = 20\left(\frac{d}{\delta}\right)\lg(10\mathrm{e}) = 8.68\left(\frac{d}{\delta}\right) = 8.7d\sqrt{\pi f\mu\sigma} \tag{4.28}$$

其中，δ 是趋肤深度；α 是衰减常数。

多重反射屏蔽包括在屏蔽材料的不同表面或界面的反射，即由于第二界面的反射，波回到第一界面，并在第一界面反射后再次落在第二界面，实现电磁波在屏蔽体内部的多重反射屏蔽，多重反射屏蔽效能可以表示为

$$\mathrm{SEM\,(dB)} = 20\lg[10(1-\mathrm{e}^{-2\alpha d})] = 20\lg\left[10\left(1-\mathrm{e}^{\frac{-2d}{\delta}}\right)\right] \tag{4.29}$$

材料的吸波性能可以通过反射损耗 (RL) 来表征，利用矢量网状分析仪测试的结果可以计算相应的反射损耗。反射损耗可以用电磁波能量表示，即

$$\mathrm{RL} = 10\lg\frac{P_{\mathrm{R}}}{P_{\mathrm{I}}} \tag{4.30}$$

其中，P_{R} 代表反射电磁波的能力；P_{I} 代表入射电磁波的能力。当 RL 值低于 $-10\mathrm{dB}$ 时，表明有超过 90%的入射电磁波的能量被吸收，即电磁波得到有效吸收。因此，RL 值小于 $-10\mathrm{dB}$ 所对应的频率范围为该材料的有效吸波频带。

入射电磁波主要有磁损耗和介电损耗，磁性材料具有磁、介电双重损耗能力，主要代表有磁性金属及其合金、铁氧体等，非磁性材料以介电损耗为主。物理损耗以多重反射为主，一些特殊微结构会有效增强多重反射的强度，从而提高材料的衰减能力。要想获得优异的吸波/屏蔽性能，仅仅满足阻抗匹配的原则是不够的，还需要使电磁波尽可能多地在材料内部被衰减吸收，从而减少透射波。通常材料对电磁波的衰减吸收能力可通过衰减系数 α 评估，即

$$\alpha=\frac{\sqrt{2}\pi f}{c}\sqrt{(\mu''\varepsilon''-\mu'\varepsilon')+\sqrt{(\mu''\varepsilon''-\mu'\varepsilon')^2+(\mu''\varepsilon''+\mu'\varepsilon')^2}} \tag{4.31}$$

由上式可知，材料对电磁波的损耗能力与复介电材料和复磁导率的虚部有关，介电常数磁导率的虚部越大，材料对电磁波的损耗能力越强。材料对电磁波的损耗可以分为电损耗、磁损耗和介电损耗。

在交变电磁场中，铁磁性材料的损耗形式主要包含涡流损耗、磁滞损耗、阳离子超交换作用、畴壁共振等 [47,48]。磁滞损耗产生的原因是磁畴壁的不可逆移动或磁矩的不可逆转动而引发的磁感应强度随磁场强度变化的滞后效应，磁滞损耗的强度主要取决于材料的磁导率和瑞利系数。涡流损耗是指铁磁体内的磁通量及磁感应强度将随外加交变磁场发生变化，在电磁导体内产生垂直于磁通量的环形感应涡电流 [49]，涡电流激发新的磁场来阻止外加磁场引起的磁通量变化，导致铁磁体的实际磁场总是滞后于外加磁场，产生了磁化滞后效应，而涡电流在铁磁体内产生了焦耳热，有助于能量的损耗 [50]。畴壁共振是指铁磁体处于交变磁场时，畴壁将因受到力的作用而在其平衡位置附近振动，当外加交变磁场的频率等于畴壁振动的固有频率时会发生共振现象，由此将电磁能转变为热能实现衰减。

材料的阻抗匹配性能和衰减性能直接受到电磁参数的影响，吸收剂的电磁参数 ε_{r} 和 μ_{r} 是表征其电磁性能的重要参数，ε_{r} 为复介电常数，$\varepsilon_{\mathrm{r}}=\varepsilon'-\mathrm{i}\varepsilon''$，$\mu_{\mathrm{r}}$ 为复磁导率，$\mu_{\mathrm{r}}=\mu'-\mathrm{i}\mu''$。在复介电常数和复磁导率中，介电常数实部 ε_{r} 和磁导率实部 μ_{r} 分别是材料在交变电磁场中产生介质极化和磁化程度的变量，而虚部 ε'' 和 μ'' 分别体现了材料在交变电磁场中持续极化与弛豫的过程中产生的电损耗和磁损耗。材料对电磁波的衰减能力取决于材料的复介电常数和复磁导率，在设计吸波材料时必须充分考虑材料的电磁参数。

介电损耗的形式主要包含极化效应和电导损耗。以极化为主的电磁吸收材料的发生归因于弛豫现象，指一个热力学平衡系统在外界的能量场干扰下偏离平衡状态后，经历一段短暂时间后又可恢复到热力学初始状态，从热力学平衡状态到

非平衡状态再恢复到平衡状态的过程，称之为弛豫过程，该过程的产生需要外界能量场提供能量。电介质的极化通常包含电子云位移极化、离子位移极化、极性介质电矩定向转化极化、缺陷偶极子极化、界面极化等。对于电介质，突然增加一个电场或者取消一个电场时都会打破原有的热力学平衡状态而随后发生弛豫现象。在交变电场中，正负电场呈周期性变化，必然会引起电介质电偶极子随电场的变化，随着电场频率的增加，电偶极子一旦跟不上外界电场频率的变化，便出现滞后现象，进而达到一个极限。弛豫过程中电偶极子的反复转向使得电磁波实现衰减。

电导损耗是由于在外加电场提供能量的情况下，电介质中的载流子会自由移动，移动过程中因克服障碍而消耗能力的一种损耗形式。当电磁波入射这类材料时，在电磁场的作用下载流子定向迁移而产生的感应电流经过导体材料时，由于材料具有一定的电阻，产生了焦耳效应，因此外界电磁波以热能的形式损耗掉。一般而言，电导率越大，电磁波进入材料后所产生的微电流强度 (电场变化引起的电流和磁场变化引起的涡流) 就越大，这些由交变电磁场引发的电流越大，越有利于将电磁能转化为热能。然而，较高的电导率在交变电磁场中引发的宏观电流又受到 “趋肤效应” 的制约。当电磁波入射到电导率较高的吸收剂表面时，会在材料表层形成高频振荡趋肤微电流，增强了电磁波的反射，而不利于电磁波进入材料达到衰减的目的。因此，对于电导损耗型吸波材料而言，并非电导率越大越好，而是需要将材料电导率调控至一个适中的范围内 (0.1~10S/m)，所以一般在导电率较高的材料表面包覆一层低电导率的材料来降低复合材料的电导率，从而使得更多的电磁波进入材料的内部，达到最佳的吸波目的。

不同于传统的电磁波器件，超材料可以通过对亚波长结构的设计，任意地对电磁波的振幅、相位等各种信息进行调制，展现出强大的电磁波操控能力，产生了诸如负折射、隐身、超吸收、异常反射等突破传统认知的电磁现象。超材料完美吸收器 (MMPAs) 通常由三层组成，包括周期性排列的金属图案、介电间隔层和连续金属板。周期性排列的金属图案可以调谐满足环境的阻抗匹配条件，在谐振频率下实现 MMPAs 的零反射。介电层是用于耗散电磁波的垫片，金属接地层阻挡所有入射电磁波。从理论上讲，可以使用有效介质近似、等效电路理论或干扰理论来描述完美吸收 [51-53]。如图 4.25 所示，Landy 等设计了由顶部开口环谐振腔、中间介质间隔层和底部金属条反射层组成的金属–介质–金属结构，通过将单元结构周期性的排布，使入射电磁波和结构共振耦合，使金属的表面等离激元的共振峰位和损耗尽可能一致，从而达到对特定波长的完美吸收。

目前为止，研究人员已经通过实验和计算证明了实现宽带 MMPAs 的四种主要技术。第一种是定制顶层平面排列的图案大小 (图 4.26(a))，在每个晶胞中产生共振, 当这些谐振足够接近时，就会相互叠加形成宽带吸收，多个共振通过谐振器集成到晶胞中实现完美的吸收率 [55]。第二种如图 4.26(b) 所示，在垂直方向上堆叠电介质和金属顶层，通过调整几何参数来形成有增无减的宽带吸收光谱。图 4.26(c) 显示了第三种方法，即引入集总元件，如电阻、电容和二极管。第四种是利用金属纳米颗粒的局域表面等离激元构筑金属–介电纳米复合材料，该材料体系提供介质与自由空间的阻抗匹配、层间光的多重反射及金属纳米颗粒的光捕获和吸收，实现从紫外到近红外的完美光吸收，如图 4.26(d) 所示。

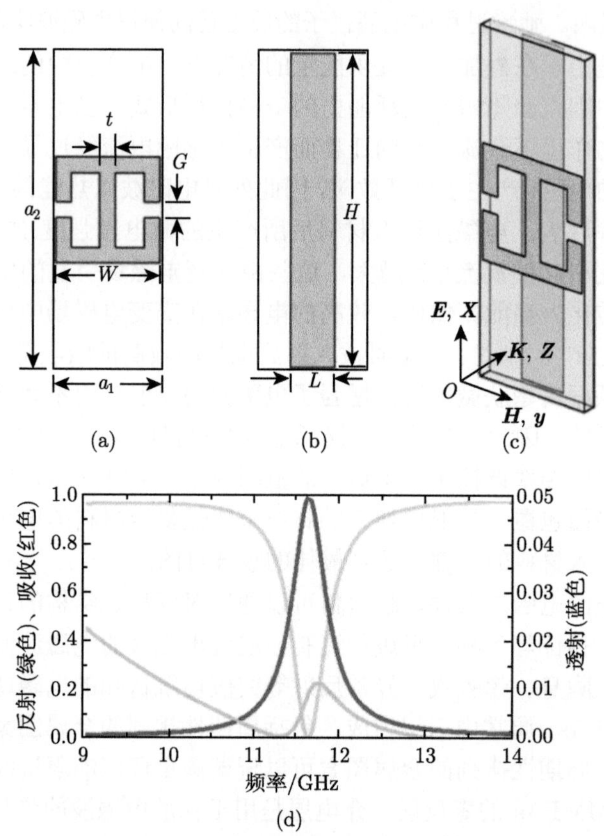

图 4.25 完美吸收器结构单元及性能光谱图 [54]

(a)~(c) 不同角度结构单元；(d) 反射 (绿色)、吸收 (红色) 和透射 (蓝色) 光谱

当不同尺寸的谐振图案产生的谐振频率相隔足够近时，就能够设计出宽频的吸波结构。如图 4.27 所示，Feng 等在理论上对金属谐振图案材料的介电常数色散模式进行了调制，当把金属材料的介电常数色散模式从 Drude 模型转变为 Lorentz 模型后，在 6.8~14.3μm 波段实现一个吸收率高达 97%的超宽频带吸收峰 [56]。Hendrickson 等将尺寸为 815nm×815nm 和 865nm×865nm 的两个正方形等离子体金属结构排布于一个周期单元内，在 3.55μm 的波段实现了吸收率高

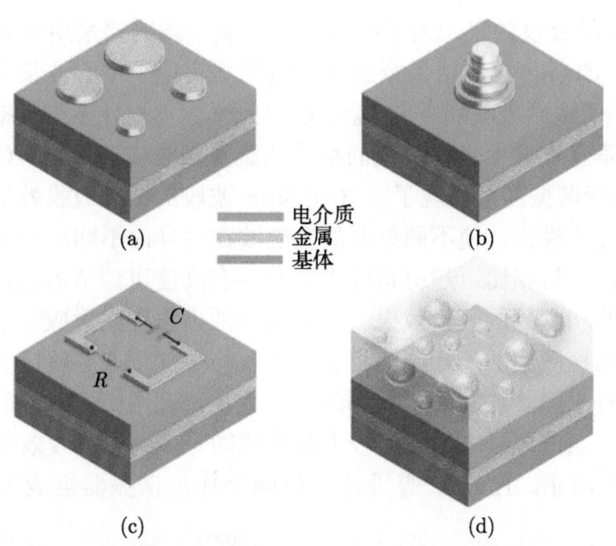

图 4.26 宽带超材料完美吸收器 (BMMPAs) 的常规设计 [55]

(a) 平面排列；(b) 垂直排列；(c) 与集总元件焊接；(d) 纳米复合材料

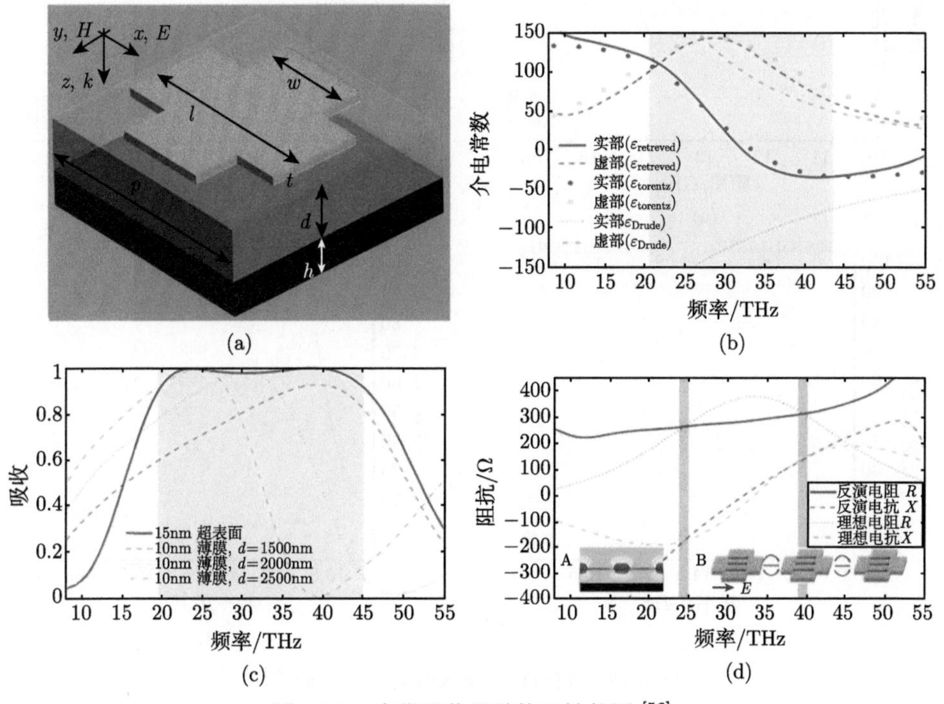

图 4.27 宽带吸收器结构及性能图 [56]

(a) 单元结构；(b) 有效介电常数频谱；(c) 吸收曲线；(d) 阻抗频谱

达 96.7% 的宽频吸收效果，为了扩宽吸收带宽，就需要采用更多的不同尺寸的谐振图案 [57]。Cheng 等利用多个圆形谐振图案实现了中心波长在 4.3μm，吸收带宽达到 2μm 的宽频吸收峰 [58]。除了在单元平面上设计多个频率相近的谐振结构，还可以在垂直维度上设计渐变的结构达到宽带吸收的效果。Cui 等利用多达 20 层的一维渐变谐振图案实现了在 3~5.5μm 波段的宽频吸收效果，即利用在波导中激发出的慢波模式，使不同频率的电磁波在波导内不同尺寸的位置上 [59]。

与传统吸波材料相比，超材料吸收结构具有高度可调节的谐振行为，可以更容易地获得多峰和宽频的吸收效果。不同尺寸的谐振图案对应着不同的电磁波吸收频率，调节谐振图案的尺寸能够将多个吸收峰叠加形成多峰或宽频的吸收。谐振图案的排布有平面叠加和多层叠加两种方式，可利用谐振长度的差异来产生不同的谐振频率，当谐振频率的间隔较大时形成的是多峰的吸收效果。

如图 4.28 所示，Hoque 等设计了由两个环形谐振器组成的超材料完美吸

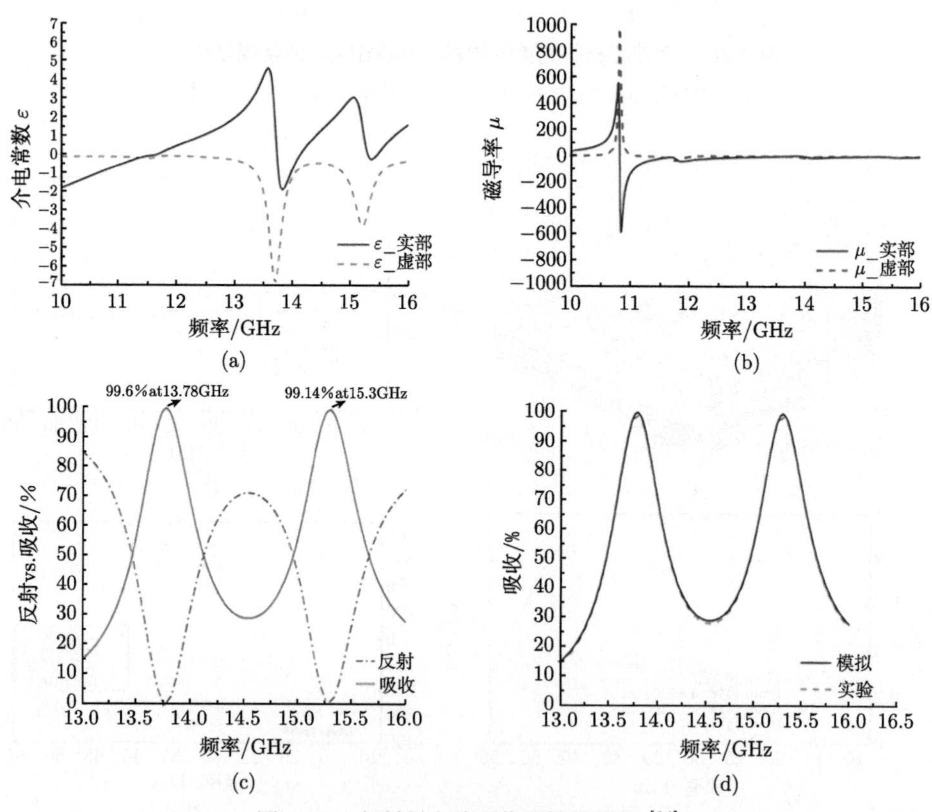

图 4.28　超材料完美吸收器性能频谱 [64]

(a) 介电频谱；(b) 磁导率频谱；(c) 反射和吸收频谱；(d) 测试和模拟吸收频谱

收器，在 13.78GHz 和 15.3GHz 处的吸收峰的强度达到了 99.6% 和 99.14%。Zhang 等利用环绕对称排布的椭圆形谐振图案制备了双峰的吸收结构，并利用椭圆形长轴和短轴尺寸的差异设计了两个吸收峰，分别位于 1.3μm 和 1.7μm 处，吸收峰的强度达到了 89.3% 和 93.2%[60]。Feng 等利用非对称的 T 形谐振图案在 4.6μm 和 6.5μm 处实现了双峰的吸收，通过改变竖直谐振臂的位置即可达到对这两个吸收峰位置的调节 [61]。通过对单元在空间上的复用，Hendrickson 等利用 2 个和 3 个不同尺寸的正方形谐振图案制备了具有 2 个和 3 个吸收峰的吸波结构 [62]。此外，只采用单一尺寸的谐振图案也可以形成多峰吸收效果。Cheng 等通过将高次模产生的吸收峰与主模产生的吸收峰相叠加的方式，利用单个方环结构就实现了双峰的吸收效果 [63]。

材料的高导电性、多孔结构和有效的电荷离域是微波吸收、衰减的主要原因。如图 4.29 所示，Qing 等采用热压烧结法制备出不同石墨烯纳米片质量分数的石墨烯纳米片/氧化铝复合材料，在整个 X 波段发现了负介电常数，总的屏蔽效能 (SE) 可以达到 22dB；当温度从 25℃ 升高到 400℃ 时，介电常数虚部的增加导致 SE 值从 22dB 提升到 37dB[65]。Ying 等报道了具有负介电常数的石墨烯泡沫/聚噻吩复合材料，通过引入高电导率的石墨烯泡沫，将复合材料的电导率显著提高到 43.2S/cm，SE 值显著提高到 91.9dB[66]。Cheng 等研究了银/氮化硅复合材料在 2~18GHz 频段的可调负介电常数和屏蔽效果增强性能，材料的负介行为来源于银网络发生的等离振荡，带来的阻抗失配效应使总屏蔽效能提高到 30dB[67]。复合材料的阻抗特性可以用传输线理论描述，即

$$|Z_{\rm in}/Z_0| = \sqrt{\frac{\mu_{\rm r}}{\varepsilon_{\rm r}}}\tanh\left[{\rm j}\left(\frac{2\pi f d}{c}\right)\sqrt{\mu_{\rm r}\varepsilon_{\rm r}}\right] \tag{4.32}$$

当 $|Z_{\rm in}/Z_0|$ 的比值为 1 时，材料阻抗匹配性能越好，此时进入材料的入射电磁波越多。当材料出现负介电常数时，$|Z_{\rm in}/Z_0|$ 的比值随着导电相含量的提高而降低，表现为阻抗失配特性；阻抗失配越强，材料屏蔽效能越优异。例如，当银的体积分数为 12%时，银/氮化硅复合材料的 $|Z_{\rm in}/Z_0|$ 值低于 0.1，强烈的阻抗失配特性导致材料的吸收效率高达 96.5%[67]。

研究表明，当介电常数接近零时，基于衰减全反射 (ATR) 配置可以实现近乎完美的电磁波吸收。比如，Hwangbo 等调整氧化铟锡 (ITO) 薄膜的生长条件实现了介电近零 (ENZ) 响应，使用不同 ENZ 波长的 ITO 多层膜，实现了覆盖近红外波长的宽带完美吸收 [68]。图 4.30(a) 显示 1390nm、1620nm 和 1920nm 获得了不同近红外波长的完美吸收，改变 ITO 样品的掺杂可以调控 ENZ 波长。从图 4.30(c) 和 (d) 可以看出，完美吸收点位于 ENZ 模色散曲线上，场增强是在 ENZ 波长附近获得的。

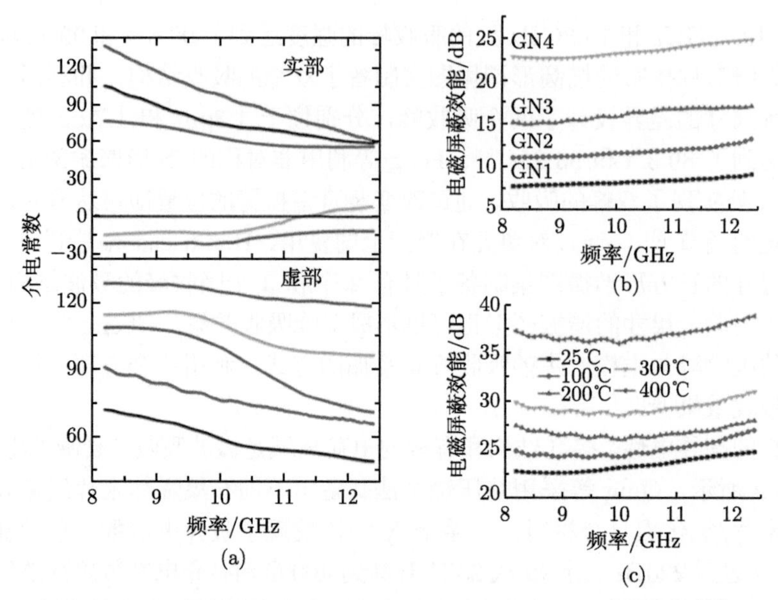

图 4.29　石墨烯纳米片/氧化铝复合材料介电及电磁屏蔽性能 [65]

(a) 介电频谱；(b) 不同体积分数下电磁屏蔽性能；(c) 不同温度下电磁屏蔽性能

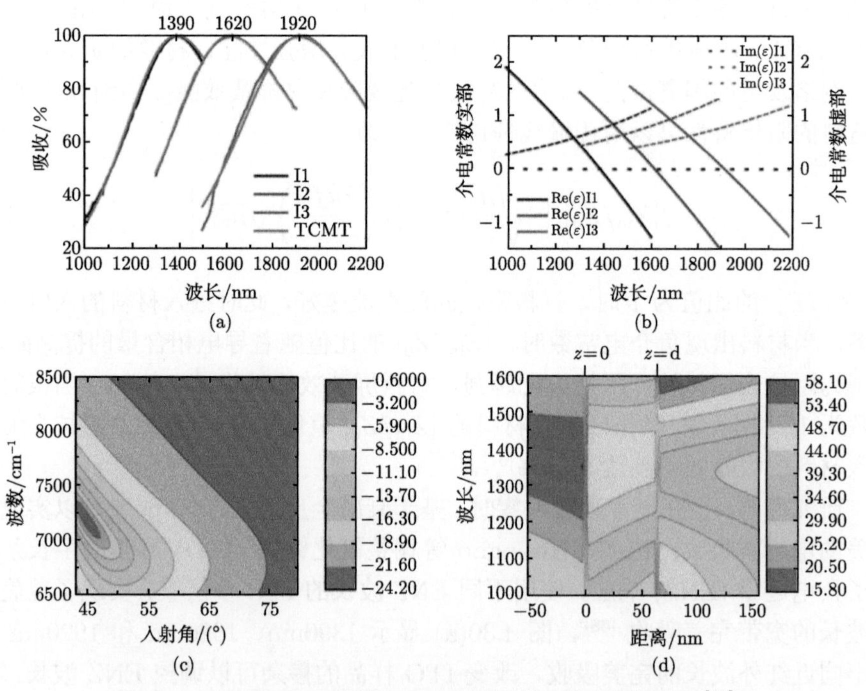

图 4.30　不同 ENZ 波长的 ITO 薄膜性能测试及仿真图 [68]

(a) 不同生长条件的 ITO 薄膜吸收光谱；(b) 介电常数；(c) 同传递矩阵法计算反射率等高线图；(d) 法向电场的大小

同样，Wang 等制备出性能可调的铜/钛酸钡 ($Cu/BaTiO_3$) 复相陶瓷，介电频谱和吸收光谱如图 4.31 所示 [69]，当 Cu 含量低时，$BaTiO_3$ 的介电共振诱导负介电常数；当 Cu 含量高于临界浓度时，观察到由自由电子的等离振荡引起的负介电常数。由于 $BaTiO_3$ 和 Cu 是非磁性材料，复合材料的磁导率可以近

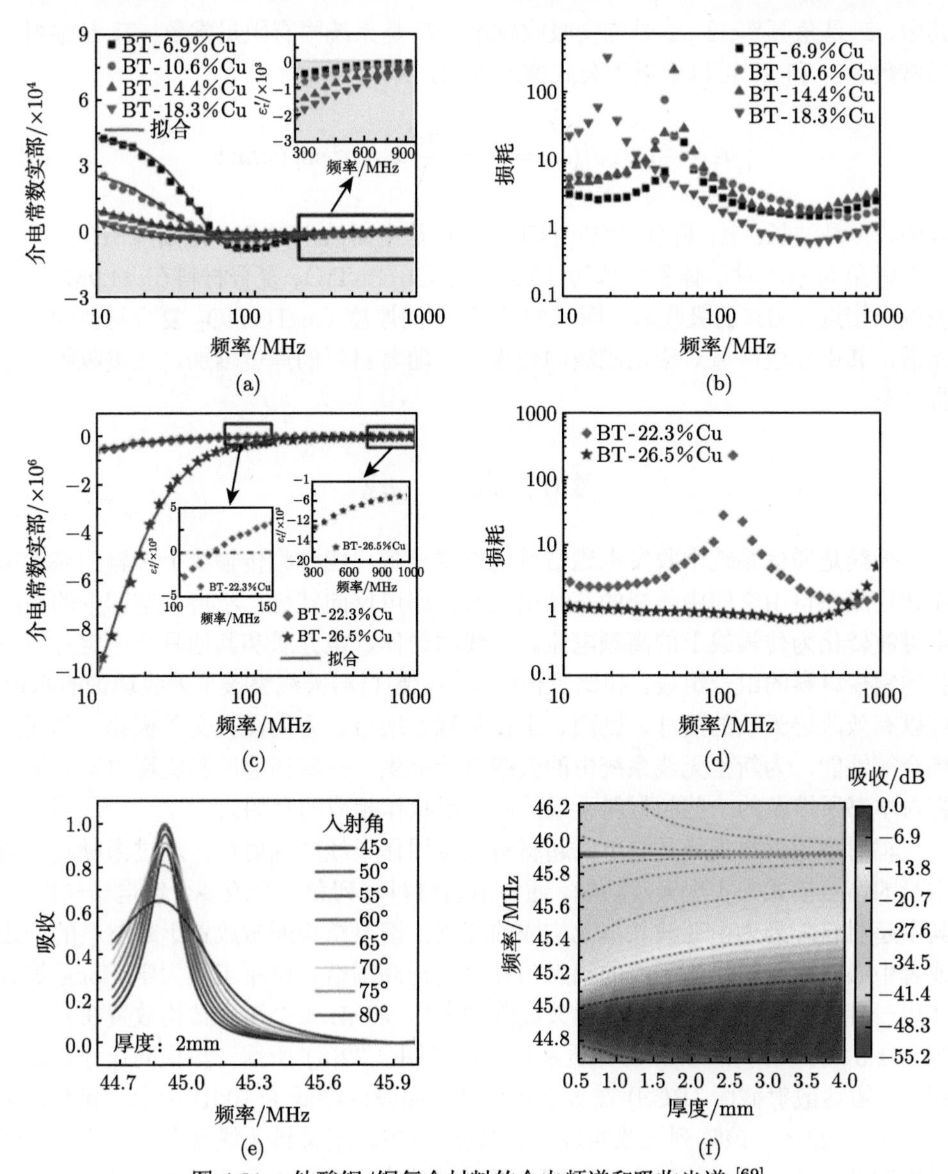

图 4.31 钛酸钡/铜复合材料的介电频谱和吸收光谱 [69]

(a)、(b) 铜体积分数为 6.9%～18.3%的介电常数实部及损耗图; (c)、(d) 铜体积分数为 22.3%和 26.5%的介电常数实部及损耗图; (e)、(f) 铜体积分数为 10.6%时材料的电磁波吸收性能

似为 1。在这种情况下，考虑到单谐振和单端口系统，吸收可以通过以下公式给出，即

$$A=\frac{4T_{\mathrm{i}}T_{\mathrm{r}}}{(\omega-\omega_{\mathrm{PA}})^2+(T_{\mathrm{i}}+T_{\mathrm{r}})^2} \tag{4.33}$$

其中，ω 是角频率；ω_{PA} 是完美吸收频率；T_{i} 是系统固有阻尼常数；T_{r} 是辐射阻尼常数。T_{i} 和 T_{r} 可以由以下公式推理得到，即

$$T_{\mathrm{i}}=\frac{1}{2}\omega_{\mathrm{PA}}\varepsilon''(\omega)=T_{\mathrm{r}}=\frac{\pi d}{\lambda}\omega_{\mathrm{PA}}n_0^3\sin\theta\tan\theta \tag{4.34}$$

其中，λ 是波长；n_0 是自由空间折射率；θ 是电磁波入射角。如图 4.31(e) 所示，当入射角为 60° 时，体积分数为 10.6% 的 $\mathrm{Cu/BaTiO_3}$ 复合材料在 44.9MHz 处表现出接近 100%的吸收率。图 4.31(f) 为不同厚度 $\mathrm{Cu/BaTiO_3}$ 复合材料的吸收光谱，其中红色区域对应电磁波的全吸收，随着材料的厚度增加，完美吸收的频带变宽。

4.6 天 线

天线是通信系统中收发电磁信号的前端设备，能够将传输线上传输的高频电流转化成在自由空间中传播的高频电磁波，亦可反向转化，将自由空间中的高频电磁波转化为传输线上的高频电流。天线由导体、电介质和其他具有一定几何形状的常规材料的组合组成。相比于传统天线，超材料天线突破了天线理论的瓶颈，可以有效改善天线的尺寸、剖面、工作带宽、增益、方向图、交叉极化、单元间耦合等性能，为新型无线系统中的天线设计提供一些新的思路和实现方案。下面将对本书所涉及的一些超材料天线的研究现状作相应的介绍。

辐射型超材料天线是将电磁超材料直接用作天线的辐射体，通过激励超材料本身的谐振模式来实现天线功能，通常由超材料阵列和一个或多个馈电结构组成。其中超材料阵列为由亚波长单元构成的阵列，馈电结构通常放置于超材料的一边或者中心。超材料作为天线的辐射口径时会提高增益。空军工程大学 Cong 等设计出一种低雷达截面宽带圆极化天线阵列 [70]，将 4×4 个矩形结构放置在介电常数为 1.5、厚度为 4.3mm 的介质基板上，如图 4.32(a) 所示。与相同尺寸金属板相比，雷达散射截面 (RCS) 在 5.2~6.5GHz 频段内降低了 10dB 以上，相对带宽降低了约 22%，该阵列天线实现了宽带低 RCS。超材料天线具有用定相谐振器来控制波速的能力，可以大幅度减少相邻天线之间的相互耦合。加拿大 Ramahi 采用等幅同相的激励给大量完全相同的单元馈电，如图 4.32(b) 所示 [71]，天线表面是周期性排列在方形基板上的 8×8 环形谐振器 (ERR) 阵列，所有阵列单元都

连接到一个 50Ω 馈电点。在这种配置下，设计了一种尺寸为 $1.2\lambda\times1.2\lambda$ 且工作频率为 3GHz 的超材料天线，在 z 方向上实现了 12dBi 的最大增益。新加坡国立大学 Chen 等提出基于超材料的宽带薄型网格开槽贴片天线和宽带薄型蘑菇天线，如图 4.32(c) 和 (d) 所示 [72,73]。两种天线都采用 4×4 矩形结构，其中辐射网格开槽贴片是串联电容器加载的超材料贴片单元组成的周期性结构，产生纯右旋色散分支，在有限和非零频率下具有零相位常数，在低剖面 $0.06\lambda_0$ (λ_0 是自由空间中的中心工作波长) 实现了 28% 的高测量带宽，最大增益为 9.8dBi；蘑菇天线的双共振模式同时被激发，在厚度 $0.06\lambda_0$ 实现了 25% 的测量带宽，平均增益为 9.9dBi，天线效率高于 76%，交叉极化低于 −20dB。

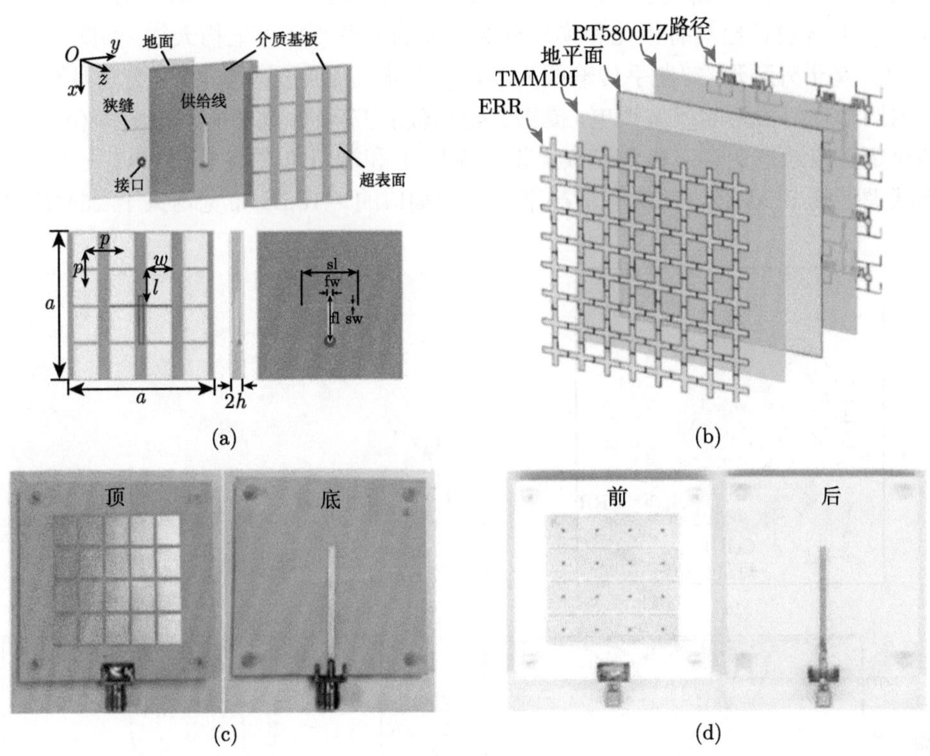

图 4.32 不同的天线结构 [70-73]

可重构超材料天线也是研究的热点，根据工作特性，可重构超材料天线可以分为四类：频率可重构、极化可重构、方向可重构和混合可重构。频率可重构天线是指天线辐射方向图和极化特性不变，天线的工作频率具有可调控性，分为连续可调和离散可调两种方式。极化可重构天线的工作频率和方向图保持不变，自身的极化特性发生变化，可以分为两种极化相互转换，左旋圆极化和右旋圆极化相互转换，以及线极化和圆极化相互转换。方向可重构天线保持工作频率和极化特性不变，而辐射方向图具备可重构性质。混合可重构天线是将天线工作频率、极化状态及辐射方向图进行两两组合或者同时具备上述三种情况的可重构天线。

频率可重构超材料天线一般是通过改变辐射体的谐振频率来实现的。Eleftheriades 等在印刷单极子上加载负折射率超材料，实现了双频辐射，在该天线基础上，在天线合适的位置加载变容二极管，天线的低频谐振点随变容二极管容值的变化而受到调控 [74]。Shobhit 等提出一种新型超材料加载微带贴片天线，实现了多频段频率可重构性，其中超材料特性是在基板中雕刻三角形分环谐振器实现，频率可调性基于三个 PIN 二极管的开关机制实现。该天线提供 −38.100dB 的最小反射响应、220MHz 的频率可调性、8MHz 的带宽和 3.4dB 的增益 [75]。Vandenbosch 等设计出具有极化和模式分级功能的薄型频率可重构天线，如图 4.33 所示 [76]。基于外环形右/左手传输线为端口 2 馈电，提供了宽侧辐射；分体环谐振器的内圆形辐射器为端口 1 馈电，提供了全向辐射方向图。如图 4.33(c) 和 (d) 所示，两个辐射器通过变容二极管连续调谐，端口 1 和端口 2 的谐振都可以从 1.7GHz 连续调谐到 2.2GHz。在所有情况下，两个端口的 −10dB 带宽均大于 25MHz。

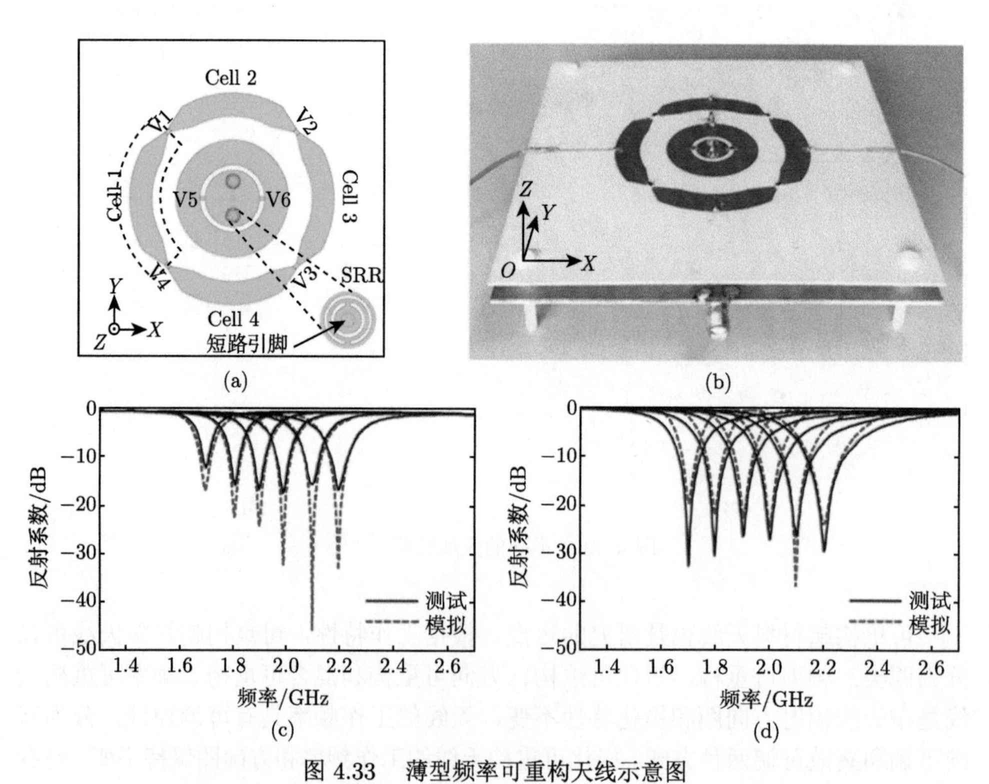

图 4.33　薄型频率可重构天线示意图

(a) 外环形散热器和内圆形散热器；(b) 实物图；(c)、(d) 端口 1 和 2 的反射系数频谱方向图可重构超材料天线主要有两种方式：一是通过控制激励超材料辐射天线自身的辐射模式；二是通过设计可重构的超材料表面来实现波束偏转。Mohammad 等设计了基于频率选择表面的四端口多输入、多输出圆柱形介质谐振器天线，其中两组介质谐振器天线背对背放置，并在天线上方加载了频率选择表面作为部分反射面，控制四个端口激励可以实现六种状态的方向图变化[77]。四端口 MIMO 天线结构如图 4.34 所示，两个圆柱形介电谐振器 (DR-1 和 DR-2) 放置在 FR4 基板的顶部。如果基板和部分反射面的距离减小，波束就会偏离宽边方向，并且在天线元件之间获得高互耦，在隔离值和相关值方面分别提高了 5dB 和 15%以上。

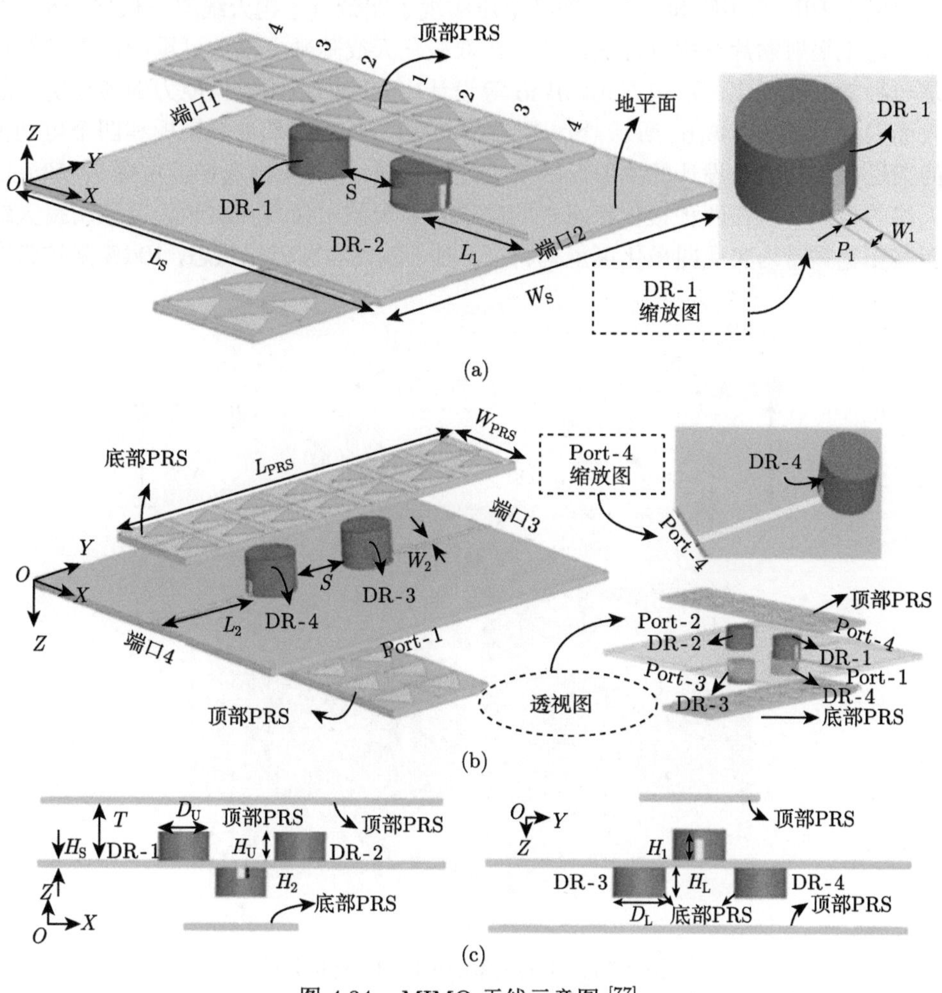

图 4.34　MIMO 天线示意图[77]

(a) 俯视图；(b) 底视图；(c) 侧视图

极化可重构超材料天线主要有三种方式：一是在激励超材料辐射的贴片天线上添加二极管来控制天线的极化；二是设计可重构馈电结构来控制天线的极化；三是设计可重构的超材料表面，通过控制超材料表面的状态来控制天线的极化。

Yin 等提出宽带双极化可重构法布里–珀罗谐振器天线，开放式充气法布里–珀罗腔由放置在完全反射地平面上的部分反射表面 (PRS) 层构成，如图 4.35(a) 所示 [78]。采用双元素补丁阵列作为馈线，通过控制四对 PIN 二极管的开/关状态，实现水平线性极化 (HP) 和垂直线性极化 (VP) 的可重构，HP 和 VP 的 3dB 增益带宽分别为 12.5%和 14.6%，峰值增益分别为 15.1dBi 和 14.8dBi。Tran 和 Park 采用两个 PIN 二极管和一个可切换电压实现了宽带可重构天线的三极化分集 [79]，除了对主辐射贴片结构进行操作外，在双极化天线基础上设计可重构馈电结构也是一种常见的极化可重构方式。Hao 等设计出具有四极化重构能力的薄型宽带超表面天线，如图 4.35(b) 所示 [80]。超表面天线由 4×4 周期性金属板和四个可切换的馈送探头与两个设计的单刀双掷开关连接组成，通过正确选择馈电探头，超表面天线的极化可以在四种极化状态之间动态重新配置，仿真和实验验证了所提天线能够在宽频带内实现四极化可重构特征。对于线性和圆极化状态，10dB 阻抗带宽

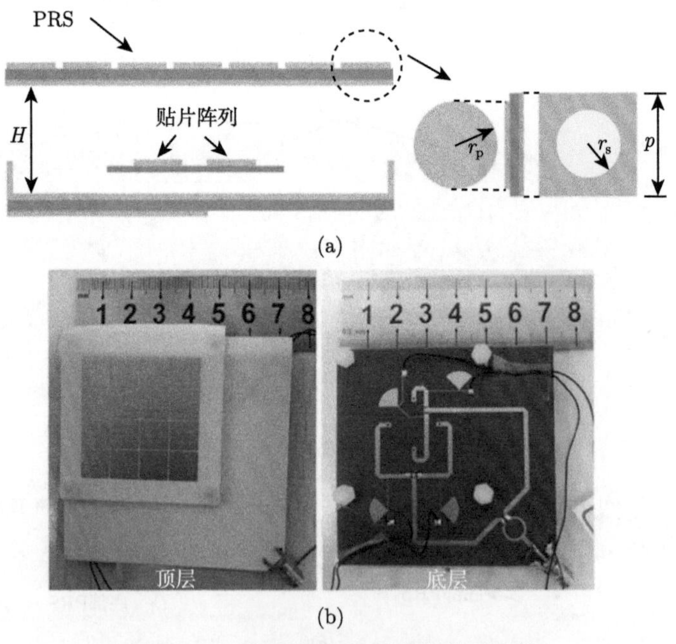

图 4.35　不同类型的可重构超材料天线

(a) 宽带双极化可重构法布里–珀罗谐振器天线 [78]; (b) 宽带四极化可重构超材料天线 [80]

和 3dB 轴比带宽均大于 5.1~6.0GHz；测得最大增益分别为 9.39dBi 和 9.85dBi，表明极化可重构超表面天线引入新的谐振点有增加带宽、提高增益的效果。

透射/反射型超材料天线是将超材料作为覆层或者反射面，利用其他天线作为馈源，馈源发射的电磁波被超材料接收后会产生二次辐射，被调制后的波束会变窄，从而大幅度提升天线性能。根据斯涅尔定律，当入射波照射到一个均匀的反射面时，会产生一个反射波，其方向与入射波关于表面的法向方向对称。当表面是由具有不同反射相位的非均匀材料或结构组成时，常规的斯涅尔定律会被打破，这时反常反射将会产生。在这种情况下，可以通过控制表面的非均匀反射相位分布来控制反射波的方向，如图 4.36 所示 [81]。超材料的反常反射特性为构建性能优异的反射阵天线提供了新思路，反射/透射超材料中所有单元的反射/透射相位需要自定义，以确保高效率的反常折射。

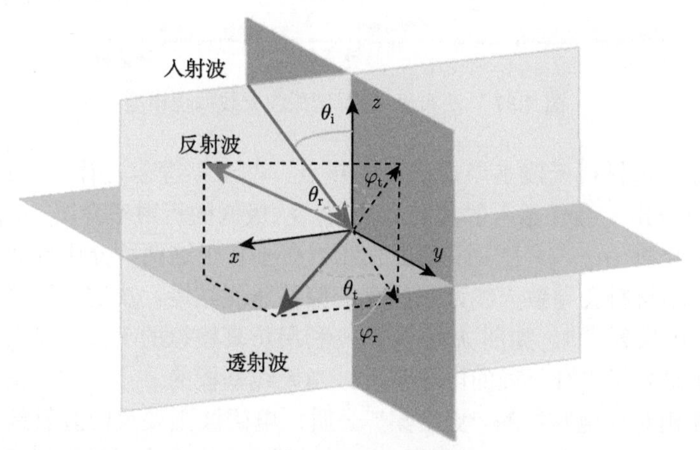

图 4.36 具有界面相梯度的超材料 [81]

法布里–珀罗谐振腔天线是一种常见的透射型超材料天线，其天线原理模型如图 4.37 所示。谐振腔天线的超材料阵列具有部分反射透射特性，馈源天线发射的电磁波一部分会透过部分反射面辐射出去，另一部分则在部分反射面和地板之间发生多次反射再辐射出去，通过合理控制部分反射面和地板之间的距离，所有辐射出去的电磁波会同相叠加，从而达到天线阵列的效果，提高天线的指向性，增大天线的增益。

除了透射型超材料天线外，反射型超材料天线也是高增益超材料天线中一种常用的形式。其中，反射阵超材料天线是反射型超材料天线中的一种重要应用。反射天线通常由大轮廓的喇叭天线供电，这在实践中可能会导致严重的孔径堵塞。Mahmoud 等结合反射天线和阵列天线的优点，利用反射型超材料表面、极化栅和介质谐振器馈源设计了基于双偏振孔径耦合贴片阵列的宽带折叠反射阵列，通过改变带状线长度来控制交叉偏振反射波所需的相位 [82]。宽带折叠反射阵列在 9~12.1GHz 范围内实现了 31% 的匹配带宽；在 10.8GHz 时实现了 50.3% 的高孔径效率和 28.08dBi 的峰值增益。反射阵列可以利用反射阵列单元在每个频率或偏振中提供的独立相位控制，以正交偏振或不同频率为每个馈电生成两个间隔光束。Boix 等实现了双频带双圆极化反射阵超材料天线的设计，可以在 Ka 波段同时实现发射和接收电磁波的功能 [83]。

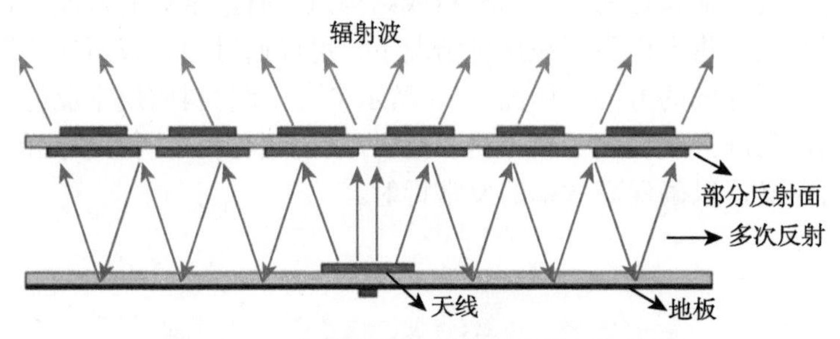

图 4.37 法布里–珀罗谐振腔天线原理模型

介电近零超材料天线是当前研究的热点。基于斯涅尔定律 $n_{\text{in}}\sin\theta_{\text{in}} = n_{\text{out}}\sin\theta_{\text{out}}$ 可以看出，当任意入射角的光线 θ_{in} 从极低的折射率介质 ($n_{\text{in}} \approx 0$) 传输到高折射率介质 ($n_{\text{out}} \geqslant 1$) 时, 输出光线将在垂直于这两种介质界面的方向上传输。零折射率材料会导致天线谐振频率的偏移速度减慢，决定了天线在近乎恒定相位的强反射发射 [84]。如图 4.38 所示，利用仿真模拟的手段，以不同介电常数材料为衬底研究了二维天线的电场强度。当天线基板的 $\varepsilon < 1$ 时，空气可以看成是具有更高相对介电常数的“更密集”介质，电磁波主要反向散射到上方的空气中，指向角度呈 45° 和 −45°，如图 4.38(b) 所示。当介电常数趋近于零时，主光速将被引导回到法线，如图 4.38(c) 所示。然而，随着基板的介电常数变得更负，此时基板表现为电导体，使得谐振响应短路，如图 4.38(d)~(f) 所示。

贵金属 (金、银等)、透明导电氧化物 (氧化铟锡、氧化锌镓、氧化锌铝等)、极性电介质 (4H-SiC) 和半导体材料都是在中红外范围内很有前途的介电近零材料。宾夕法尼亚大学研究者制备出天然低损耗的介电近零材料，研究折射率消失对天线共振频率的影响 [84]。通过改变半导体的掺杂量实现对光学天线发射的共振频率、辐射方向图和相位进行控制，同时可以有效减小天线的尺寸，将发射器的尺寸和密度与共振特性结合。如图 4.39 所示，Al:ZnO 和 Ga:ZnO 的介电近零点分别在 1.29μm 和 1.19μm 波长处，介电常数虚部分别为 0.29 和 0.31；4H-SiC 材料的介电近零点在 12.55μm 波长处，而介电常数虚部降低到 0.03。由于 ZnO 的介电常数几乎在测量光谱范围内恒定，自由空间共振波长 ZnO 上的天线随着天线长度的增加而线性移动。Al:ZnO 和 Ga:ZnO 衬底上的纳米棒随着天线长度的增加，

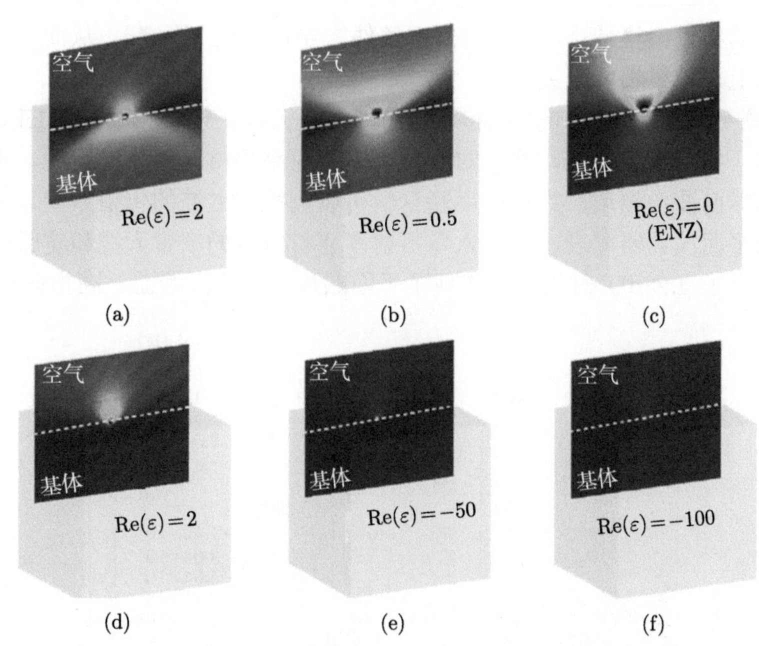

图 4.38 不同介电常数衬底上二维天线的电场强度仿真图 [84]

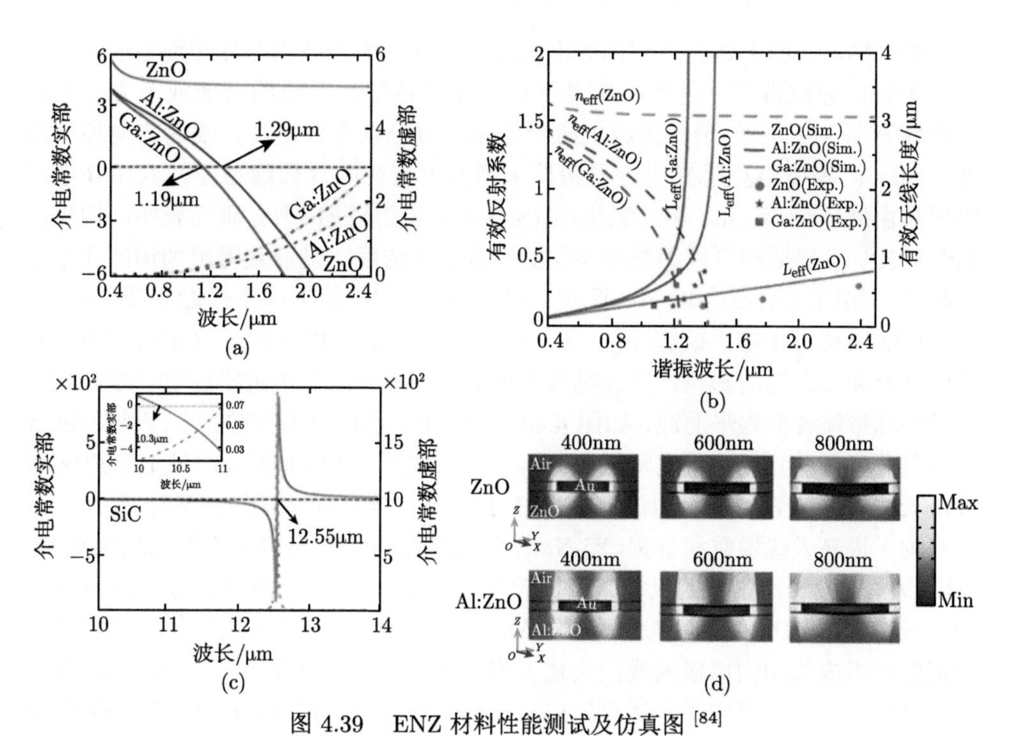

图 4.39 ENZ 材料性能测试及仿真图 [84]

(a)、(b) 不同 ENZ 材料介电频谱；(c) 纳米棒天线阵列折射率和有效天线长度；(d) 局部电场仿真天线谐振的频谱偏移减小，接近 ENZ 条件，导致共振“固定”，从而验证了谐振频率基本上与天线长度无关。

Liu 等研究了传统宽带天线和零折射率覆盖天线在较低频率 (10GHz) 的模拟电场分布，如图 4.40 所示 [85]。对于没有零折射率超材料覆盖的天线，电磁波阵面呈现为球面波；相反，零折射率超材料可以调控电磁波的传播方向，此时球面波转变为平面波。研究表明，引入零折射率超材料后的窄带天线和宽带天线的增益分别提高了 4.23dB 和 4dB，实现了平面贴片天线的高增益、高指向性。

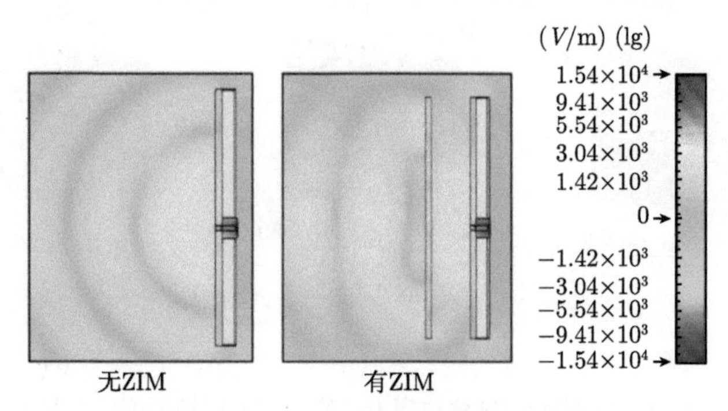

图 4.40 天线的电场强度分布仿真图 [85]

微带贴片天线会遇到严重的表面波问题，这些表面波由贴片和地平面之间的基板维持，导致带宽、效率和增益下降。在微带贴片天线的顶部或下方引入频率选择表面，法布里–珀罗腔或电磁带隙超材料可以有效提高天线的方向性或增益。Cheng 等提出利用介电近零覆层来增强太赫兹贴片天线增益，其中介电近零层是由锑化铟 (InSb) 和二氧化硅 (SiO_2) 多层组成的 [86]。研究表明，构筑出 $InSb/SiO_2$ 多层结构可以调控覆盖层的有效电子浓度，进而获得可调谐的介电近零响应，如图 4.41(a) 和 (b) 所示。$\varepsilon_\parallel$ 在 1.65THz 的频率下接近于零，$\varepsilon_\perp$ 在 1.85THz 时接近于零。研究 $\varepsilon_\perp = 0$，谐振频率为 1.85THz 时，介电近零覆层对天线增益和方向性的影响，当在贴片天线表面覆盖一层介电近零层时，电磁波的传播由球形波转变为平面波，如图 4.42(a) 和 (b) 所示。同时观察到，天线的回波损耗显著降低并且天线带宽降低到 0.04THz，如图 4.42(c) 所示。在 1.85THz 频段，天线增益从 5.37dB 增加到 7.80dB, 提高了约 45%，如图 4.42(d) 所示。

为了提高天线增益和带宽，El-Nady 等把介电近零超材料晶胞嵌入毫米波 Vivaldi 天线，设计出紧凑的尺寸来调控天线的辐射特性，该天线实现了 23~40GHz 的超宽带宽，增益提高到 17.2dBi[87]。Ahmad 和 Tarek 设计了蚀刻有双 C 形槽的圆形贴片组成的印刷单极天线，实现了增益和带宽的双重提高 [88]。如图 4.43(a) 所示，在天线背面集成了金属反射层，有助于获得单向辐射方向图，提高天线增益。折射率趋于零时，辐射能量集中在天线的主瓣方向，增益显著提高到 13.6dB,

如图 4.43(b) 和 (c) 所示。Bayat 和 Khalilpour 设计了一种带有介电近零超材料覆层的小型贴片天线 [40]，研究发现，与单独的贴片天线相比，超材料天线的增益平均值从 −1.9dBi 显著提高到 3.97dBi。

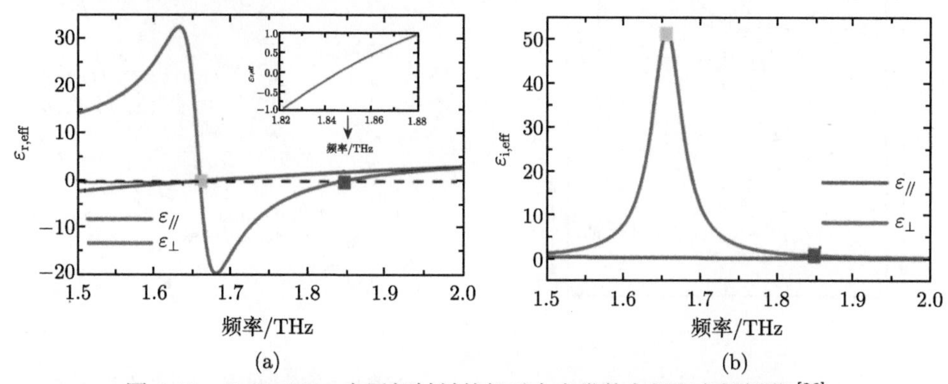

图 4.41　InSb-SiO_2 多层超材料的相对介电常数实部和虚部频谱 [86]

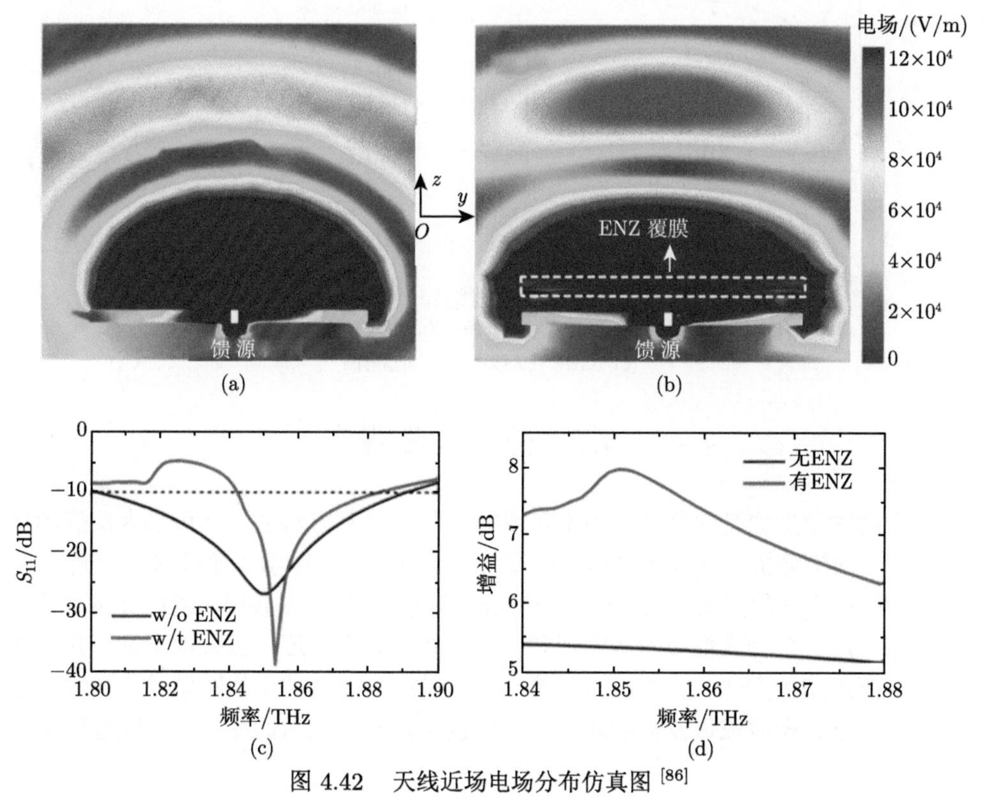

图 4.42　天线近场电场分布仿真图 [86]

(a) 无介电近零层；(b) 有介电近零层；(c) 模拟反射系数 S_{11} 频谱；(d) 天线增益频谱

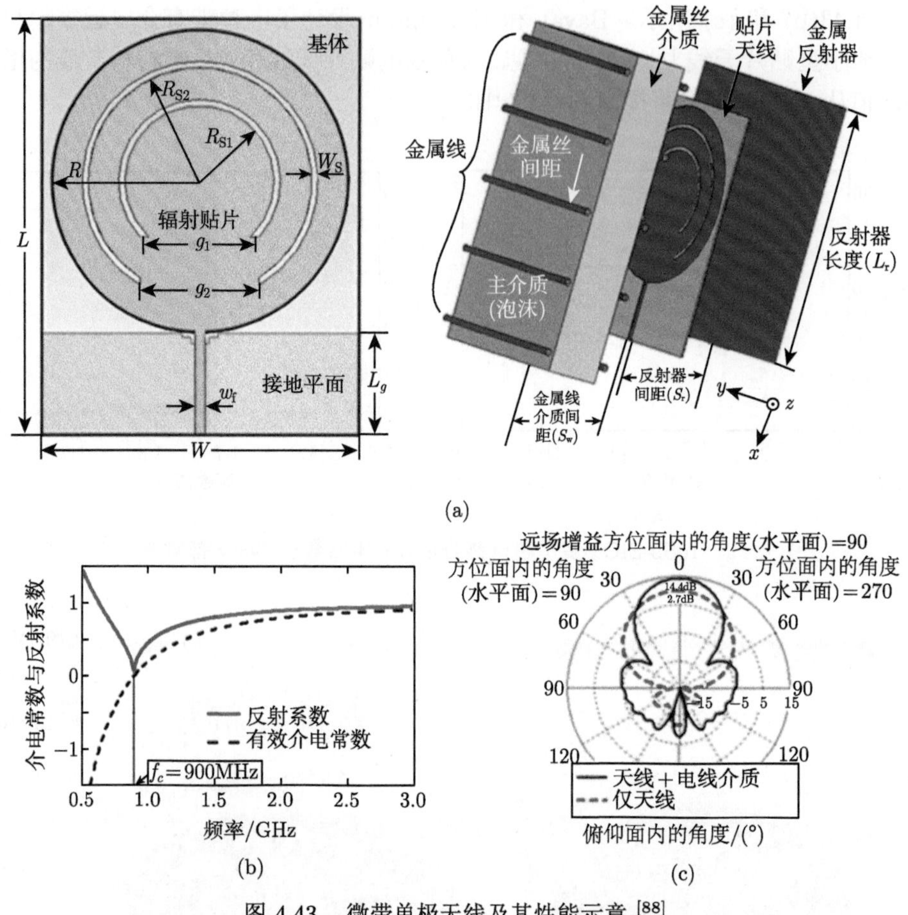

图 4.43　微带单极天线及其性能示意 [88]

(a) 微带单极天线结构；(b) 导线介质结构的介电常数和折射率频谱；
(c) 1GHz 处天线的 E 平面辐射图

4.7　热 声 成 像

生物医学影像是现代医学中不可或缺的临床诊断方法之一，可以为疾病的早期诊断、病情分析及疗效评估提供重要技术支持。现有医学成像技术涉及光、电、磁、声等多学科的交叉融合，如 X 射线计算层析成像、磁共振、超声等技术手段已普遍应用。各种成像技术从宏观和微观拓宽了研究尺度，极大地丰富了人类探索和征服疾病的方法。光声成像和热声成像是两种新型的无损医学成像技术，结合了纯光学、微波成像及传统超声成像的优点，具有高对比度和高空间分辨率的特点。

当用周期性短脉冲电磁波 (通常为某一频率激光或微波) 照射生物组织时，组织因快速吸收电磁能量而产生热膨胀，在空气中产生超声波，此超声波包含了生物组织的电磁波吸收分布信息。在组织周围用超声换能器扫描探测超声波，将获取的超声信号用相应的图像重建算法进行处理，就可以重建出生物组织内的电磁波吸收分布图像。物体在受到电磁波辐照后，吸收电磁波能量转化为热能并产生局部膨胀伸缩，从而产生超声波的现象，称之为光声或热声效应。1880 年，Bell 发现并提出光声效应 [89]。20 世纪 40 年代，苏联科学家 Viengerov 利用光声效应来分析研究气体混合物中的各成分。随着激光、弱信号检测等技术的迅速发展，基于光声效应的技术得以快速发展，到 20 世纪 70 年代，光声效应开始被应用在光谱研究方面，形成了光声光谱技术 [90]。在 80 年代，光声效应在生物组织成像方面的应用开始受人关注，逐渐形成了生物组织的光声成像技术 [91]。

与光声成像相比，热声成像 (即微波热致超声成像) 的发现较晚，发展相对较缓慢。1977 年，Lin 等首先发现使用微波波段的电磁波作为辐射源，可以实现微波致声现象 [92]。1981 年，Bowen 等首次将具有非电离辐射、非侵入性特性的微波热声效应运用在生物软组织成像中，并指出微波热声成像技术有潜力对传统超声成像、X 射线及核同位素等技术提供补充信息。时至今日，在众多科研工作者的努力下，光声、微波热声成像系统及其在生物领域方面的应用已经有了巨大的突破。

微波热声成像一个重要的评判标准是生物组织穿透深度。不同频率下的电磁波在肌肉和脂肪中的穿透深度如图 4.44 所示。随着频率的增加，电磁波在生物组织肌肉和脂肪中的穿透深度逐渐下降。目前上述两种无损检测技术中，热声成像的穿透深度可达 6~15cm，光声成像可作用于毫米量级的生物体组织。然而，如何实现更高的穿透深度，对更深层生物组织进行检测成为难题。由图 4.44 可知，更深层次的穿透深度意味着需要更低频率的电磁波激励源，而射频电磁波 (1~100MHz) 有望实现，例如，在脑白质中，12MHz 电磁波激励源穿透深度可以达到 50cm[93]。

基于射频电磁波的热声成像属于新兴概念，需要新理论、新材料、新技术的支撑。射频负介材料发现，引起了国内外广大材料、物理、生物医学等学科众多研究者的浓厚兴趣。2021 年，意大利技术研究院的 de Angelis 教授在对大量负介材料进行归纳分析后，将作者团队提出的负介材料用于射频热声成像中 [94]。

负介材料是通过在绝缘介质中添加导电相而获得的类金属物质，并且可以在 MHz 范围内产生类似于金属在光频下的等离振荡行为，即射频等离振荡。值得注意的是，由于负介材料工作在射频范围内，从而可以突破生物组织穿透深度的极限。组成负介材料的微观单元称为“射频等离激元”，将射频等离激元在外加电场下的电磁共振与通过热膨胀产生的声学共振相结合，基于两者的协同作用可以设计出一种全新的作用于生物体的微型换能器。这种微型换能器的基本原理如图 4.45 所示，射频等离激元与柔性生物相容性材料进行结合，在特定频段电磁波的作用下产生等离振荡，实现电磁共振的增强。电磁共振产生热，受热引发热膨胀，进而产生机械振动，机械振动产生超声波。此外，通过调整材料成分及其杨氏模量，可以实现与等离振荡频率相同的声共振频率，实现微型换能器的性能增强。基于上述理论设计的全新微型转换器因采用了生物相容性材料，有望实现生物体内的深层热声成像。

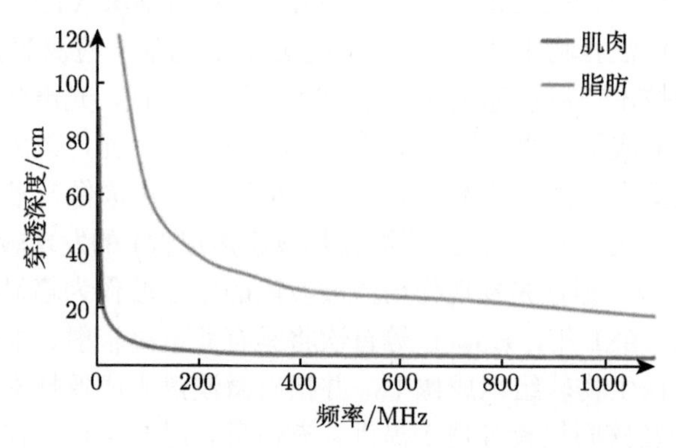

图 4.44　不同频率下的电磁波在肌肉和脂肪中的穿透深度 [93]

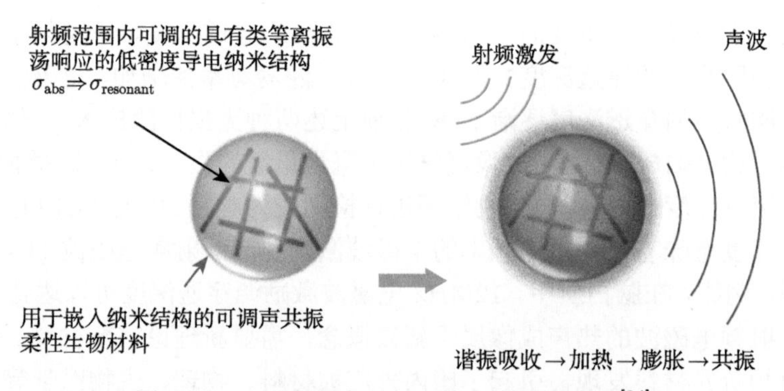

图 4.45　双共振现象对热声效应的增强原理 [94]

在传统的光声学中，金、银或其他金属等粒子在脉冲激光作用下通过热膨胀产生声信号。脉冲激光激发金属颗粒产生表面等离激元，再通过焦耳热产生热量。热量会导致金属颗粒的热膨胀，并在其周围产生周期性压力波，可以由超声波检测器检测到。值得注意的是，即使是 mK 级别的温度变化也会产生压力波动，并可以被目前市场已有的探测器检测出。纳米材料中产生的光声压力波动的强度 P 与材料吸收截面 $\sigma_{\rm abs}$ 和格林艾森 (Grüneisen) 系数 γ 成正比，即

$$P \propto \sigma_{\rm abs}\gamma = \sigma_{\rm abs}\beta v_{\rm s}^2/C_{\rm p} \tag{4.35}$$

其中，β 是热膨胀系数；v_s 是声速；C_p 是组成传感器的材料的热容。考虑到电磁问题的空间相关性，假设平面波为入射辐射。鉴于最小穿透深度是粒径的几倍，粒子内部的电场是恒定的，在 $R \ll \lambda$(R 是粒子半径，λ 是入射波的波长) 的前提下，可以使用准静态近似，粒子的偶极矩表示为

$$P = \varepsilon_0 \alpha E_0 \tag{4.36}$$

其中，E_0 是入射波的电场；α 为极化率，由下式定义

$$\alpha = \left(\alpha_0^{-1} - \mathrm{i}\frac{k^3}{6\pi}\right)^{-1} \tag{4.37a}$$

$$\alpha_0 = 3V\frac{\varepsilon - \varepsilon_h}{\varepsilon + 2\varepsilon_h} \tag{4.37b}$$

其中，$k = n_h\omega/c$ 是周围介质的波数；$n_h = \sqrt{\varepsilon_h}$ 为折射率；ε_h 为生物相容性材料内部介质的介电常数；$V = 4\pi R^3/3$ 为粒子体积；ε 为相对介电函数；α_0 为准静态极化率。所用材料的介电常数在所需光谱位置满足条件 $\varepsilon + 2\varepsilon_h = 0$，即式 (4.37b) 的复分母为零。通过上述方式，可以获得有关粒子极化率的共振行为，从而获得相应光谱中的共振吸收。这种共振可以看成是粒子表面等离激元的激发，粒子的吸收截面 σ_{abs} 可以表示为偶极矩的吸收，

$$\sigma_{abs} = k\left(\mathrm{Im}\{\alpha\} - \frac{k^3}{6\pi}|\alpha|^2\right) \tag{4.38}$$

在实际的应用中，由于人体组织液的差异，需要不同振荡频率。通过材料组分及类别的调控，可以在较宽频率范围内获得等离振荡，来更好地匹配生物体不同处的介质环境。不同类型的负介材料的电磁波吸收频谱如图 4.46(a) 所示，图中发生等离振荡的频率分别为 9.3MHz、20MHz、111MHz、449MHz、661MHz 和 1.1GHz。为了评估介电常数的虚部对光谱位置的影响，对振荡频率进行了比较。对于 6wt% 碳纤维/硅树脂和 12wt% MWCNT/Al_2O_3，其电场分布如图 4.46(b) 和 (c) 所示。值得注意的是，粒子中的内部场是恒定的，显示了表面等离激元的偶极性质。通过上述计算和模拟，可以证明在水中且给定有效波长的情况下，有可能达到极高的场约束，这对于探索新的射频设备是很有用的。后续研究中，重点以 6wt%的碳纤维/硅树脂和 12wt%的 MWCNT/Al_2O_3 两种材料为例，在给定振荡频率下，分析其热学和声学应用。

为了表明负介材料可以具有相同声学和电磁共振频率，有必要讨论其声学响应。图 4.47 显示了平均直径为 10μm 的 6wt%的碳纤维/硅树脂微粒声学频谱及其相应的近场分布。如图 4.47(a)~(d) 所示，碳纤维/硅树脂微粒的杨氏模量为 $E = 84$MPa。通

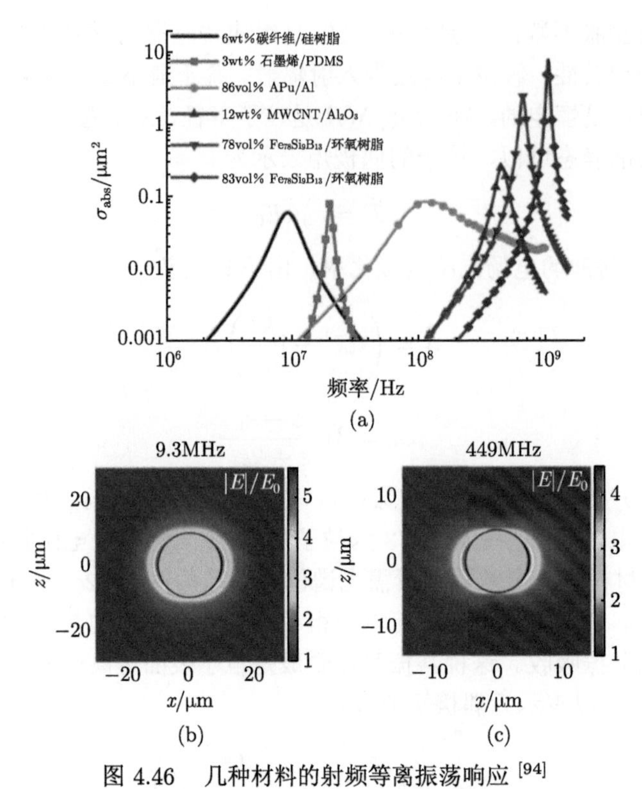

图 4.46　几种材料的射频等离振荡响应 [94]

(a) 吸收频谱；(b)、(c) 近场图案；(b) 6wt% 碳纤维/硅树脂；(c) 12wt% MWCNT/Al_2O_3

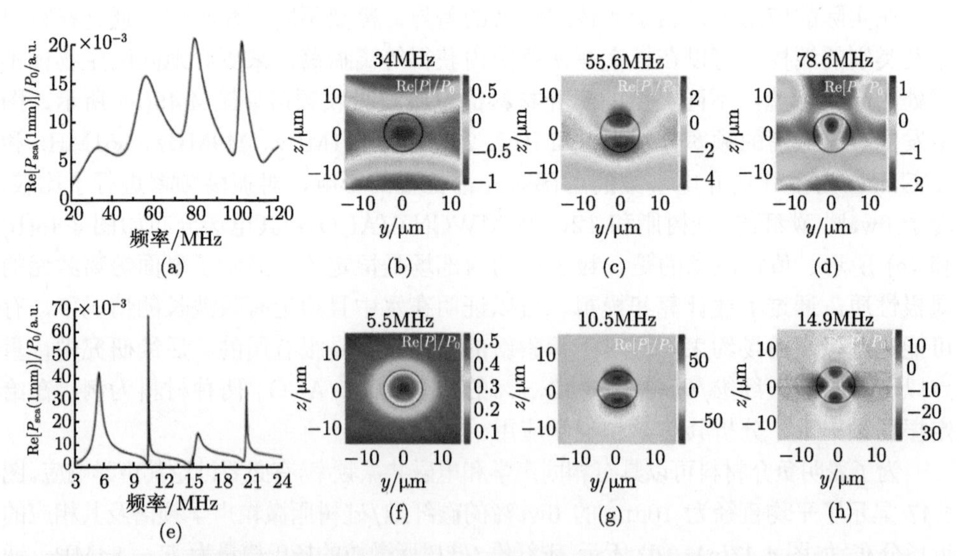

图 4.47　由碳纤维/硅树脂制成的 $R = 5\mu m$ 的微粒在平面波激励下的声学响应 [94]

(a)、(e) 1mm 处的声学频谱；(b)～(d), (f)～(h) 压力的近场分布

过改变聚合物的组分含量，模拟图 4.47(e)~(h) 中碳纤维/硅树脂微粒的杨氏模量 $E = 2.7\text{MPa}$。在图 4.47(a) 和 (e) 中，计算了距离微粒中心 1mm 处的压力波动，结果表明，可以通过改变杨氏模量达到简单调控声学共振的目的。在图 4.47(e) 中设计了对照组，目的是研究小于 10MHz 的范围内微粒的声学响应，以便使其可用于典型超声设备。图 4.47(b)~(d) 和图 4.47(f)~(h) 显示了多极共振模式与颗粒周围压力场行为的对应关系。通常特定模式的叠加是声学压力峰值的主要贡献，因此研究了不同粒子模型的声学压力模拟。图 4.47(b) 和 (f) 是单极子模式，图 4.47(c) 和 (g) 是偶极子模式，图 4.47(d) 和 (h) 是四极子模式。

考虑到高斯脉冲，计算模拟了粒子吸收射频电磁波时所涉及的加热过程。这里只给出了在射频等离激元激励下 12wt%的 MWCNT/Al_2O_3 微粒的结果。首先估计了该颗粒的热学性质，模拟入射到粒子上的射频峰值功率为 314mW，可以得到粒子周围的温度变化情况，如图 4.48 所示。计算表明，在 5~10ns 的范围内，微粒及其周围温度快速升高，符合预期设想。在温度快速升高之后更长的时间 (数百 ns) 内略微恢复到起始值，压力波的光声源不仅取决于温度，还与它的时间导数有关。因此，这种缓慢的温度下降不会显著影响发生在 5~10ns 范围内的压力产生，图 4.48(a) 所示平均温度的时间导数显示了这种行为。值得注意的是，本例中记录的温升最大值约为 7mK，足以被当前的声学探测器检测到。因此，对于一些涉及超灵敏温度计的应用，该微粒也同样适用。如图 4.48(b) 所示，温度升高范围在空间中非常有限，在距离微粒表面不到 100nm 的地方，温度不再升高，因此，这种微粒可以在生物组织中安全使用，不会对生物体带来大面积的不良影响。

前面内容对电磁/声学/热问题的结果进行了讨论，后续对采用射频激励源的光声信号具体情况进行分析。如上所述，射频热声成像比传统的光声、微波热声中的现象更复杂，因为在传统的光声学中，粒子的声学响应在频率上与光学响应不重叠。基于射频热声成像所提出的射频等离激元，可以与“光学”脉冲产生的热膨胀产生共振，即一个在电磁模式和声学模式 (压力产生) 之间提供直接耦合的系统。由于射频等离激元的尺寸大于在近红外范围内工作的金纳米颗粒的尺寸 (几十纳米)，故无法实现温度均匀变化。为了研究射频等离激元与声学耦合，对检测到的光声信号的强度进行了研究，该强度与入射电磁脉冲的半峰全宽 (FWHM) 和复合材料的杨氏模量 E 有关。

图 4.49 与之前的数据相结合表明，当激励脉冲的频率与等离振荡和声学共振相匹配时，可以获得最佳响应。通过上述研究，可以说明基于射频等离激元及双共振模式是一种可行的方法。这种双重共振提供了较大的光学吸收和较高的热量变化，进而产生机械膨胀，提供有效的声学振荡。值得注意的是，在上述模拟中，始终假设密度和泊松比保持不变，热学参数也未发生变化，与图 4.49 中的结果一致。尽管这一标准与现实材料有些许误差，但此项研究仍然可以作为新型热声转

换应用设计的概念证明。对于碳纤维/硅树脂微粒材料，如果将图 4.49(a) 中使用 $8.2761 J/m^2$ 的能量达到的半峰全宽为 5ns 的值与已发表文献中 40nm 金颗粒的结果进行比较，可以看到基于射频等离激元获得的声学信号最大值约为 $P_{\max,1mm} = 56.7\dfrac{Pa:1R}{1mm} = 0.314Pa$，大约是已有水平的 42 倍。因此，当使用纳秒阶脉冲时，射频等离激元比纳米金属等离子体更有效。

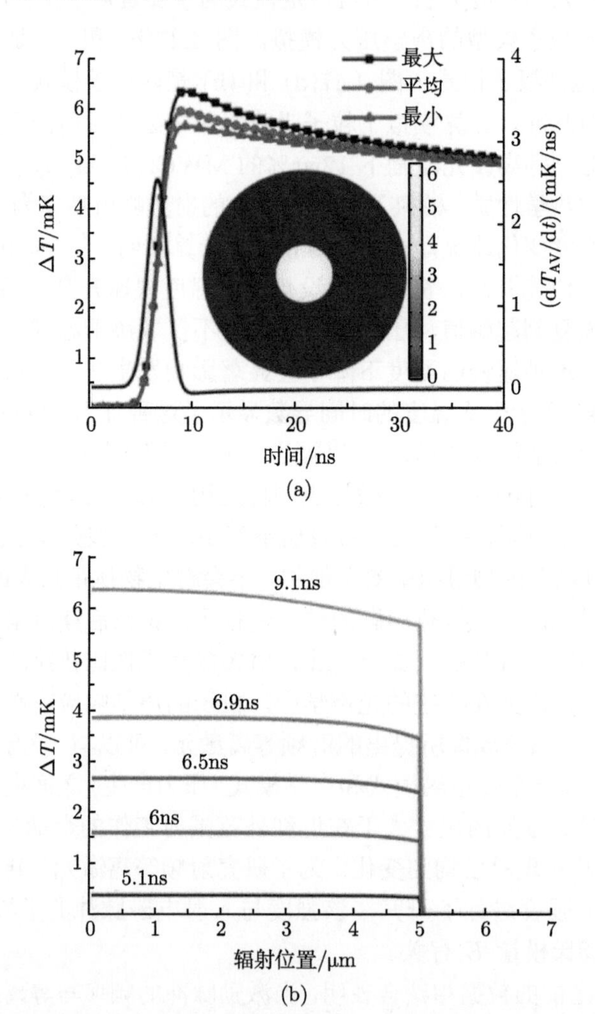

图 4.48　12wt%的 MWCNT/Al_2O_3 周围的温度行为 [94]

(a) 温度增量 ΔT 和平均增量的时间导数 dT_{Av}/dt 的时间演变；(b) 随径向距离改变，几个不同时间值的温度变化特性

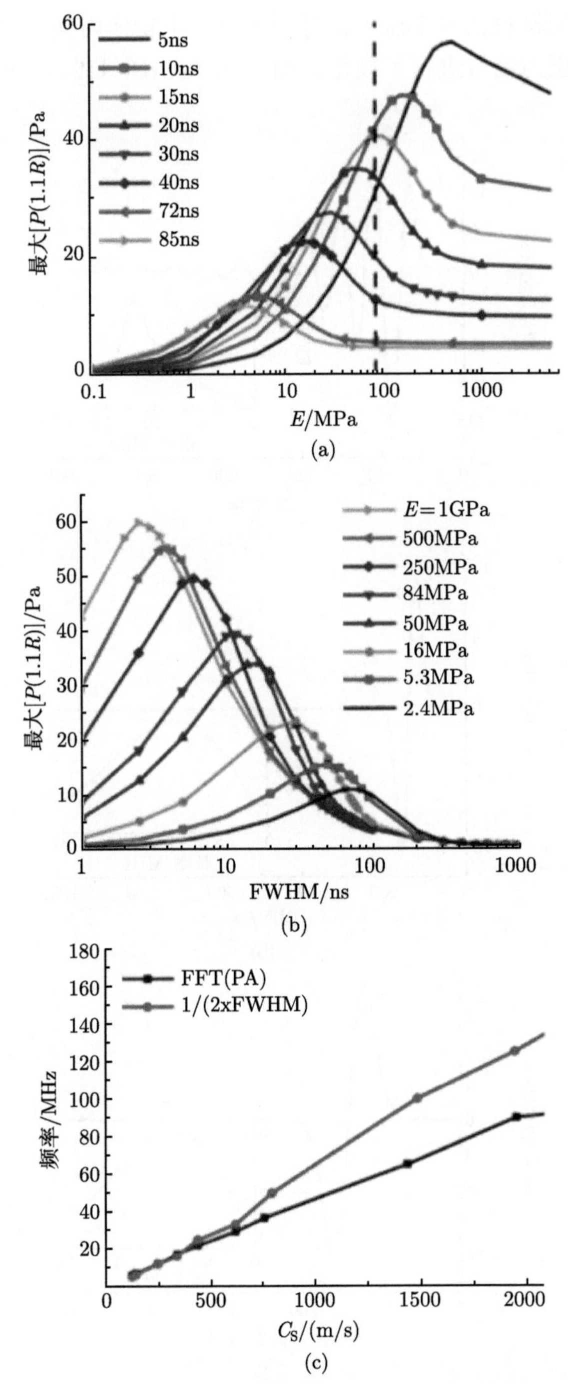

图 4.49 直径为 10μm 的碳纤维/硅树脂颗粒在 130mW 高斯激发下的光声响应 [94]

(a)、(b) 在距离微粒中心 1.1R 处的最大压力；(c) 由 (a) 获得的声速与声学谐振频率的函数为了对比不同材料的声学压力信号强度及在生物体内受组织液的影响，对不同环境下的声学压力信号进行了模拟。图 4.50 是由碳纤维/硅树脂制成的微粒和

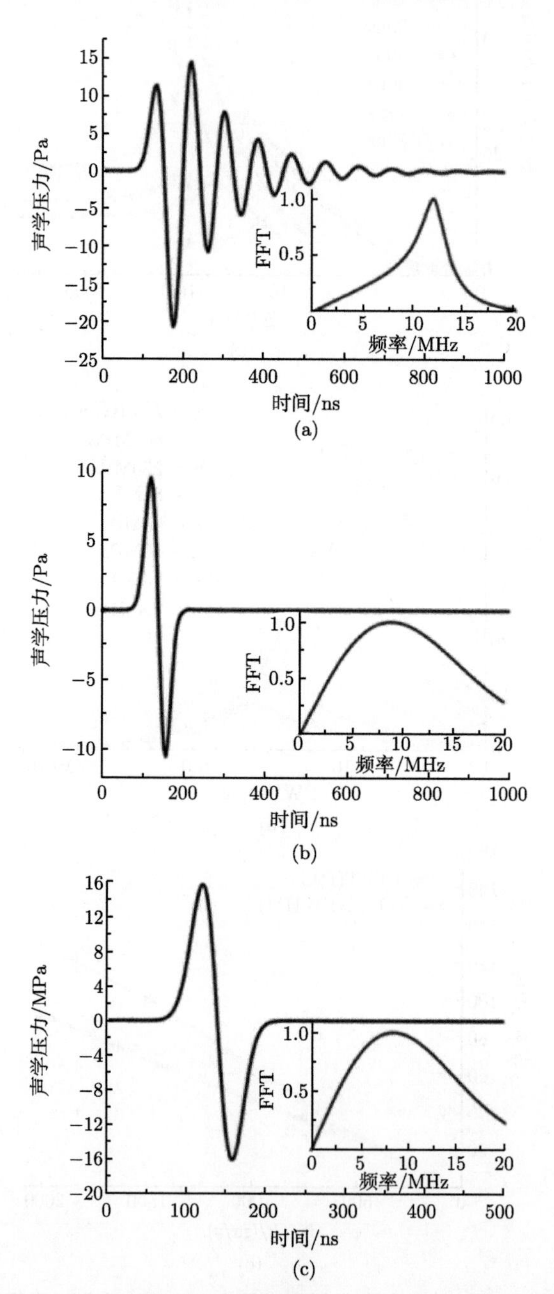

图 4.50　直径为 10μm 的不同粒子在高斯激励下的光声信号及其相应的傅里叶变换 [94]

(a) $E=13\text{MPa}$ 时的谐振信号；(b) $E=84\text{MPa}$ 时的阻尼信号；(c) 电导率为 1S/m 的盐水液滴

由电导率为 1S/m(典型生物组织液值) 的盐水液滴组成的光声信号简要分析图，所有信号的半峰全宽都为 45ns。图 4.50(a) 是碳纤维/硅树脂材料的热声信号模拟值，设定杨氏模量 $E = 13\text{MPa}$，图 4.50(b) 是 6wt%碳纤维/硅树脂的热声信号实验数据，其杨氏模量 $E = 84\text{MPa}$，插图为快速傅里叶变换的结果。从图中可以看出，射频等离激元的响应比盐水液滴的响应高 1000 倍，图 4.50(a) 由于较低的杨氏模量而显示出较高的光声压力信号。此外，在图 4.50(a) 中，信号持续了更长的时间，且有几个简谐振荡；在图 4.69(b) 和 (c) 中，信号仅由一个阻尼振荡组成。总而言之，对于给定的脉冲持续时间，图 4.50(a) 中不仅具有更高的压力，而且还获得了更持久的信号，这种较长时间的振荡有助于更快更有效地检测。上述研究证明，在射频激励源的激发下，通过改变材料的组分获得不同的杨氏模量，可以使得射频等离振荡与声学共振相匹配，从而获得较大的压力信号，具有较好的应用前景。

上述实验及模拟过程可以证明，利用射频等离激元实现热声成像是可行的。射频等离激元可应用于电磁、热和机械等不同领域。当用射频电磁波作为激励源时，射频热声成像系统可以产生与在近红外范围内使用贵金属纳米颗粒的传统光声成像中信号强度大小同量级的压力信号。等离振荡提供了高的电磁吸收，产生了热量，而声学共振实现了共振热膨胀。这两种共振的协同效应实现了电磁波到声音的转换。此外，这种新型方法不仅具有更高的声学压力信号，而且具有持久的声学振荡，有助于声学检测器的信号检测。因此，以射频电磁波作为激励源的热声成像技术在未来的应用中更具前景，更有可能实现全身热声成像。

参 考 文 献

[1] Sun K, Dong J, Wang Z, et al. Tunable negative permittivity in flexible graphene/PDMS metacomposites. J Phys Chem C, 2019, 123 (38): 23635-23642.

[2] Shi Z, Fan R, Zhang Z, et al. Random composites of nickel networks supported by porous alumina toward double negative materials. Adv Mater, 2012, 24 (17): 2349-2352.

[3] Sun K, Duan W, Lei Y, et al. Flexible multi-walled carbon nanotubes/polyvinylidene fluoride membranous composites with weakly negative permittivity and low frequency dispersion. Compos Part A-Appl S, 2022, 156: 106854.

[4] Shi Z, Wang J, Mao F, et al. Significantly improved dielectric performances of sandwich-structured polymer composites induced by alternating positive-k and negative-k layers. J Mater Chem A, 2017, 5 (28): 14575-14582.

[5] Zhang C, Shi Z, Mao F, et al. Flexible polyimide nanocomposites with DC bias induced excellent dielectric tunability and unique nonpercolative negative-k toward intrinsic metamaterials. ACS Appl Mater Interfaces, 2018, 10 (31): 26713-26722.

[6] Mao F, Shi Z, Wang J, et al. Improved dielectric permittivity and retained low loss in layer-structured films via controlling interfaces. Adv Compos Hybrid Ma, 2018, 1 (3): 548-557.

[7] He Q, Sun K, Wang Z, et al. Epsilon-negative behavior and its capacitance enhancement effect on trilayer-structured polyimide-silica/multiwalled carbon nanotubes/polyimide-polyimide composites. J Mater Chem C, 2022, 10 (11): 4286-4294.

[8] Wang J, Shi Z, Mao F, et al. Bilayer polymer metacomposites containing negative permittivity layer for new high-k materials. ACS Appl Mater Interfaces, 2017, 9 (2): 1793-1800.

[9] Wang Z, Sun K, Qu Y, et al. Negative-k and positive-k layers introduced into graphene/ polyvinylidene fluoride composites to achieve high-k and low loss. Mater Design, 2021, 209: 110009.

[10] Song X, Fan G, Liu D, et al. Bilayer dielectric composites with positive-ε and negative-ε layers achieving high dielectric constant and low dielectric loss. Compos Part A-Appl S, 2022, 160: 107071.

[11] 曲学基, 曲敬铠, 于明扬. 电力电子元器件应用手册. 北京: 电子工业出版社，2016.

[12] 苏桦. 低温烧结 NiCuZn 铁氧体 (LTCF) 材料及叠层片式电感应用研究. 成都: 电子科技大学, 2006.

[13] 王鹏飞. 中国集成电路产业发展研究. 武汉: 武汉大学, 2014.

[14] 周济, 李龙土. 超材料技术及其应用展望. 中国工程科学, 2018, 20 (6): 69-74.

[15] 周济, 白洋, 张药西, 等. 基于负介电常数介质的无绕线感抗元件. CN 1933061 B.

[16] Li Y, Engheta N. Capacitor-inspired metamaterial inductors. Phys Rev Appl, 2018, 10: 054021.

[17] Tanabe K, Taniguchi H, Nakamura F, et al. Giant inductance in non-ohmic conductor. Appl Phys Express, 2017, 10: 081801.

[18] Nakatsuji S, Ikeda S I, Maeno Y. Ca_2RuO_4: New mott insulators of layered ruthenate. J Phys Soc Jpn, 1997, 66: 1868-1871.

[19] Braden M, André G, Nakatsuji S, et al. Crystal and magnetic structure of Ca_2RuO_4: Magnetoelastic coupling and the metal-insulator transition. Phys Rev B, 1998, 58 (2): 847-861.

[20] Friedt O, Braden M, André G, et al. Structural and magnetic aspects of the metal-insulator transition in Ca_{2-x} Sr_x RuO_4. Phys Rev B, 2000, 63: 174432.

[21] Ryuji O, Yasuo N, Yukio Y, et al. Current-induced gap suppression in the mott insulator Ca_2RuO_4. J Phys Soc Jpn, 2013, 82: 103702.

[22] Rotman W. Plasma simulation by artificial dielectrics and parallel-plate media. IEEE T Antenn Propag, 1962, 10 (1): 82-95.

[23] Edwards B, Alù A, Young M E, et al. Experimental verification of epsilon-near-zero metamaterial coupling and energy squeezing using a microwave waveguide. Phys Rev Lett, 2008, 100: 033903.

[24] 陈俊东, 韩伟华, 杨冲, 等. 铁电负电容场效应晶体管研究进展. 物理学报, 2020, 69 (13): 137701.

[25] Landauer R. Can capacitance be negative. Collect Phenom, 1976, 2: 167-170.

[26] Salahuddin S, Datta S. Use of negative capacitance to provide voltage amplification for low power nanoscale devices. Nano Lett, 2008, 8 (2): 405-410.

[27] Bratkovsky A M, Levanyuk A P. Very large dielectric response of thin ferroelectric films with the dead layers. Phys Rev B, 2001, 63: 132103.

[28] Bratkovsky A M, Levanyuk A P. Depolarizing field and "real" hysteresis loops in nanometer-scale ferroelectric films. Appl Phys Lett, 2006, 89: 253108.

[29] Wong J C, Salahuddin S. Negative capacitance transistors. P IEEE, 2019, 107 (1): 49-62.

[30] Chen J, Han W, Yang C, et al. Recent research progress of ferroelectric negative capacitance field effect transistors. Acta Phys Sin-ch Ed, 2020, 69 (13): 137701.

[31] Gao W, Khan A, Marti X, et al. Room-temperature negative capacitance in a ferroelectric–dielectric superlattice heterostructure. Nano Lett, 2014, 14 (10): 5814-5819.

[32] Alam M A, Si M, Ye P D. A critical review of recent progress on negative capacitance field-effect transistors. Appl Phys Lett, 2019, 114: 090401.

[33] Khan A I, Chatterjee K, Wang B, et al. Negative capacitance in a ferroelectric capacitor. Nat Mater, 2015, 14 (2): 182-186.

[34] Chang S, Avci U E, Nikonov D E, et al. Physical origin of transient negative capacitance in a ferroelectric capacitor. Phys Rev Appl, 2017, 9: 014010.

[35] Zhou J, Han G, Xu N, et al. Experimental validation of depolarization field produced voltage gains in negative capacitance field-effect transistors. IEEE T Elec Dev, 2019, 66 (10): 4419-4424.

[36] Ishibashi Y, Orihara H. A theory of D-E hysteresis loop. Integra Ferroelectr, 1995, 9 (1-3): 57-61.

[37] Bohr M T, Young I A. CMOS scaling trends and beyond. IEEE Micro, 2017, 37 (6): 20-29.

[38] McGuire F A, Lin Y C, Price K, et al. Sustainedsub-60 mV/decade switching via the negative capacitance effect in MoS_2 transistors. Nano Lett, 2017, 17 (8): 4801-4806.

[39] Engheta N. Circuits with light at nanoscales: Optical nanocircuits inspired by metamaterials. Science, 2007, 317 (5845): 1698-1702.

[40] Bayat M, Khalilpour J. A high gain miniaturised patch antenna with an epsilon near zero superstrate. Mater Res Express, 2019, 6: 045806.

[41] Engheta N, Salandrino A, Alù A. Circuit elements at optical frequencies: nanoinductors, nanocapacitors, and nanoresistors. Phys Rev Lett, 2005, 95: 095504.

[42] Alù A, Engheta N. Optical 'Shorting Wires'. Opt Express, 2007, 15 (21): 13773-13782.

[43] Sun Y, Edwards B, Alù A, et al. Experimental realization of optical lumped nanocircuits at infrared wavelengths. Nat Mater, 2012, 11 (3): 208-212.

[44] Li J, Salandrino A, Engheta N. Shaping light beams in the nanometer scale: A Yagi-Uda nanoantenna in the optical domain. Phys Rev B, 2007, 76 (24): 245403.

[45] Wang C, Murugadoss V, Kong J, et al. Overview of carbon nanostructures and nanocomposites for electromagnetic wave shielding. Carbon, 2018, 140: 696-733.

[46] Iqbal A, Sambyal P, Koo C M. 2D MXenes for Electromagnetic Shielding: A Review. Adv Funct Mater, 2020, 30 (47): 2000883.

[47] Xu W, Pan Y F, Wei W, et al. Microwave absorption enhancement and dual-nonlinear magnetic resonance of ultra small nickel with quasi-one-dimensional nanostructure. Appl Surf Sci, 2018, 428: 54-60.

[48] Yang P, Zhao X, Liu Y, et al. Preparation and electromagnetic wave absorption properties of hollow Co, Fe@air@Co and Fe@Co nanoparticles. Adv Powder Technol, 2018, 29 (2): 289-295.

[49] Zhu C L, Zhang M L, Qiao Y J, et al. Fe_3O_4/TiO_2 core/shell nanotubes: Synthesis and magnetic and electromagnetic wave absorption characteristics. J Phys Chem C, 2010, 114 (39): 16229-16235.

[50] Zhang Q, Li C, Chen Y, et al. Effect of metal grain size on multiple microwave resonances of Fe/TiO_2 metal-semiconductor composite. Appl Phys Lett, 2010, 97: 133115.

[51] Duan G, Schalch J, Zhao X, et al. Identifying the perfect absorption of metamaterial absorbers. Phys Rev B, 2018, 97: 035128.

[52] Wu Y, Li J, Zhang Z Q, et al. Effective medium theory for magnetodielectric composites: Beyond the long-wavelength limit. Phys Rev B, 2006, 74: 085111.

[53] Zhou J, Zhang L, Tuttle G, et al. Negative index materials using simple short wire pairs. Phys Rev B, 2006, 73: 041101.

[54] Landy N I, Sajuyigbe S, Mock J J, et al. Perfect metamaterial absorber. Phys Rev Letters, 2008, 100: 207402.

[55] Hedayati M K, Javaherirahim M, Mozooni B, et al. Design of a perfect black absorber at visible frequencies using plasmonic metamaterials. Adv Mater, 2011, 23 (45): 5410-5414.

[56] Feng Q, Pu M, Hu C, et al. Engineering the dispersion of metamaterial surface for broadband infrared absorption. Opt Lett, 2012, 37 (11): 2133-2135.

[57] Hendrickson J, Guo J, Zhang B, et al. Wideband perfect light absorber at midwave infrared using multiplexed metal structures. Opt Lett, 2012, 37 (3): 371-373.

[58] Cheng C W, Abbas M N, Chiu C W, et al. Wide-angle polarization independent infrared broadband absorbers based on metallic multi-sized disk arrays. Opt Express, 2012, 20 (9): 10376-10381.

[59] Cui Y, Fung K H, Xu J, et al. Ultrabroadband light absorption by a sawtooth anisotropic metamaterial slab. Nano Lett, 2012, 12 (3): 1443-1447.

[60] Zhang B, Zhao Y, Hao Q, et al. Polarization-independent dual-band infrared perfect absorber based on a metal-dielectric-metal elliptical nanodisk array. Opt Express, 2011, 19 (16): 15221-15228.

[61] Feng R, Ding W, Liu L, et al. Dual-band infrared perfect absorber based on asymmetric T-shaped plasmonic array. Opt Express, 2014, 22 (S2): A335-A343.

[62] Zhang B, Hendrickson J, Guo J. Multispectral near-perfect metamaterial absorbers using spatially multiplexed plasmon resonance metal square structures. J Opt Soc Am B, 2013, 30 (3): 656-662.

[63] Cheng D, Xie J, Zhang H, et al. Pantoscopic and polarization-insensitive perfect absorbers in the middle infrared spectrum. J Opt Soc Am B, 2012, 29 (6): 1503-1510.

[64] Hoque A, Islam M T, Almutairi A F, et al. A polarization independent quasi-tem metamaterial absorber for X and Ku band sensing applications. Sensors, 2018, 18 (12): 4209.

[65] Qing Y, Wen Q, Luo F, et al. Temperature dependence of the electromagnetic properties of graphene nanosheet reinforced alumina ceramics in the X-band. J Mater Chem C, 2016, 4 (22): 4853-4862.

[66] Wu Y, Wang Z, Liu X, et al. Ultralight graphene foam/conductive polymer composites for exceptional electromagnetic interference shielding. ACS Appl Mater Interfaces, 2017, 9 (10): 9059-9069.

[67] Cheng C, Jiang Y, Sun X, et al. Tunable negative permittivity behavior and electromagnetic shielding performance of silver/silicon nitride metacomposites. Compos Part A-Appl S, 2020, 130: 105753.

[68] Badsha M A, Jun Y C, Hwangbo C K. Admittance matching analysis of perfect absorption in unpatterned thin films. Opt Commun, 2014, 332: 206-213.

[69] Wang Z, Sun K, Xie P, et al. Epsilon-negative $BaTiO_3$/Cu composites with high thermal conductivity and yet low electrical conductivity. J Mater, 2020, 6 (1): 145-151.

[70] Zhao Y, Cao X, Gao J, et al. Broadband low-rcs circularly polarized array using metasurface-based element. IEEE Antenn Wirel Pr, 2017, 16: 1836-1839.

[71] Badawe M E, Almoneef T S, Ramahi O M. A true metasurface antenna. Sci Rep, 2016, 6 (1): 19268.

[72] Liu W, Chen Z N, Qing X. Metamaterial-based low-profile broadband aperture-coupled grid-slotted patch antenna. IEEE T Antenn Propag, 2015, 63 (7): 3325-3329.

[73] Liu W, Chen Z N, Qing X. Metamaterial-based low-profile broadband mushroom antenna. IEEE T Antenn Propag, 2014, 62 (3): 1165-1172.

[74] Mirzaei H, Eleftheriades G V. A compact frequency-reconfigurable metamaterial-inspired antenna. IEEE Antenn Wire Pr, 2011, 10: 1154-1157.

[75] Lavadiya S P, Patel S K, Ahmed K, et al. Design and fabrication of flexible and frequency reconfigurable antenna loaded with copper, distilled water and seawater metamaterial superstrate for IoT applications. In J RF Mic C E, 2022, 32 (12): e23481.

[76] Zhang J, Yan S, Vandenbosch G A E. A low-profile frequency reconfigurable antenna with polarization and pattern diversity. 2019 IEEE MTT-S International Conference on Microwaves for Intelligent Mobility (ICMIM), 2019.

[77] Das G, Sahu N K, Sharma A, et al. FSS-based spatially decoupled back-to-back four-

port MIMO DRA with multidirectional pattern diversity. IEEE Antenn Wire Pr, 2019, 18 (8): 1552-1556.

[78] Lian R, Tang Z, Yin Y. Design of a broadband polarization-reconfigurable fabry–perot resonator antenna. IEEE Antenn Wire Pr, 2018, 17 (1): 122-125.

[79] Tran H H, Park H C. Wideband reconfigurable antenna with simple biasing circuit and tri-polarization diversity. IEEE Antenn Wire Pr, 2019, 18 (10): 2001-2005.

[80] Hu J, Luo G Q, Hao Z C. A wideband quad-polarization reconfigurable metasurface antenna. IEEE Access, 2018, 6: 6130-6137.

[81] 刘思豪. 高效超材料天线关键技术及其应用研究. 成都: 电子科技大学, 2020.

[82] Yang J, Cheng Q, Al-Nuaimi M K T, et al. Broadband folded reflectarray fed by a dielectric resonator antenna. IEEE Antenn Wire Pr, 2020, 19: 178-182.

[83] Martinez-de-Rioja D, Florencio R, Martinez-de-Rioja E, et al. Dual-band reflectarray to generate two spaced beams in orthogonal circular polarization by variable rotation technique. IEEE T Antenn Propag, 2020, 68: 4617-4626.

[84] Kim J, Dutta A, Naik G V, et al. Role of epsilon-near-zero substrates in the optical response of plasmonic antennas. Optica, 2016, 3 (3): 339-346.

[85] Liu Y, Guo X, Gu S, et al. Zero index metamaterial for designing high-gain patch antenna. Int J Antenn Propaga, 2013, 2013: 215681.

[86] Cheng C, Yuanfu L, Zhang D, et al. Gain enhancement of terahertz patch antennas by coating epsilon-near-zero metamaterials. Superlattice Microst, 2020, 139: 106390.

[87] El-Nady S M, Zamel H M, Hendy M, et al. Gain enhancement of a millimeter wave antipodal vivaldi antenna by epsilon-near-zero metamaterial. Prog Electromagn Res C, 2018, 85: 105-116.

[88] Ahmad H A, Tarek M S. High performance microstrip monopole antenna with loaded metamaterial wire medium superstrate. Int J RF Microw C E, 2019, 29 (5): e21557.

[89] Bell A G. On the production and reproduction of sound by light. Am J Sci, 1880, s3-20: 305-324.

[90] 李莉, 谢文明, 李晖. 光声光谱技术在现代生物医学领域的应用. 激光与光电子学进展, 2012, 49 (10): 8.

[91] Krüger U, Kraenzmer M, Strindehag O M. Field studies of the indoor air quality by photoacoustic spectroscopy. Environ Int, 1995, 21: 791-801.

[92] Lin J C. On Microwave-induced hearing sensation. Ieee Transactions on Microwave Theory and Techniques, 1977, 25: 605-613.

[93] Liu Q, Liang X, Qi W, et al. Biomedical microwave-induced thermoacoustic imaging. J Innov Opt Heal Sci, 2022, 15 (04): 2230007.

[94] Abraham-Ekeroth R M, de Angelis F. Radioplasmonics: Plasmonic transducers in the radiofrequency regime for resonant thermo-acoustic imaging in deep tissues. Acs Photonics, 2021, 8 (1): 238-246.

第 5 章　其他负物性参数

负物性参数是超材料的典型特性之一，例如光和电磁波领域的负折射率、声学领域的负模量、力学领域的负泊松比、热学领域的负热膨胀系数等。具有负物性参数的材料在隐身、通信、传感、成像等领域具有巨大的应用潜力，本章简要概述不同负物性参数材料的研究状况，并介绍相关的代表性工作。

5.1　负折射率

材料的电磁学性能通常可用介电常数 (ε) 和磁导率 (μ) 来描述。绝大多数介质的介电常数和磁导率均为正，电磁波在其中的传播将导致正的折射率。1967 年，苏联科学家 V. G. Veselago 提出了双负材料的设想，即介电常数和磁导率同时为负 (图 5.1(a))。当介电常数和磁导率都为负值时，电场、磁场和波矢之间构成左手关系，这种假想的介质也称为左手材料 (left-handed material，LHM)。光波从一种介质进入另一种介质都要经历折射，如图 5.1(b) 所示，在各向同性介质中，入射角和折射角的关系遵从 Snell 定律。光波从具有正折射率的介质入射到左手材料的界面时，其折射与常规折射不同，入射波和折射波处在与界面法线方向同一侧，也就是负折射。尽管理论上双负材料是可行的，但实验上的挑战一直未能解决，当时未能引起足够的关注。

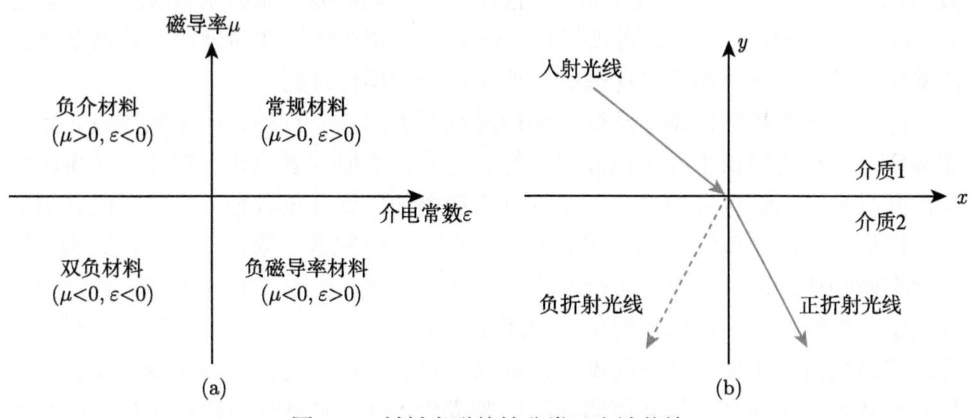

图 5.1　材料电磁特性分类及光波传输

(a) 介电常数和磁导率正负分类; (b) 负折射示意图

20 世纪 90 年代末，英国帝国理工学院 J. B. Pendry 教授提出了利用金属线阵列和开口谐振环分别实现负介电常数和负磁导率的方法 (图 5.2)。周期性排列的无限大金属导棒阵列，能显著降低金属等离振荡频率的特征，当工作频率小于等离振荡频率时, 金属线阵列具有负的等效介电常数。事实上，将金属材料设计成一定形状的阵列结构，其单元结构尺寸远小于入射电磁波的波长，使得设计出的金属阵列结构成为等效媒质，且其等效介电常数或磁导率在一定的频率范围内为负值。这一重要的研究成果为实现负折射率奠定了基础，并提供了一种人工操控电磁波的途径。

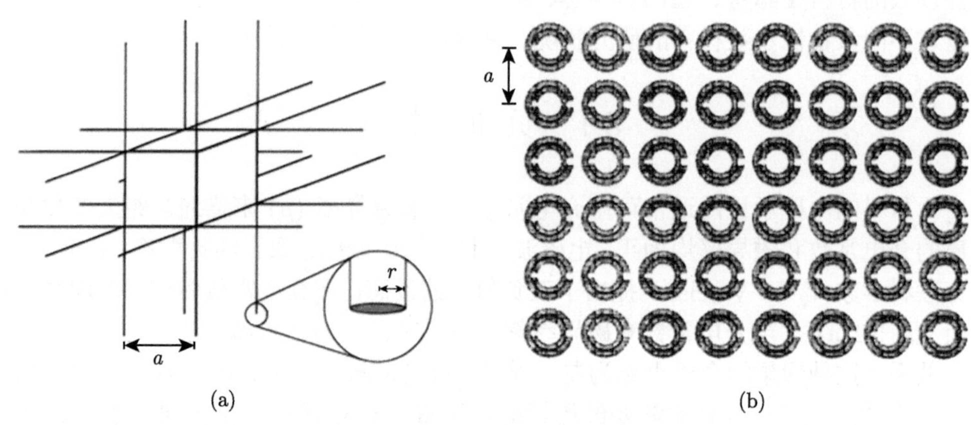

图 5.2　具有负介电常数和负磁导率的周期性结构 [1,2]

(a) 周期性排列的金属线阵列; (b) 开口谐振环阵列

在上述理论基础上，美国加利福尼亚大学圣迭戈分校的 David Smith 教授将开口谐振环 (磁元件) 和金属线 (电元件) 两种结构结合起来, 首次制造出介电常数和磁导率同时小于零的双负材料, 且在实验中观察到了负折射现象 [3,4]。如图 5.3 所示，利用铜制成的金属线和开口谐振器分布在绝缘性的聚四氟乙烯基体的两侧作为结构单元，然后对这些结构单元进行周期性排列。

随着研究的拓展，逐渐从微波频段提高到太赫兹、红外、可见光频段。太赫兹频率区在电磁频谱中介于微波和远红外之间，有研究者设计了双开口谐振环结构，并减小开口谐振环的尺寸，在垂直于环面的磁场分量激励下产生了磁共振响应，将共振频率提高到 1THz(图 5.4(a))。随后，研究者开始设计超材料结构单元尺寸和微结构，在不同频段实现了共振频率的变化。如图 5.4(b) 所示，通过设计钉状纳米结构，将共振频率提高至 60THz。上述研究表明，基于太赫兹超材料也可以获得负折射率或超高折射率。太赫兹超材料的出现使得新放大器的设计、太赫兹传感器、相调制器等新型器件的研制成为可能。在红外波段内，材料和结构的光谱具有高度的特征性，反映了物质的本征组成或结构信息。

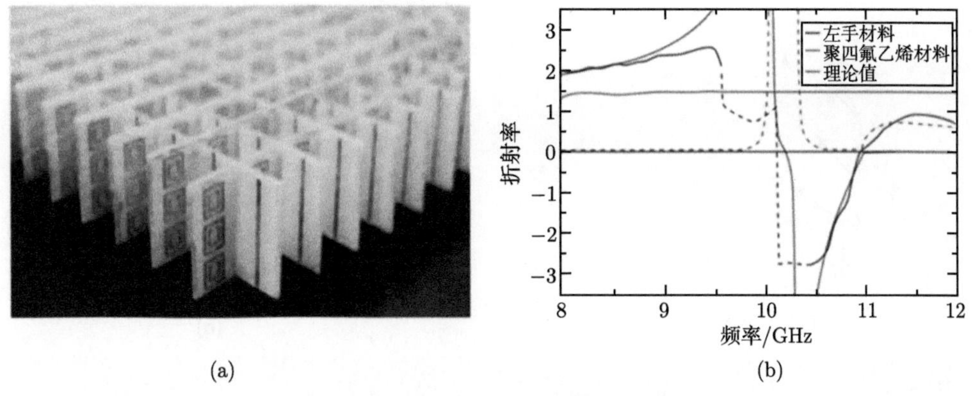

图 5.3 微波段双负材料及其折射率频谱 [4]

(a) 双负材料; (b) 折射率频谱

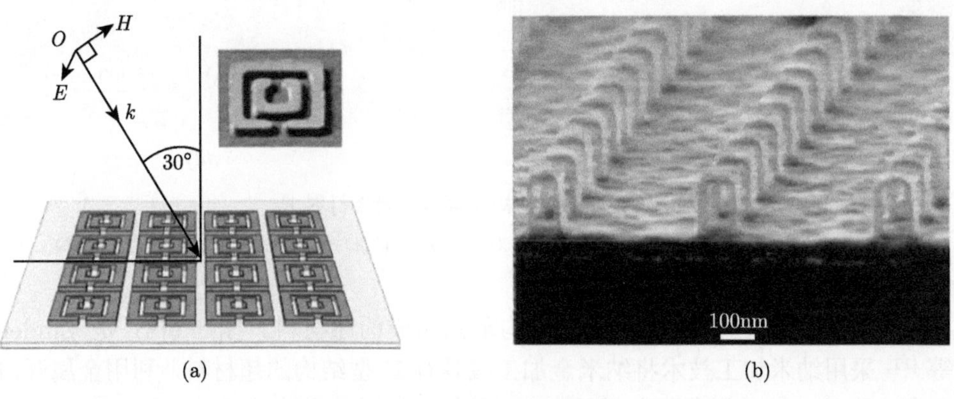

图 5.4 太赫兹超材料 [5]

(a) 双开口谐振环 (SRR) 结构 [6]; (b) 钉状纳米结构 [7]

在光频，金属的介电常数与介质材料相类似。研究者通过在光频激发表面等离子体共振，开辟了实现负介电常数和负磁导率的新方法。如图 5.5(a) 所示，通过成对平行的金属纳米棒双周期阵列在光学频段 (波长 1.5μm) 实现了负折射率 ($n' \approx -0.3$)，且实验测量结果与模拟结果非常一致。研究表明，负折射的产生来自于成对纳米棒中的等离子体共振 [8]。Zhang 等通过实验证明了一种相对低损耗的负折射率超材料，其折射率实部的大小与虚部相当 [9]，并通过调控超材料和空气基板覆层之间的阻抗匹配，在负折射率区域实现了超过 40%的透射率。这种结构具有在负折射率区域实现高传输和低损耗的潜力。Dolling 等制造并表征了一种低损耗银基负折射率超材料 [10]，发现在 1.5μm 波长附近，折射率的实部 $n' = -2$。另外，将实验测量的透射和反射光谱与理论进行比较，发现两者具有良好的一致性。

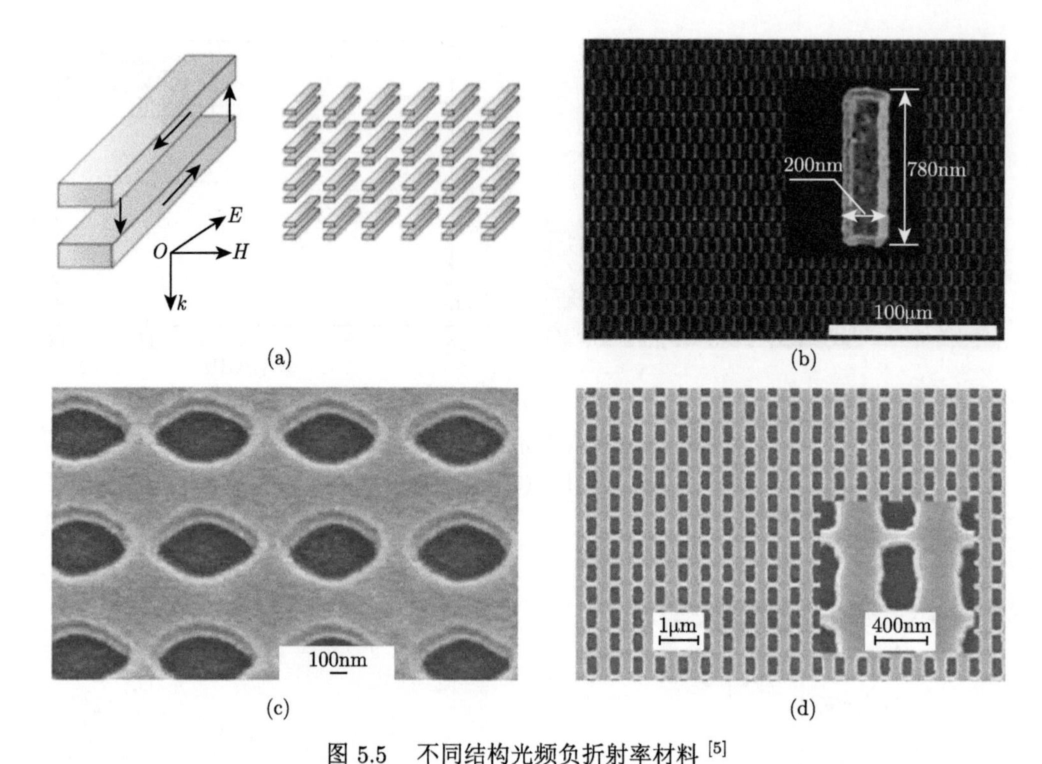

(a)　　(b)

(c)　　(d)

图 5.5　不同结构光频负折射率材料 [5]

(a)、(b) 金属纳米棒阵列及扫描电镜图 [8]；(c) 一对金属薄片上的椭球状孔阵列 [9]；(d) 网状纳米结构 [10]

图 5.6 是不同形状和尺寸的结构单元构成的超材料。图 5.6(a) 是 Linden 等 [11] 采用纳米加工技术将纳米金加工成具有 U 型结构的超材料，利用金属开口环所产生的 LC 谐振获得负磁导率，这种超材料对电磁波的透射率超过 90%，在 100THz 频率附近成功观测到了负折射率现象。同时，该研究小组进一步研究了超材料结构单元的取向对其性能的影响，结果表明超材料对电磁波表现出各向异性。图 5.6(b) 是 Dolling 等 [12] 在镀有 5nm 厚度氧化铟锡的玻璃基板上，采用电子束光刻技术制备了具有三明治结构的 Ag-MgF_2-Ag 超材料，其结构单元为纳米级的渔网状结构，所制备的 Ag-MgF_2-Ag 超材料在波长约为 780nm 的可见光范围内出现了负折射率。图 5.6(c) 是 Smith 等 [3] 采用掩模版/刻蚀技术将铜加工成圆形的开口环谐振器 (尺寸为微米级)，并与金属线进行周期性排列得到超材料，在微波频段获得了负的折射率。图 5.6(d) 是 Fan 等 [13] 采用多层电镀技术，在硅基板上利用光刻胶制备出的由微米级的铜制开口谐振环组成的具有优异弯曲性能的柔性超材料。他们利用金属铜的等离振荡获得负的介电常数，并利用开口谐振环等效而成的电容 C 和电感 L 所发生的 LC 谐振获得负磁导率，在太赫兹频段成功地获得了负折射率。

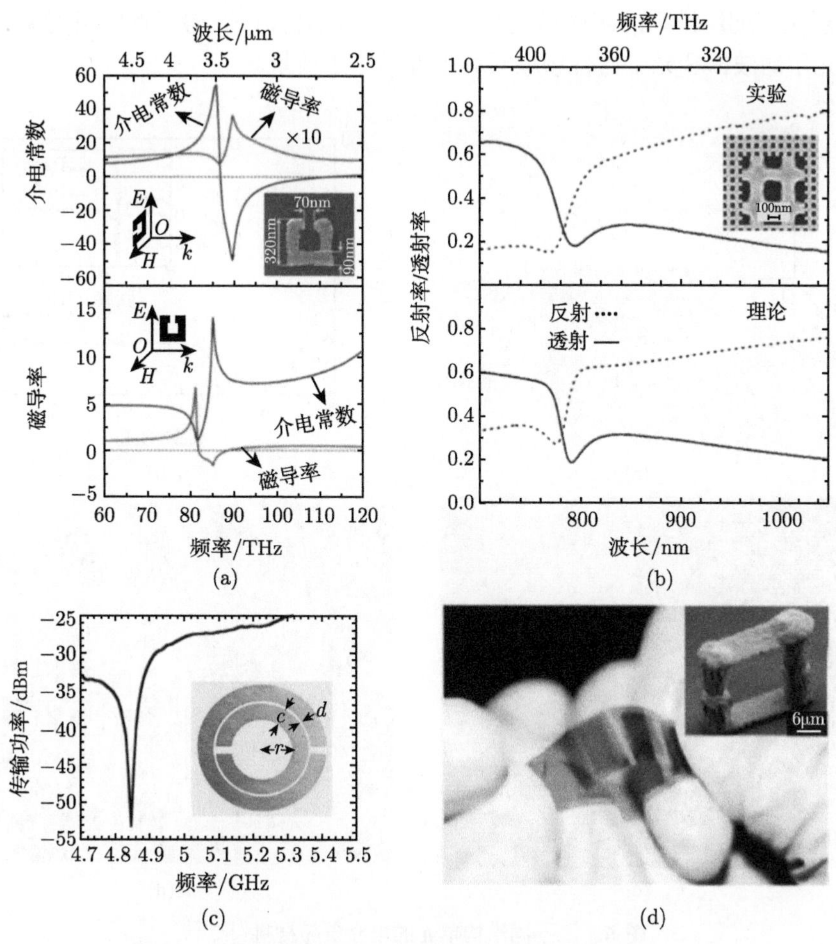

图 5.6 不同形状和尺寸的结构单元构成的超材料 [3,11-13]

(a) 纳米级 U 型；(b) 纳米级渔网状；(c) 微米级圆形；(d) 微米级 U 型

除了利用金属谐振器所产生的 LC 谐振获得负磁导率之外，基于电介质材料的周期性结构获得负磁导率的研究得到了广泛的关注 [14]。Zhao 等 [15] 采用流延法成型工艺制备了 $Ba_{0.5}Sr_{0.5}TiO_3$ (BST) 坯体，经过 1450°C 高温烧结后得到毫米级的陶瓷块体，然后将烧结后的 BST 电介质呈周期性排列在聚四氟乙烯基体中制得了电介质超材料，如图 5.7(a) 所示，利用 BST 陶瓷材料的 Mie 共振产生了负的磁导率，且在 7.5~9.0GHz 频段内实现了负折射率 (图 5.7(b))。Zywietz 等 [16] 采用飞秒激光打印技术在玻璃基体上制备出由纳米硅圆片组成的电介质超材料 (图 5.7(c))，在可见光频率范围内观察到了电偶极子和磁偶极子 Mie 共振有望用于制作纳米天线和光子晶体。Moitra 等 [17] 采用离子刻蚀技术将 α-Si 分布在 SiO_2 基体中，再在基体表面涂上聚甲基丙烯酸甲酯 (PMMA)，最终得到了具有 5 层呈周期性排列的超材料 (图 5.7(d))，在红外频段获得了近零折射率，在选择性光学滤波器和光子器件领域具有重要的应用前景。

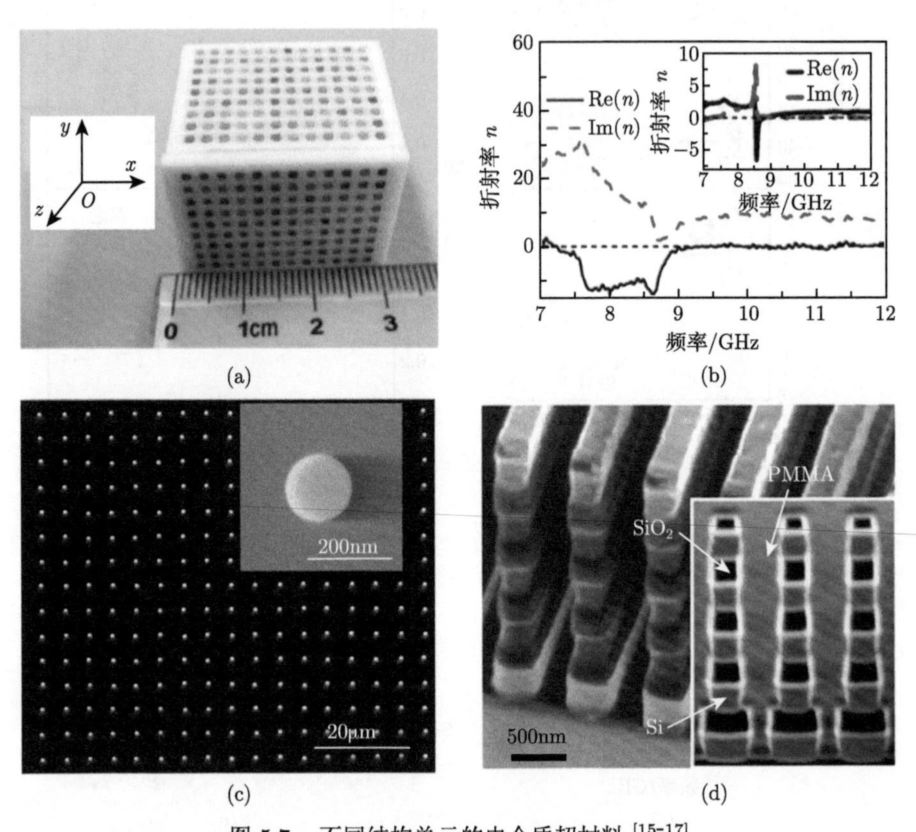

图 5.7　不同结构单元的电介质超材料 [15-17]

(a)、(b) $Ba_{0.5}Sr_{0.5}TiO_3$ 电介质超材料与负折射率; (c)、(d) 由纳米 Si 圆片构成的超材料和 Si/SiO_2 电介质超材料

由于阿贝光学成像原理存在衍射极限，传统光学透镜无法对尺度小于半波长的物体成像 (理论分辨率为 $\lambda/2$)[18]，而超材料透镜可以突破衍射极限，其分辨率可以提高到纳米尺度，可以用于医学成像。Pendry[19] 最早提出了利用负折射率成像的超透镜，即通过设计一种介电常数和磁导率均为 -1 的透镜，可以突破其衍射极限并将倏逝波所携带的信息进行成像。Freire 等 [20] 制备了由毫米尺度的结构单元构成的超材料 (图 5.8(a) 和 (b))，用于医学磁共振成像。研究表明，在检测过程中放入具有负磁导率性质的超材料后，利用磁共振原理使超材料对电磁波起到会聚作用，从而减少了图像信息采集时间，并且显著提高了图像质量 (图 5.8(c)~(f))，在医学领域具有重要的应用价值。复旦大学武利民课题组 [21] 采用纳米粒子组装技术制备了可见光超材料透镜，利用光学显微镜成功实现了45nm 的

超分辨显微成像，这极大地突破了光学显微镜的分辨率，实现了在纳米尺度操纵可见光，在超材料光学器件和光子计算机等领域具有重要的应用前景。

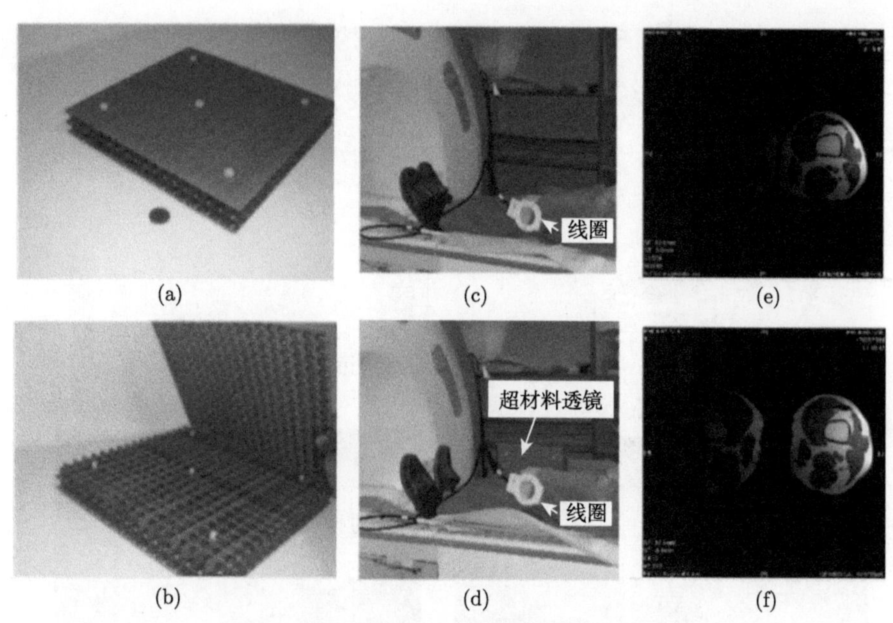

图 5.8 超材料透镜在磁共振成像上的应用 [20]

(a)、(b) 超材料结构图; (c)∼(f) 放入超材料透镜前后的检测和成像对照图

负折射率超材料作为一种具有周期性阵列结构的新型人工电磁介质，可以利用其独特的电磁性能实现对电磁波的隐身。对于传统的隐身技术，一方面主要是依靠外形设计将接收到的电磁波反射到其他方向；另一方面，可以利用吸波材料对电磁波进行吸收，从而实现对目标物体的隐身作用。然而，传统隐身技术很难从根本上消除入射电磁波的干扰，通过增加散射截面来实现隐身目的的同时，会由于散射效应增加目标物体被发现的概率。Pendry 等 [22] 最早从理论上论证了超材料对电磁波的隐身作用，图 5.9(a) 表示电磁波和二维超材料斗篷之间的相互作用，电磁波可以绕过超材料表面进行传播，从而实现电磁波的隐身作用。将金属铜柱用这种二维隐身斗篷包裹起来，然后放在两个平行金属板之间，使电磁波从金属板的一侧入射，观察整个金属板内部空间的电磁场分布情况 [23]。图 5.9(b) 是利用这种超材料隐身衣之后，极大地降低了金属铜柱对电磁场的散射作用，使其从外部无法观测到隐身斗篷内物体的电磁场分布情况，达到了在微波频段对电磁波的隐身目的。Liu 等 [24] 利用非共振的结构单元制备了可以消除外部干扰的平面隐身地毯 (图 5.9(c))，在 13∼16GHz 频率范围内成功实现了对电磁波的隐身作用，并且具有非常低的损耗。Ergin 等 [25] 利用激光直写

技术制备了三维的隐身斗篷 (图 5.9(d))，并在其内部填充有机物来控制斗篷的折射率，成功实现了在光频率范围内的隐身作用。

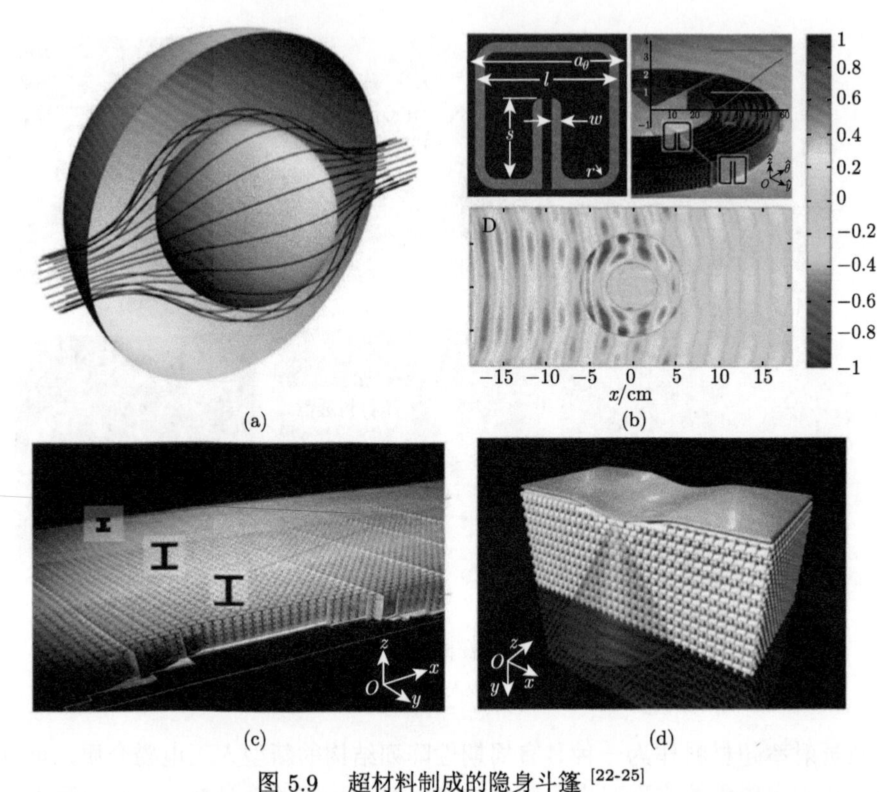

图 5.9　超材料制成的隐身斗篷 [22-25]

(a) 超材料表面传播示意图; (b) 微波段隐身斗篷; (c) 平面隐身地毯; (d) 三维隐身斗篷

负折射率这一特殊物性参数的出现在理论上和应用上都开辟了一个崭新的研究领域，其在材料科学、光学通信和激光技术等领域具有潜在的应用前景。随着研究的日渐深入，具有负折射率的介质在微波、太赫兹波、红外线及可见光波段已经被证实。时至今日，负折射率材料已经运用到电磁隐身、信息存储、移动通信等诸多日常领域。当前，研究者仍在不断探究负折射率材料的新特性及应用领域，以期望实现更多的应用。随着对负折射率材料研究的不断深入，相信其在未来将会有更多的突破和应用。

5.2　负质量和负模量

质量密度ρ 和弹性模量 K 是声学材料的两个关键参数，它们决定了声波在介质中的传播特性 [26,27]。对于自然界中普遍存在的传统介质，其质量密度和弹性模量均为正值，由材料的化学成分和微观结构决定，不会轻易改变，声波可在其中传播。声波和电磁波在物理本质上都具有相似的波动性，类比声波与电磁波，并结合声波自身传播特性和理论方程的形式特点，如果材料具有负的等效质量密度或者负的等效模量，也将表现出类似的电磁波波动响应特性。声学超材料在材料中引入局域共振单元，增强了声与物质的相互作用，实现了天然材料中无法实现的等效参数，打破了固有认知。基于声学共振的机制，可以引入负的等效质量密度和弹性模量，以及零折射率等奇异的声学参数，突破经典声学的理论限制，构造新功能声学器件。如图 5.10 所示，第一象限为传统的双正声学材料，第二象限和第四象限为单负声学材料，第三象限为双负声学材料，或称左手材料。

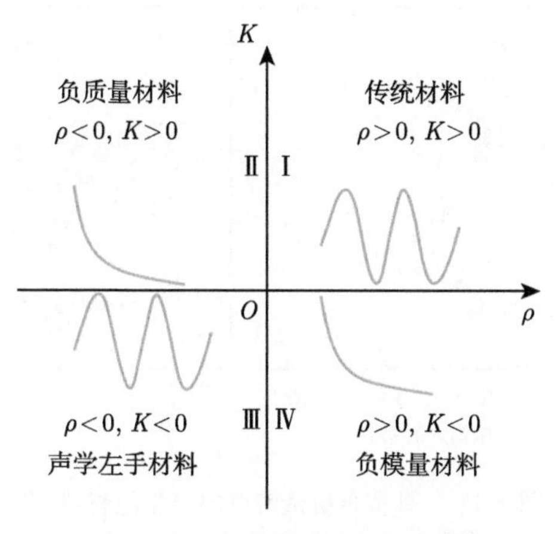

图 5.10 声学超材料的定义 [26]

关于声学超材料负参数的重要工作之一是在具有高密度的铅球核外部包覆一层硅橡胶软材料形成三维核壳结构，得到一种等效质量密度为负的声学超材料。这种三维声学核壳结构可以在特定频率声波附近产生负响应，其共振频率由核壳结构的几何参数决定，而与它们的排列规律、周期常数没有关系。同时，这种核壳结构的几何参数远小于声波波长，符合有效介质理论。如图 5.11 所示，硅橡胶包覆层厚度为 2.5mm，包覆的铅球直径为 10mm。将设计的核壳结构按照晶格常数 15.5mm 排列，构建成立方晶体，在核壳结构之间填充有环氧树脂硬质基底材料。测试结果表明，该样品具有两个低频共振状态，在透射曲线上对应着两个共振吸收峰，样品的等效质量密度在这两个频率区域附近均为负值。样品的共振频率只与结构单元的几何参数有关，不受晶格周期限制。在共振频率附近，整个样品按固有的本征频率共振，不受外界声场影响。当外界声场频率大于共振频率时，外界声场力的方向与铅球加速度方向相反，整个系统的等效质量密度为负值。

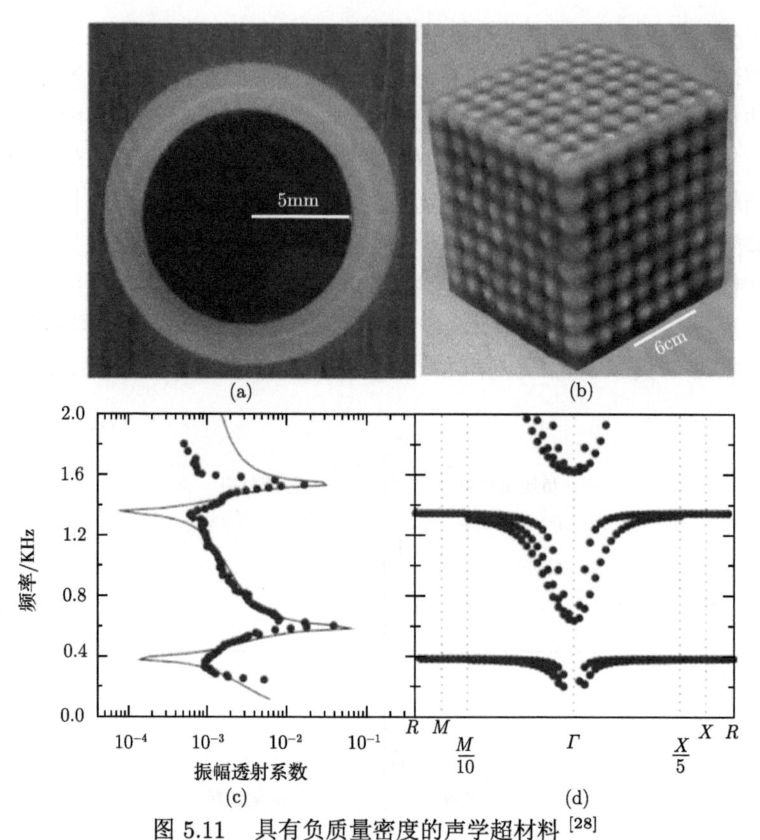

图 5.11 具有负质量密度的声学超材料 [28]

(a) 硅橡胶包覆层; (b) 声学超材料宏观结构; (c)、(d) 性能测试图

研究者使用弹簧质量模型 [29] 对负质量机制进行了更深刻的理论分析，如图 5.12(c) 所示。该工作从牛顿第二定律出发，经过理论推导指出等效动态质量是关于频率的函数。Yang 等 [30] 在核壳结构的基础上，利用薄膜结构设计了另外一种声学超材料，并且同样实现了负质量。如图 5.12 所示，图 5.12(a) 中虚线为按照质量密度定律计算的透射结果，实验结果不同，说明薄膜系统振动后的性质跟静态质量性质不再相同。在 237Hz 附近，薄膜的振动方向与入射声波的方向刚好相反，也就是该薄膜结构的等效质量密度为负值。薄膜系统在负等效质量密度附近的平均位移也发生了突变，说明此时系统发生了共振。相较于前期提出的核壳结构，薄膜结构的设计更加简单，工作频段更低，在实验上更容易实现，由此薄膜结构成为实现负等效质量密度的主要结构。

与负等效质量密度一样，负等效弹性模量也是声学超材料振动状态下的反常响应，常规材料的等效弹性模量不会出现负值。由上文可知，引入动态共振可以实现宏观的等效“负质量”参数，同时，对于等效“负模量”的研究也成了热点。

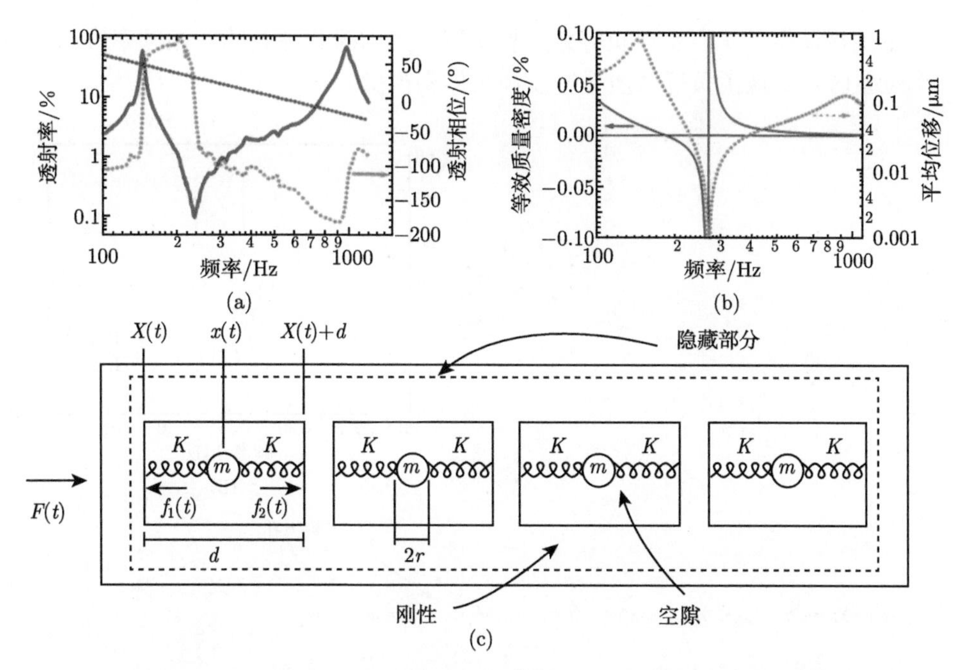

图 5.12 薄膜型声学超材料性能图 [29] 及负质量机制理论模型 [30]

(a) 透射率和透射相位随频率的变化关系; (b) 等效质量密度和平均位移曲线; (c) 一维弹簧质量理论模型

研究者设计了一种一维亚波长排列的亥姆霍兹共振器阵列 [31]，实验证实了水介质中的负等效弹性模量 (图 5.13(a))。这种亚波长亥姆霍兹共振器排列是在铝板上雕刻而成，每个亥姆霍兹单元均由一个开口孔径和一个空腔组成。在排列的亥姆霍兹共振器上方有一个长条形通道，多个亥姆霍兹共振器和其上方的通道等效于多个电容和电感连接的 LC 谐振电路。通过计算等效弹性模量频谱发现，在 33kHz 附近，该模型的等效弹性模量实部为负。亥姆霍兹共振器在随后的研究中成为实现负等效弹性模量的主要模型。在此基础上，Lee 等 [32] 通过在空心管侧壁开孔的方式，设计了一种具有传播截止频率的负等效弹性模量亥姆霍兹共振器模型。该共振器可以在 0~450Hz 范围内实现负的等效弹性模量，即 450Hz 以上的声波能在这种材料中传播，而低于 450Hz 的声波则不能传播。上述经典材料及结构类型的研究为实现双负等效参数声学超材料奠定了基础。

类比电磁超材料中的负折射与负介电常数和负磁导率的关系，在声学超材料中，如果将具有负等效质量密度的结构与具有负等效弹性模量的结构进行结合，有望在某一特定频率处实现双负。如图 5.14 所示，Ding 等 [33] 提出了一种闪锌矿结构，由水球包覆气泡的结构和环氧树脂中橡胶包覆金球的结构组成。水球包覆气泡的结构产生单极共振，实现负等效弹性模量，环氧树脂中橡胶包覆金球的结构产生偶极谐振，从而实现负等效质量密度。当水球和橡胶的共振频率协调到同一个位置时，实现了负等效质量密度和负体积模量。

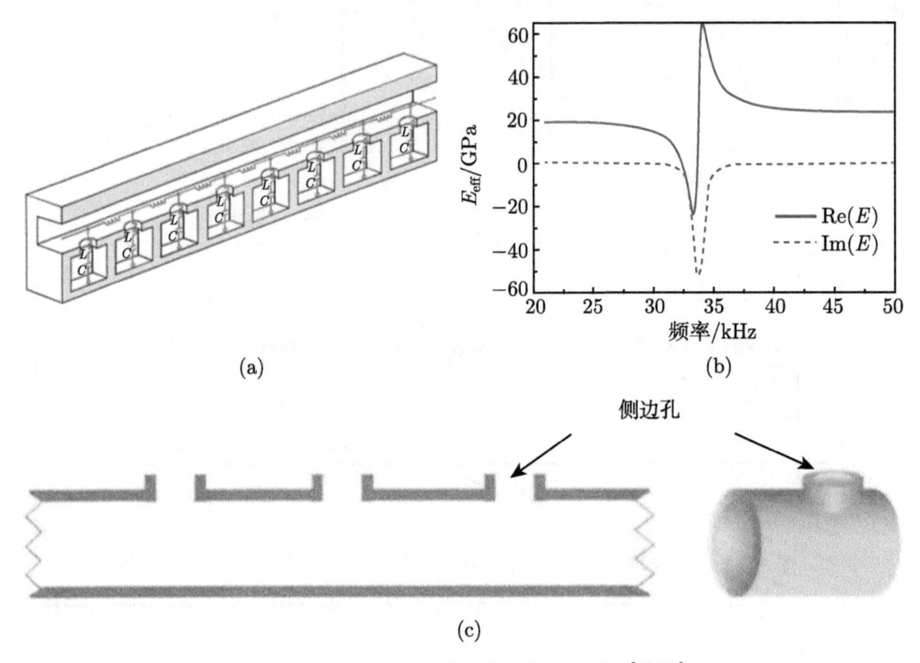

图 5.13 不同亥姆霍兹共振器示意图 [31,32]

(a) 一维阵列型; (b) 一维阵列型的性能; (c) 多孔型内部结构

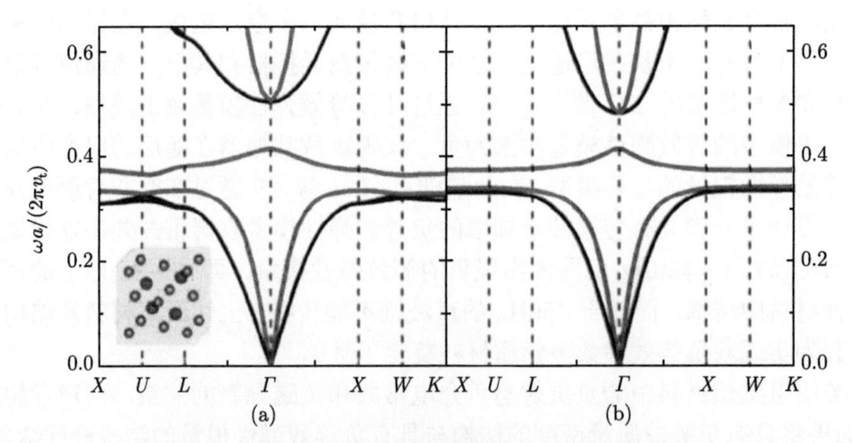

图 5.14 闪锌矿双负参数声学超材料示意图及能带图 [33]

(a) 利用多重散射法得到的能带图; (b) 通过有效参数法得到的能带图

Lee 等 [34] 将周期性排列薄膜的空心管结构和侧壁打有周期性孔洞的空腔结

构组合在一起实现了双负声学超材料，如图 5.15 所示。周期性排列薄膜的空心管结构仅产生负等效质量密度，开侧孔的空腔结构具有负的等效弹性模量。经过测试，这两种结构耦合可以同时产生负等效质量密度和负等效弹性模量。此外，有研究者将具有负质量密度的空心管及负弹性模量的开口空心球结构组合在一起，同样实现了双负声学超材料 (图 5.16)[35,36]。

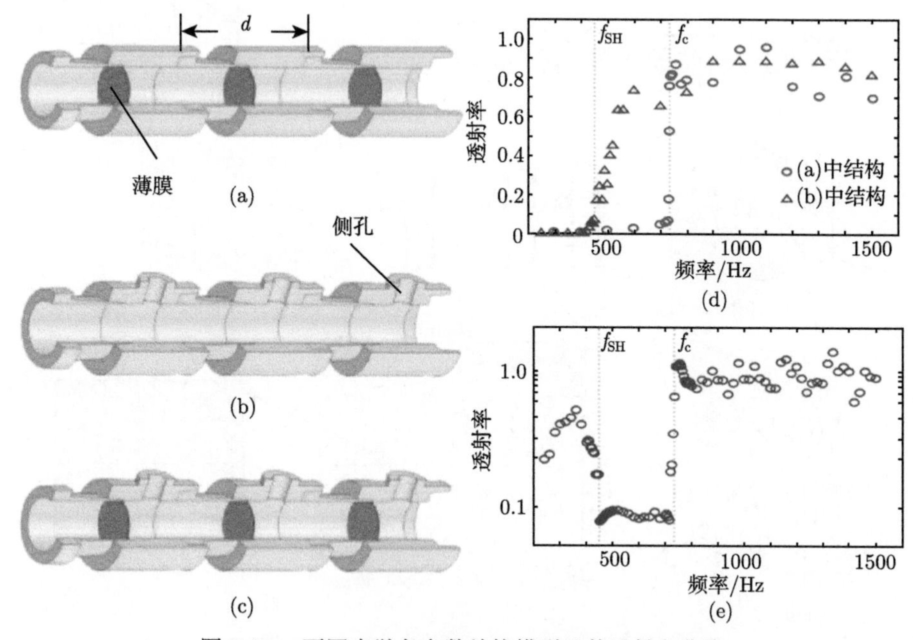

图 5.15 不同声学负参数结构模型及其透射率曲线
(a) 薄膜阵列负密度结构; (b) 带侧孔的负模量结构; (c) 声学双负结构; (d) 负密度结构及负模量结构的透射率曲线; (e) 双负结构透射率曲线

值得一提的是，上述负质量密度的空心管及负弹性模量的开口空心球结构组合成的穿孔空心管具有在水中同时产生共振的能力。从透射系数和反射系数中提取的有效声学参数证实，在 36.68~36.96kHz 范围内实现了负的有效质量密度和模量，在同一频率范围内有效折射率也是负的，该材料在亚波长成像和医学超声治疗方面具有潜在的应用前景。随着研究的深入，如何利用单一的结构单元实现“双负”成为热点问题。

事实上，单一的结构单元如果存在两种共振模式，也可以实现双负超材料。Yang 等 [37] 设计了一种双薄膜系统，如图 5.17(a) 所示。由于其对称性，通过调整单极共振和偶极共振的共振频率，在 520~830Hz 范围内实现了双负声学参数，且有效参数可以精确表征，实验结果与预测吻合。Lai 等 [38] 设计了一种基于固体基底的弹性声学超材料，其晶胞的物理模型示意图如图 5.17(b) 所示。该模型是一个质量–弹簧系统，由四个质量块组成，这些质量块通过弹簧相互连接。四个质量块集体运动可以增强偶极共振 (对于负质量密度)，而它们的相对运动可以增强四极和单极共振 (对于负模量)。图 5.17(b) 中的理论模型效果图如图 5.17(c) 所示，经过测试及仿真，这一模型可以实现两个双负色散带。

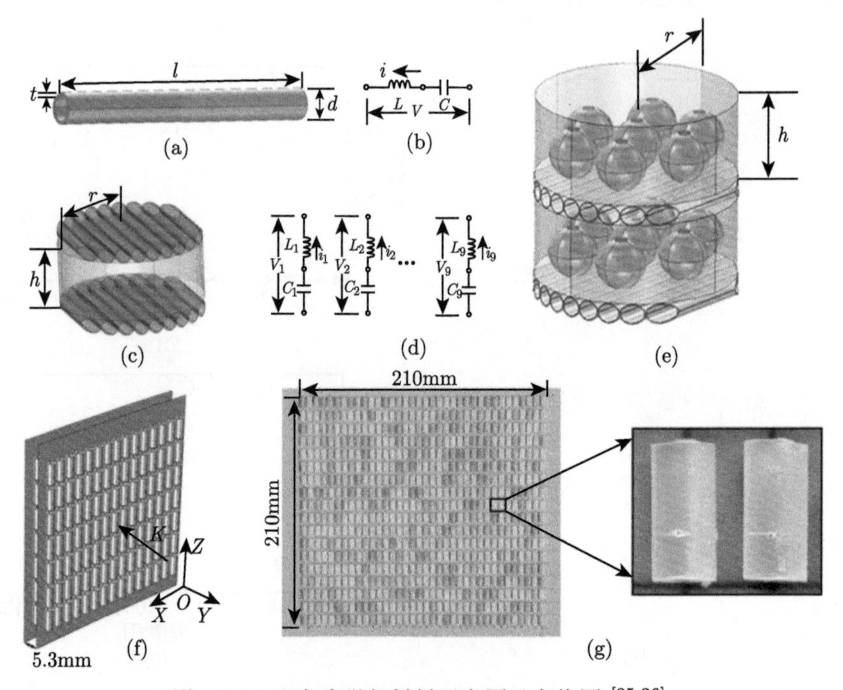

图 5.16　双负声学超材料示意图及实物图 [35,36]

(a)、(b) 单个空心钢管模型及其对应 LC 谐振电路; (c)、(d) 具有负质量的二维声学超材料模型及其对应 LC 谐振电路; (e) 兼具负质量和负模量的三维声学超材料模型; (f)、(g) 穿孔空心管双负声学超材料示意图及实物图

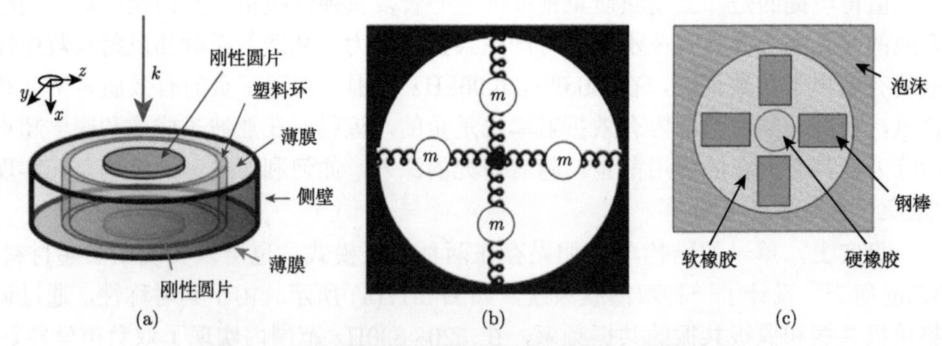

图 5.17　实现双负声学超材料的不同单一结构单元

(a) 双薄膜系统结构示意图; (b)、(c) 弹性声学超材料的物理模型及结构示意图

Zhu 等 [39] 通过精密激光加工制造方法在不锈钢薄板上直接加工出超材料结构 (图 5.18)。该结构的每个胞元可以通过在六角形区域中进行适当的槽切割来形成三根细梁结构，以产生所需要的中心区域的旋转和平移共振，通过设计这三根细梁的几何尺寸可以控制两种共振模式的频率范围，而当负等效密度和负等效体积模量的频段出现重合时，则可以在“双负”频段内观察到负折射现象 [26]。

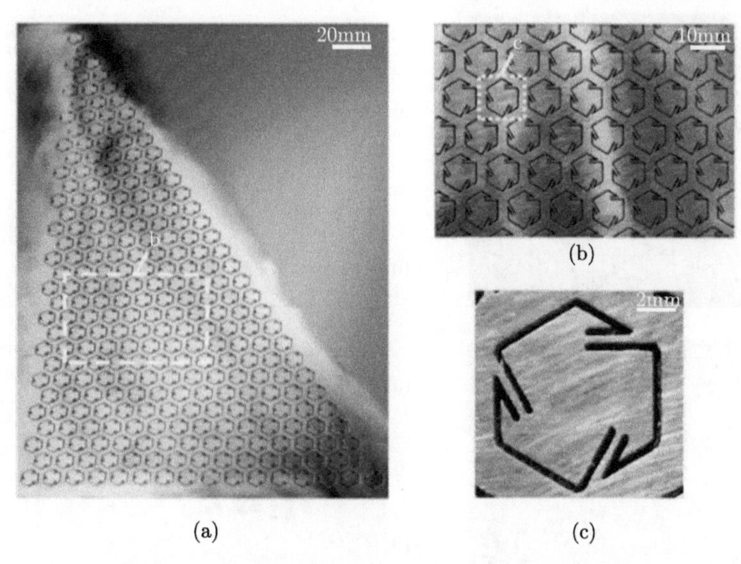

图 5.18 弹性声学超材料 [39]

(a) 三角形阵列弹性声学超材料; (b) 晶胞阵列高倍图; (c) 单一晶胞高倍图

声学超材料所表现出的奇特物理现象和原理引起了学术界和工程界的广泛关注，在消声降噪、无损检测、隐形伪装、超声成像、海洋探测、通信等领域具有重要的科研价值和广阔的应用前景 [40,41]。Sanchis 等 [42] 在球形物体外布置了 60 个同轴环，以实现定向三维 (3D) 隐身，如图 5.19(a)、(b) 所示。有声学隐身衣和无声学隐身衣的散射压力场的分布表明，隐身性能可以理解为球体和隐身衣散射波之间的相消干涉效应 (图 5.19(c) 和 (d))。2015 年，Kan 等 [43] 利用变换声学开发了一种宽带声学隐身超材料，该超材料能够将 3D 物体完全隐藏在具有任意开口的空腔中，如图 5.19(e) 和 (f) 所示。

除声学隐身外，利用超材料制作的声学透镜在生物医学和工业领域有许多潜在的应用 [41]。由于增材制造的出现为声学透镜的制造提供了可能，因此增材制造在声学透镜生产中的应用近年来得到了很大的发展。其中，基于周期性硬板阵列设计的用于机载的平面超透镜打破了衍射极限 [44]，其通过优化相关参数，使用多层声学透镜实现了高透射率。这提供了一种设计 3D 声学透镜的新方法 (图

5.20(a))。Peng 等 [45] 开发了可以操纵折射率和声阻抗的声学透镜，通过基于声波聚焦光栅的梯度折射率的设计实现了聚焦效果 (图 5.20(b))。Chen 等 [46] 设计了一种声学聚焦透镜，可以操纵声波的近场和远场，相关结构示意图如图 5.20(c) 所示。该结构在远场和近场中都具有出色的聚焦能力，其聚焦行为可以在图 5.20(d) 中看到。

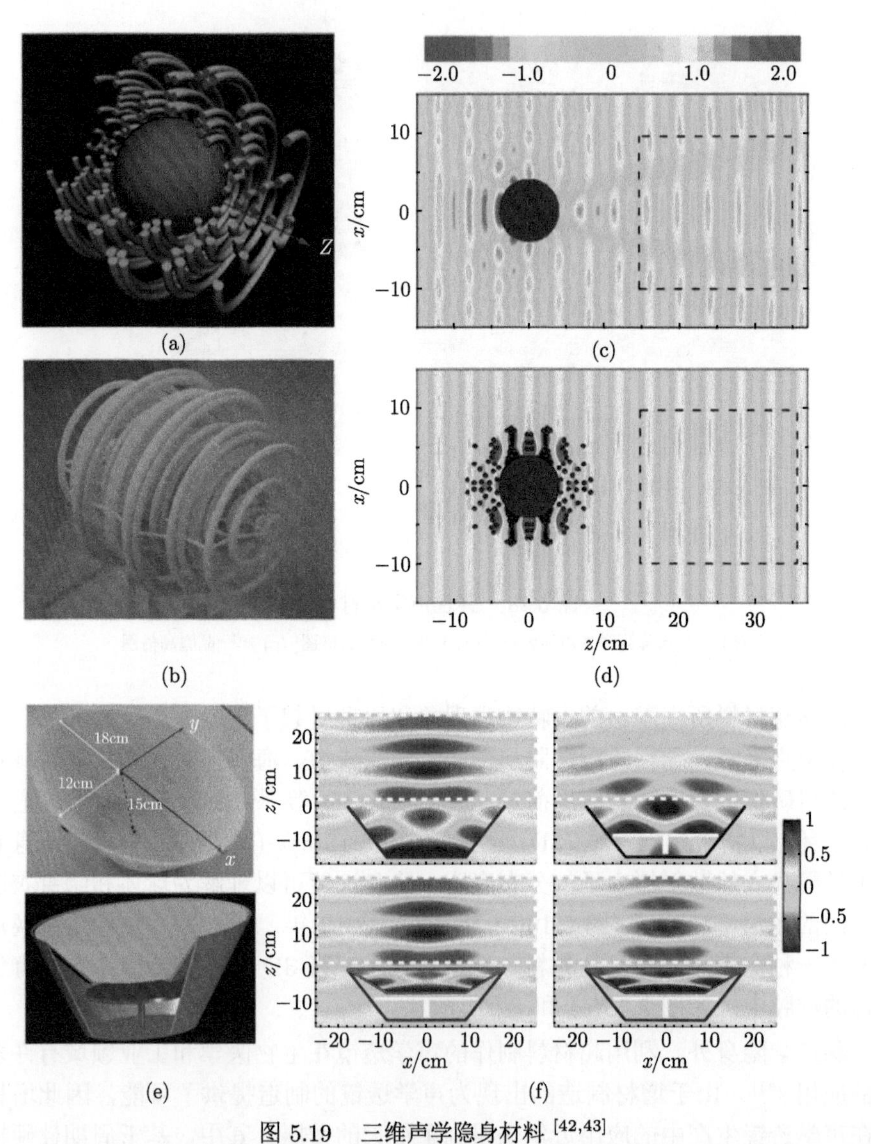

图 5.19 三维声学隐身材料 [42,43]

(a)、(b) 三维声学隐身斗篷设计图及实物图; (c)、(d) 加载声学隐身斗篷前后材料的声压示意图; (e) 使用 3D 打印制造的声腔照片及包含物体和声学隐身斗篷的腔体方案; (f) 通过有限元模拟计算得出的不同条件下的声压场

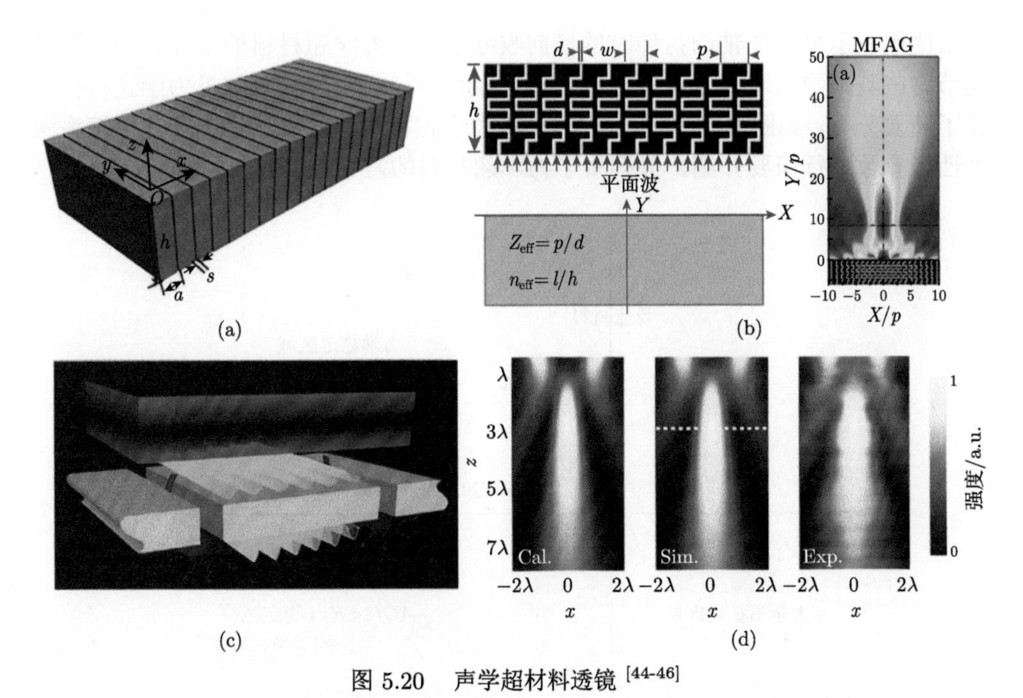

(a) (b) (c) (d)

图 5.20 声学超材料透镜 [44-46]

(a) 平面超透镜; (b) 具有盘绕空间结构的亚波长透镜; (c)、(d) 用于聚焦的超紧凑型声学透镜及其性能仿真

声学超材料打破了传统材料的性能束缚，在材料设计构筑方面更具自由度。当前，声学超材料的特殊属性正在催生一批新兴的应用。除本节提及的声隐身及声学透镜外，声学超材料在无损检测、生物医疗、通信器件、声水下探测等领域的应用创新越来越突出。随着材料加工领域的发展及超材料理论研究的深入，声学超材料与电磁超材料、光学超材料、力学超材料的交叉应用值得探索，也会有更多创新实用的内容展现在我们面前。

5.3 负泊松比和负压缩率

力学超材料是一种具有超常力学性能的人工设计微结构，通过构筑周期性的单元 (也称为 “晶胞”) 来获得各种不同寻常的机械性能，如负泊松比、负刚度和负压缩性等。近年来，随着增材制造等材料加工成型技术的进步，力学超材料得到了迅猛发展，大量的力学超材料和新颖结构被发现、研究和制造 [47]。随着越来越多的研究者对力学超材料研究的不断深入，力学超材料在航空航天、船舶工程、生物医疗、国防军事等方面的应用也被不断挖掘 [48]。

力学超材料的性能与杨氏模量、剪切模量、体积模量和泊松比密切相关。杨氏模量衡量材料劲度，剪切模量描述材料刚度，体积模量衡量材料可压缩性，而泊松比则表示材料在轴向拉伸时的横向收缩程度。力学超材料的设计目的是通过调节这些基本弹性常数，获取所需性能。《超材料》[26] 一书对常见力学超材料进行了简要分类，如图 5.21 所示。本节针对力学超材料中的负泊松比和负压缩率两个性能参数进行简要介绍，并列举了力学超材料的常见应用。

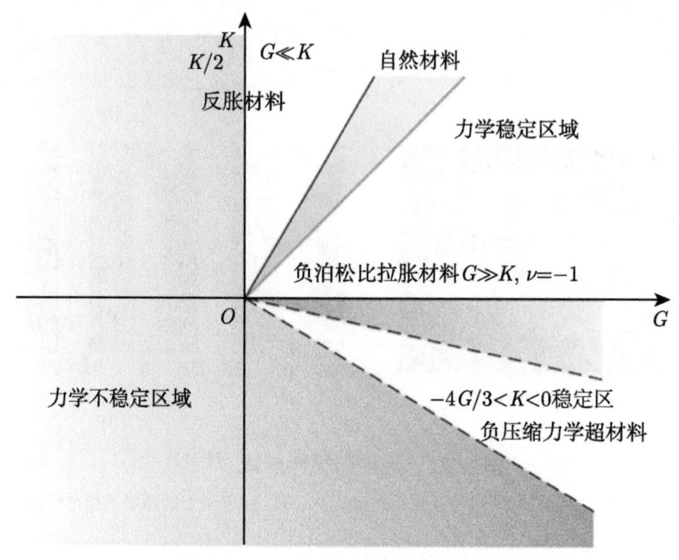

图 5.21　力学超材料简要分类 [26]

泊松比反映了均匀材料在横向变形时的弹性特性，即材料在单向受拉或受压时，横向正应变与轴向正应变的比值。通常情况下，大部分固体在轴向拉伸后会侧向收缩，因此泊松比为正值，如图 5.22(a) 所示。生活中人们熟知的材料泊松比通常在 0 ~0.5。在自然界中，只有少数种类的材料具有负泊松比，其拉胀行为表现出与常规相反的膨胀特性，即在拉伸时侧面膨胀，而在压缩时侧面收缩，如图 5.22(b) 所示。

1987 年 Lakes[50] 通过设计在泡沫材料中成功实现了负泊松比，相关工作发表在 *Science* 期刊中，并提出了负泊松比材料作为一种可设计材料的概念，随后便开启了负泊松比材料研发的热潮。1989 年，Evans 等 [51,52] 在制备具有微孔结构的聚四氟乙烯过程中也实现了负泊松比效应，并将其命名为拉胀材料。在随后的研究中，负泊松比主要是通过对正泊松比材料进行合理铺设或者是通过创新材料的构筑方法和技术获得的。当前，由于可控的变形机制产生的负泊松比行为已经成为研究的热点，典型的变形机制可以分为内凹结构、旋转刚体结构、手性/反手性结构、纱线结构及其他结构 [48] 等，本部分对内凹结构、旋转刚体结构、手性/反手性结构、纱线结构这几种不同结构的负泊松比材料的特点进行介绍。

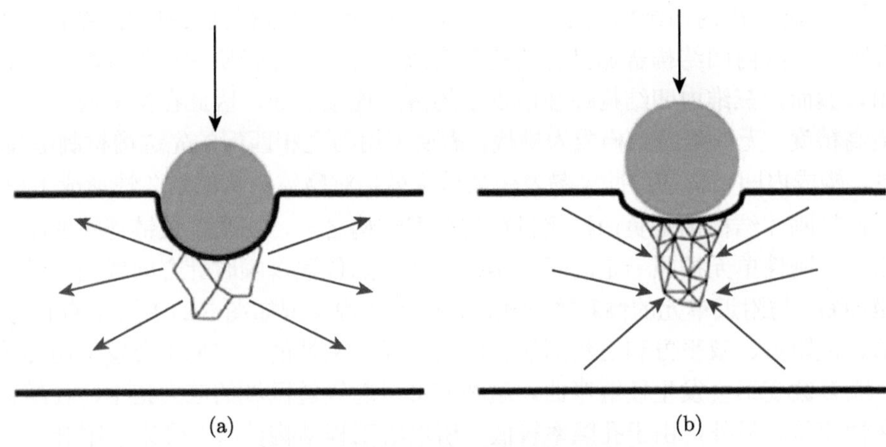

图 5.22 冲击载荷下的变形机制 [49]

(a) 正泊松比材料; (b) 负泊松比材料

常见的二维内凹结构有内凹六边形蜂窝模型、内凹三角形模型 (双箭头模型) 和星形模型等。1982 年，Gibson 等 [53] 首次提出了二维内凹六边形蜂窝结构，对该结构施加水平方向的拉力，其纵向杆会同时向外移动，结构内凹角展开，同时斜杆发生旋转，使整体结构膨胀产生负泊松比效应。在随后的研究中，箭头结构、星形结构、缺失肋结构等多种不同类型的内凹结构被研发，如图 5.23 所

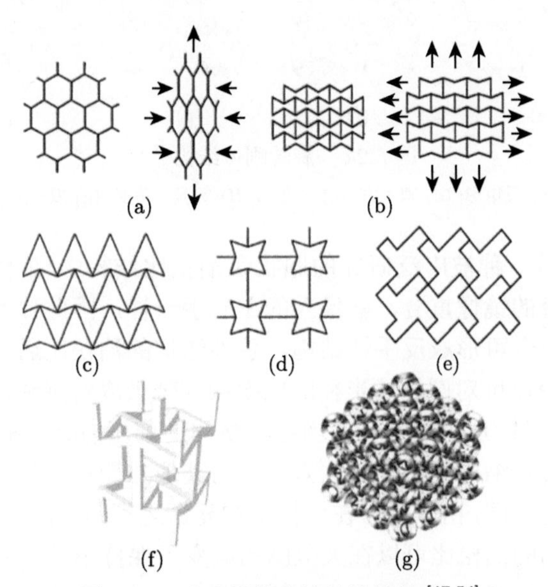

图 5.23 内凹结构负泊松比材料 [47,54]

(a)、(b) 典型蜂窝网络和展示负泊松比 (NPR) 的内凹 (蝴蝶结) 蜂窝网络的变形; (c) 箭头结构; (d) 星形结构; (e) 缺失肋结构; (f) 六孔 Bucklicrysta 示意图和单轴压缩视图; (g) 蝴蝶结 3D 内凹结构

示 [47,54]。将二维内凹结构进行阵列、旋转、反转等可以得到三维内凹结构，研究者发现，三维内凹结构普遍具有高孔隙度或低密度，在轻质建筑等领域具有重要应用。然而，三维内凹结构往往由复杂的薄肋连接而成，因此在实际应用中如何制造高精度、无缺陷的结构成为挑战，需要采用与之相匹配的先进增材制造技术。此外，构成内凹结构的薄肋容易发生疲劳失效，对整体结构的耐久性形成了考验。

旋转刚体结构也是负泊松比材料的典型结构之一，由柔性铰链连接的刚性单元组成。刚性单元按照一定的规则排列，其初始位置以顺时针方向或逆时针方向轻微倾斜，与附近单元的倾斜方向相反。这种结构模型如图 5.24 所示，有正方形、矩形、反矩形、双平方和三角形等。由于单元是刚性的，它们不会发生明显的变形，大多数变形会发生铰链弯曲。这种变形引起铰链区域的应力集中，使结构的耐久性变差。另外，由于孔隙率较低，所以给工程结构件减重带来了困难。

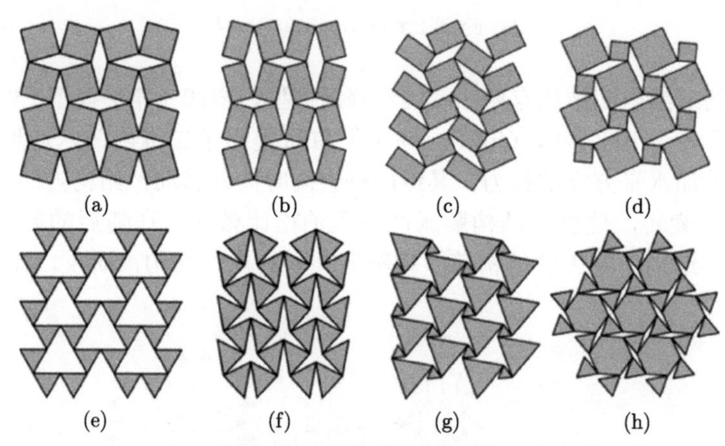

图 5.24　旋转刚体结构 [55]

(a) 正方形; (b) 矩形; (c) 反矩形; (d) 双平方; (e) 三角形; (f) 等腰三角形; (g) 双三角形; (h) 六边形–三角形

手性结构是另一种被广泛研究的胞状负泊松比结构。“手性” 这个词最初是指物体不能与本身的镜像重合，就像人的左右手一样，因此称为手性结构。将手性单元通过镜像组合可形成反手性结构。手性结构的泊松比通常取决于节间连接 (韧带) 与圆柱体壁厚度对圆柱体半径的比率和韧带长度对圆柱体半径的比率。图 5.25 列举了典型手性/反手性结构，当结构横向受到压力时，刚性节点受力旋转，切向杆也随之旋转收缩产生负泊松比效应。与其他在变形过程中表现出非线性行为的负泊松比结构不同，由于韧带在保持结构元素之间角度的同时能够 “缠绕” 到节点上，手性结构的泊松比可以在大范围的应变下保持不变。

螺旋纱线是一种独特的负泊松比结构，它由两种类型纱线组成，其中一种芯部纱线弹性模量较小，在无应力状态下呈直线形；另一种包缠纱线的弹性模量较大，但有很高的刚度。图 5.26 为 Miller 等 [57] 研制的负泊松比螺旋纱线，纱线由弹性模量较小的芯纱和弹性模量较大的包缠纱线组成。包缠纱线螺旋缠绕紧贴在芯部纱线上，两个纱线之间不存在相对移动。当纤维受到拉伸时，外部的包缠纱弹性模量较大因而伸长量较小，芯纱弹性模量较小因而伸长量较大。在初始状态下，如图 5.26(a) 所示，当拉伸载荷施加在螺旋纱线上时，由于两个纱线之间刚度的差异，形状发生变化。包缠纱线比芯部纱线弹性模量大、伸长量小，螺旋缠绕的纱线在拉伸载荷方向上被拉直，伸长量较大的芯部纱线被包缠纱线压弯并沿着包缠纱线螺旋缠绕，两种纱线的位置发生了互换 (图 5.26(b))。因此，螺旋纱线组成的整个织物具有负泊松比效应。这种螺旋负泊松比纱线可以很容易地将自由形状的表面包围起来。然而，这种结构由没有抗剪能力的芯部纱线和包缠纱线组成，因此在受压荷载作用下，相对于其他结构，它们并不能表现出优异的负泊松比性能 [48]。

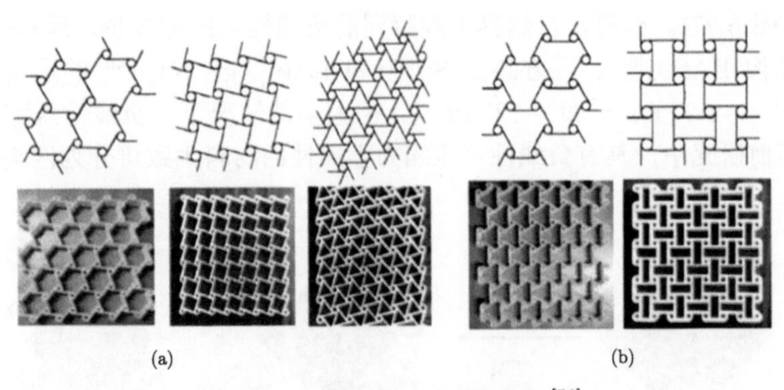

图 5.25 典型手性/反手性结构 [56]

(a) 手性结构; (b) 反手性结构

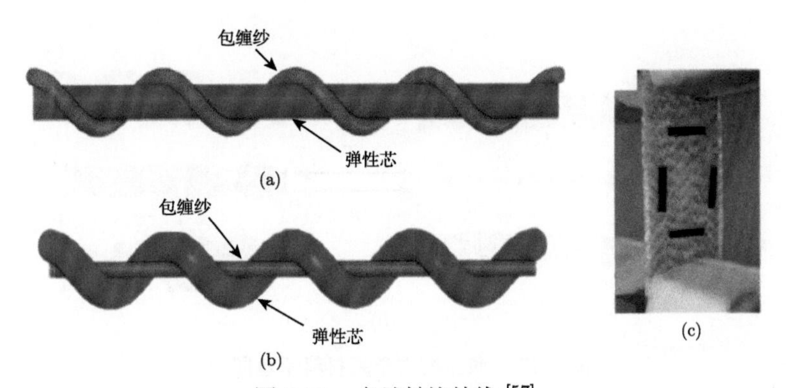

图 5.26 负泊松比纱线 [57]

(a) 未拉伸状态; (b) 拉伸状态; (c) 负泊松比纱线织物

近些年来，折纸模型引起了力学超材料领域研究者的广泛关注。折纸模型的设计灵感来源于古代折纸艺术，其力学性能主要受折痕的图案和折叠顺序的影响 [58]。Schenk 等于 2013 年首先研究了具有负泊松比效应的 Miura-ori 构型的变形特征 [59]。他们将折纸图案视为由旋转铰链连接的刚性多边形结构，这种结构在沿某一方向折叠或展开时会出现侧向收缩和膨胀 [60]。基于折纸模型的折纸超材料在航天、医疗、材料、机器人等领域具有广泛应用前景。除负泊松比外，负压性能也是力学超材料研究中值得关注的物性参数。

可压缩率是体积模量 K 的倒数，用于表征固体或液体在静水压力的变化下其相对体积的变化。线性的可压缩性通常反映了传统工程晶体材料的黏合强度，正线性可压缩性的典型值通常介于 $5\mathrm{TPa}^{-1}$(较硬和致密的材料，如金属、合金和陶瓷) 至 $100\mathrm{TPa}^{-1}$(较软的材料，如聚合物和泡沫) 之间。可压缩率一般为正，只有少数自然材料的可压缩率为负值。负压缩指负的体积模量 K，即材料在受压时膨胀，而在拉伸时却收缩。负压缩力学超材料主要有负线性压缩性和负面积压缩性 (图 5.27)。当前，自然界中观察到的负线性可压缩较少，现有研究中 R-方晶石结构 $\mathrm{BAsO_4}$[61]、三方晶系 Se[62] 和 $\mathrm{KMn[Ag(CN)_2]}$[63] 的最负值分别为 $-2\mathrm{TPa}^{-1}$、$-1.2\mathrm{TPa}^{-1}$ 和 $-12\mathrm{TPa}^{-1}$。在大多数情况下，负线性压缩效应相对较弱。当前研究中，具有负线性可压缩力学属性的材料大致可分为四类：基于一

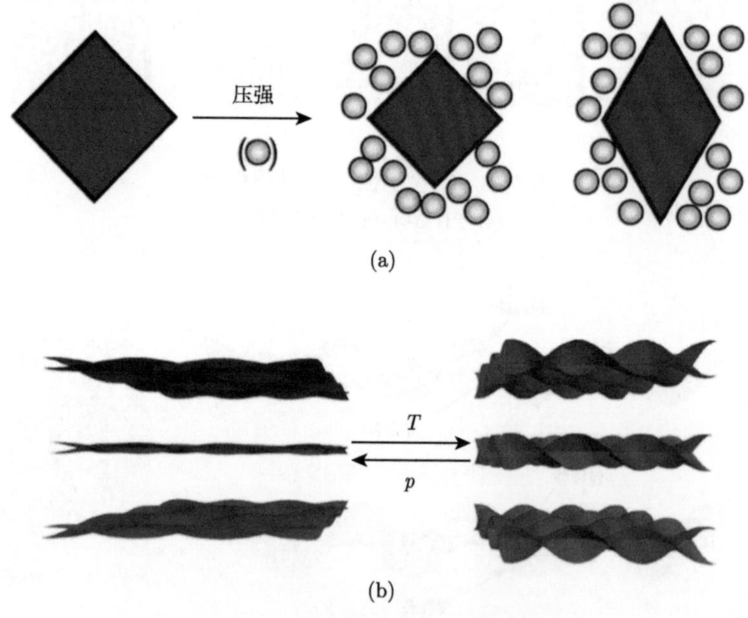

图 5.27　负压缩力学超材料示意图 [26]

(a) 负线性压缩性; (b) 负面积压缩性

定准铁弹性相变的负线性压缩材料、由倾斜多面体组成的网格结构固体、螺旋结构体系及骨架材料 (酒架、蜂巢等相关的拓扑结构，负可压缩性源于骨架内部的链接效应)，并且其中大部分为自然材料 [26]。

如何设计负线性压缩超材料使可压缩率比天然材料中观察到的值更高成为力学超材料的研究热点之一。材料设计面临的挑战是在原子尺度上设计相同的功能，使其成为一个需要利用的固有材料属性。从根本上讲，从分子框架理解负压缩机制有很大的意义。负面积压缩性是指在一个方向上拉伸时，有两个方向是收缩的，这是极其罕见的力学属性。通过在层错方向上平移，层状材料可实现显著的致密化，反过来也会引起层内两垂直方向上的膨胀。相比负线性压缩性来说，具有负面积压缩性的材料更少了，只有少数的层状材料 (如钒酸钠等) 具有负面积可压缩性。

在实际应用中，对兼具负泊松比、负压缩性等其他负属性的材料也有需求。这类材料需要满足多功能和多用途要求，常见的有兼具负泊松比和负压缩性的材料、兼具负泊松比和负热膨胀系数的材料、兼具负泊松比和负刚度的材料等。如图 5.28(a) 所示，Grima[64] 在 2012 年首次提出一种具有负泊松比和负压缩性的

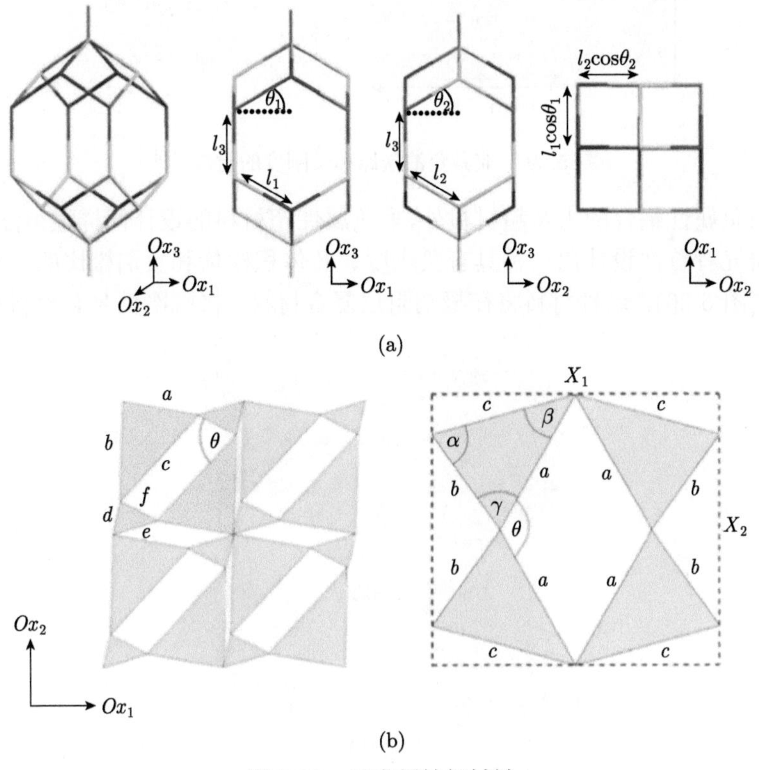

图 5.28 双负属性超材料

(a) 兼具负泊松比和负压缩性的材料 [64]; (b) 兼具负压缩性和负热膨胀系数的材料 [65]

3D 力学超材料，该材料是一种空间填充结构，可以认为是经典二维六边形蜂窝的三维等价物之一，蜂窝形状存在于两个正交平面中。随后，Grima 团队在 2016 年设计出一种可实现负压缩性和负热膨胀调控的单模超材料 (图 5.28(b))[65]，这项工作的研究结果为力学超材料和其他具有负物性参数领域的进一步研究提供了支持。此外，有研究者实现了负泊松比和负刚度的结合 [66]，如图 5.29 所示。这种双负超材料的在航空航天部件、减振台、冲击保护器、传感器、智能可展开和变形结构等领域具有较好的应用前景。

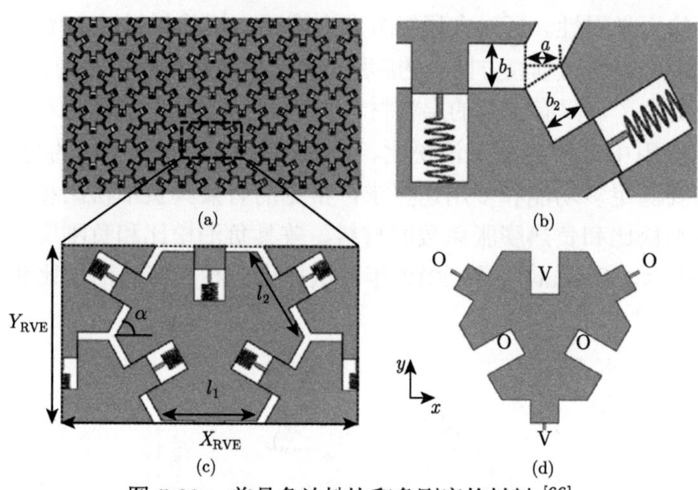

图 5.29　兼具负泊松比和负刚度的材料 [66]

除双负属性耦合的力学超材料外，多负属性超材料的设计同样值得注意。2019 年，有研究者首次设计出一种具有负刚度、负体积模量和负泊松比的三负属性超材料 [67](图 5.30)，这种材料将在极端阻尼复合材料、极端刚性复合材料和力学激

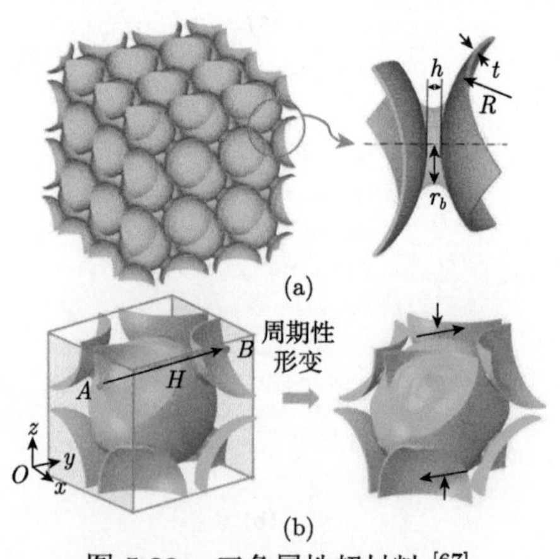

图 5.30　三负属性超材料 [67]

(a) 几何形状; (b) 晶胞及应用的周期性边界条件

励器的设计中发挥重要作用。这一成功的案例也激发了人们探索功能更加多样化的力学超材料的兴趣。

5.4 负热膨胀系数

绝大部分物质受热时体积增加，遇冷后体积缩小，出现“热胀冷缩”现象。一些物质在特定温度区间具有反常的“热缩冷胀”现象，即负热膨胀 (negative thermal expansion)[68]。负热膨胀材料在航空航天、电力电子、光学、医学等领域具有重要的应用价值和独特的优势 [69]。在航空航天领域，航天器外壳受空气摩擦，内外温差高达几百摄氏度，如果防热壳体和承力壳的材料热膨胀系数不匹配，防热壳体将会产生微裂纹，导致零件毁坏和报废，造成无法估量的损失，负热膨胀材料有望解决上述问题。在电力电子领域，硅基芯片与电路板材中的金属导电部分由于热膨胀系数的差异造成的接触不良是值得考虑的难题，而负热膨胀材料与金属复合有望提供新的解决思路。在光学领域，负热膨胀材料可以用于高精密望远镜、激光设备等的光聚焦及光路准直，以减少温度变化对其精确度的影响。在医学领域，利用负热膨胀材料可以设计新型牙齿填充材料。由于应用前景广阔，负热膨胀材料的设计构筑、性能调控、机制研究及应用拓展仍是研究的热点。

在自然界中，水在 4℃ 时具有最大的密度，水结冰的过程是最常见的负热膨胀行为。1845 年，Brunner 研究了水的负热膨胀特性，并发表相关论文。1896 年，物理学家 Guillaume 发现了一种奇妙的合金，其在 30K 以下表现出负热膨胀特性，并在室温附近很宽的温度范围内具有很小的甚至接近零的膨胀系数，该合金被称为“因瓦合金”。由于在因瓦合金方面的卓越贡献，Guillaume 获得了 1920 年诺贝尔物理学奖。因瓦合金的发现引起了世界各国研究者的重视，相关材料性能的研究和应用的开发都得到了极大的提升。随后的几十年中，石英、微晶玻璃和硅酸盐等越来越多的负热膨胀及近零膨胀材料被发现。1968 年，Martinek 发现 ZrW_2O_8 从 323K 到 973K 具有负热膨胀的特性，但受限于理论及技术，其负热膨胀机制未得到全面阐述。直到 1996 年，美国俄勒冈州立大学 Sleigh 等从晶体结构和晶格振动等方面详细揭示了 ZrW_2O_8 的负热膨胀物理机制 [71]。自此，负热膨胀相关的材料设计、性能调控、机制阐述和应用引起了世界各国材料、物理、化学等领域研究者的强烈兴趣，负热膨胀材料得到了快速发展，基于负热膨胀的新型功能材料也在逐步开发中。

21 世纪以来，关于负热膨胀材料的研究取得了较大发展，负热膨胀这一特殊的现象在各种类型的化合物中被发现，氧化物、普鲁士蓝类似物、氰化物、硫化物、氟化物、金属有机框架化合物、合金等体系中的负热膨胀机制被广泛研究 [71]。时至今日，负热膨胀相关的材料研发、理论研究仍在逐步深入。

热膨胀的本质与材料的晶体结构、电子结构、微区结构和缺陷等相关，并可以通过简单双原子的势能模型来解释。如图 5.31 所示，随着温度升高，更高的振动能级将被激发，例如，从 T_0 的 r_0 到 T_6 的 r_6，温度升高导致原子之间距离增加，从而产生热膨胀现象。热膨胀程度可以由热膨胀系数来衡量，热膨胀系数分为线性热膨胀系数 (α_l) 和体积热膨胀系数 (α_v)，与温度密切相关。设长度为 l 的材料体积为 V，当温度变化 $\mathrm{d}T$ 时，长度变化 $\mathrm{d}l$，体积变化 $\mathrm{d}V$。定义体积热膨胀系数 α_v 和线性膨胀系数 α_l 分别为

$$\alpha_\mathrm{v} = \frac{V - V_0}{V_0 \times (T - T_0)} \tag{5.1}$$

$$\alpha_\mathrm{l} = \frac{l - l_0}{l_0 \times (T - T_0)} \tag{5.2}$$

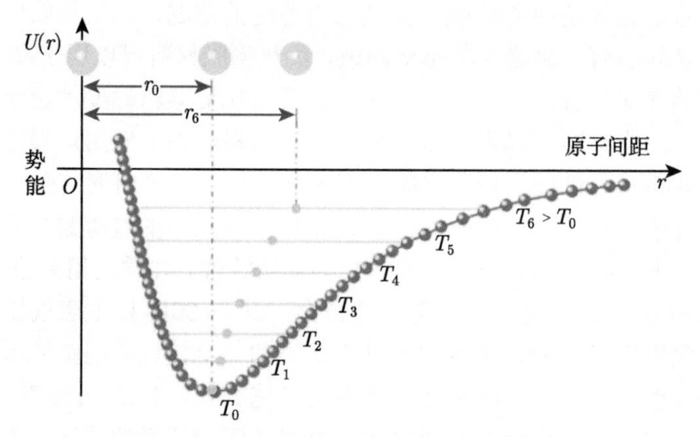

图 5.31 双原子相互作用势能曲线示意图 [68]

根据热膨胀系数的大小，可以将热膨胀材料分为高热膨胀材料、中等热膨胀材料、低热或零热膨胀材料及负热膨胀材料。生活中常见的铜、铝、铁等金属多为高热膨胀材料。中等热膨胀材料一般为玻璃、陶瓷、云母等。低热或零热膨胀材料主要为因瓦合金、堇青石 ($Mg_2Al_4Si_5O_{18}$) 和 β 锂辉石 ($Li_2O{\cdot}Al_2O_3{\cdot}3SiO_2$) 等。通常所认为的负热膨胀材料表示其在一定温度范围内具有负的体积膨胀系数。

负热膨胀这一特殊性能是自旋、声子、电子和晶格之间复杂相互作用的结果，随着研究的深入，相关机制逐步完善。经过多年的研究积累，研究者对导致负热膨胀行为的机制进行了总结，主要包括：横向振动及刚性单元模型 (rigid unit model, RUM)、铁电效应、磁体积效应、电荷转移和纳米尺寸效应等 [72]。

20 世纪 50 年代，有研究者猜想，横向声子振动模式可能引起材料的负热膨胀。以二配位的桥联原子热振动为例 (图 5.32)，桥联原子具有两种振动模式：第

一种，沿配位原子连线的方向纵向振动，这种纵向振动会使得两配位原子间距增大；第二种，垂直配位原子连线的方向横向振动。而当桥联原子和配位原子之间形成强的化学键时，桥联原子和配位原子之间键长随温度变化不大，呈近似刚性键。此时，如果桥联原子存在着强烈的横向热振动，就会使得两配位原子间距缩短，晶格出现负热膨胀行为。一般地，桥联原子的横向热振动相对于纵向振动的能量更低，因此在温度较低时，桥联原子的横向热振动对晶格热膨胀作用更加明显，纵向热振动作用较弱，从而使得一些材料在低温下出现显著的负热膨胀行为。

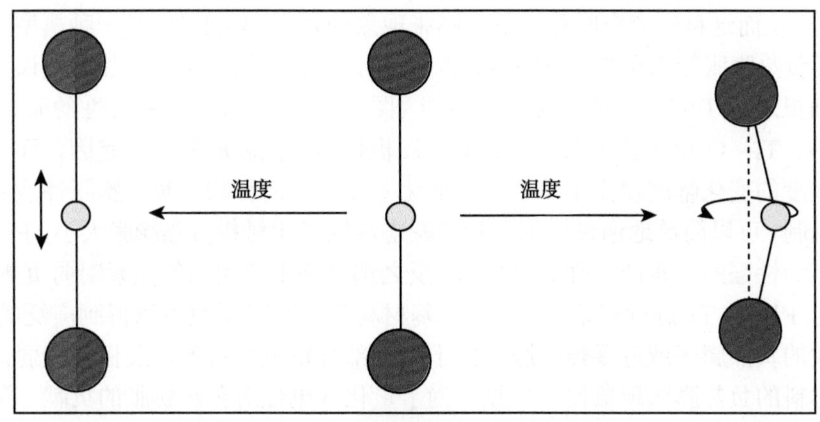

图 5.32　桥联原子的热振动示意图：一维原子链模型的纵向热振动与一维原子链模型的横向热振动 [73]

对于刚性单元模型，其基本原理如图 5.33 所示，桥联原子占据多面体的顶角且与多面体的中心金属离子存在较强的化学键合，使得多面体在一定的温度范围内不易发生形变，也即具有刚性特性。随着温度的升高，桥联原子的横向振动使得相邻多面体之间产生耦合摆动，相邻金属离子之间的距离缩短，晶格的热膨

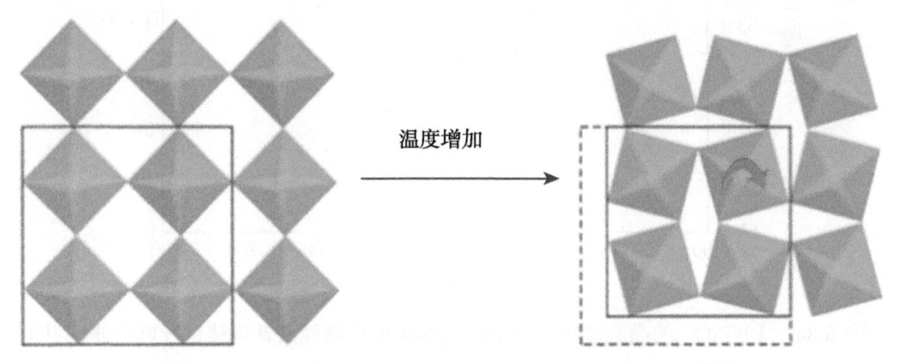

图 5.33　桥联而成的刚性多面体的耦合摆动示意图 [72]

胀行为出现。事实上，上述两种负热膨胀机制均建立在晶格热振动基础之上，典型材料有以 ZrW_2O_8 为主的钨钼酸盐、普鲁士蓝类似物、Cu_2O 等。总体来看，这类负热膨胀行为往往具有相似的结构特点，如具有开放的、低密度的框架结构，桥联原子与多面体中心金属离子间具有强的化学键等。

对于非振动机制的负热膨胀行为，往往是凭借一些“外力”，典型之一就是铁电效应导致的负热膨胀行为。众所周知，铁电材料的一个主要特点就是自发极化，这是由于在一定温度范围内，铁电体单位晶胞内正负电荷中心不重合，形成了偶极矩。在没有外加电场的情况下，铁电材料在居里温度时会发生从铁电相到顺电相的转变，而这种转变有时伴随负热膨胀现象的发生。$PbTiO_3$ 是一种典型的铁电体，其负热膨胀行为早先未被重视。2003 年，北京科技大学邢献然教授课题组首次详细报道了 $PbTiO_3$ 的负热膨胀性能 (图 5.34)，并开展了系统性的研究工作。Pb—O、Ti—O 电子轨道杂化引起的自发极化是负热膨胀的重要起因，而自发极化随温度的变化幅度决定了单胞体积变化幅度，进而影响到负热膨胀性能。基于上述机制，可以简单地通过控制元素的铁电活性影响材料负热膨胀大小。例如，选择铁电活性强的元素产生强负热膨胀，反之选择铁电活性弱的元素削弱负热膨胀。通过对 Pb 或 Ti 进行掺杂，$PbTiO_3$ 基材料的热膨胀系数可以得到广泛的调控，实现大的负热膨胀或近零热膨胀。由于绝大部分铁电材料的自发极化较弱，因此铁电材料的负热膨胀现象比较罕见。为了量化铁电性对负热膨胀的贡献，陈骏等系统地研究了自发极化与热膨胀的关系，提出了铁电自发体积伸缩 (SVFS) 这一新的物理概念，SVFS 的大小定义为

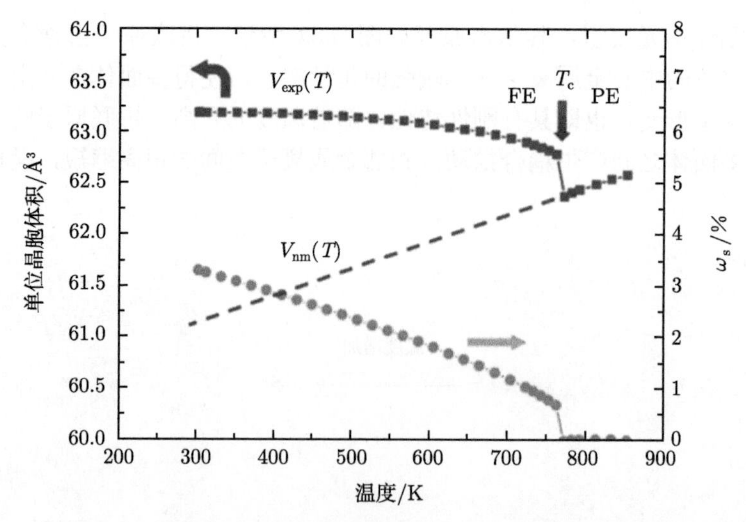

图 5.34 $PbTiO_3$ 的晶胞体积和公称容积的温度依赖性及铁电体自发电致伸缩 [74]

$$\omega_{\mathrm{s}}=\frac{V_{\mathrm{exp}}-V_{\mathrm{nm}}}{V_{\mathrm{nm}}}\times 100\% \tag{5.3}$$

这里，V_{exp} 和 V_{nm} 分别为单胞体积和名义单胞体积。名义单胞体积由顺电相到铁电相体积外推得到。

磁体积效应是负热膨胀材料的另一种物理机制，主要集中于磁性材料中。某些磁性材料在磁有序温度以上表现为正常的热膨胀，随着温度的降低，在磁有序温区时，热膨胀系数开始降低，甚至出现负热膨胀。对于由磁性引起的热膨胀反常现象都可以称为磁体积效应或者 Invar 效应。1896 年前后，物理学家 Guillaume 发现镍含量为 35%的铁镍合金 ($Fe_{65}Ni_{35}$) 在室温附近具有几乎恒定的热膨胀 (热膨胀系数α_{l} 小于 $1.2\times10^{-6}\mathrm{K}^{-1}$)，其长度在很大的温度范围内几乎保持不变 (图 5.35)。$Fe_{65}Ni_{35}$ 的出现，掀起了磁体积效应相关机制的研究热潮，但磁体积效应是电子与声子共同作用的结果，由于磁性的复杂性，磁性负热膨胀机制一直处在争议中。磁体积效应可以由自发体积磁致伸缩来定量描述，它反映了磁性对单胞体积的影响。根据以下等式，自发体积磁致伸缩可以表示为磁矩 M 的函数：

$$\omega_{\mathrm{s}}(T)=3\int\alpha_{\mathrm{m}}(T)\mathrm{d}T=kC_{\mathrm{mV}}[M(T)^2+\xi(T)^2] \tag{5.4}$$

其中，$\alpha_{\mathrm{m}}(T)$ 是温度为 T 时磁性对热膨胀的贡献；k 和 C_{mV} 分别是压缩系数和磁积耦合常数；$M(T)$ 和 $\xi(T)$ 分别是局域磁矩和自旋涨落的振幅。ω_{s} 可以简单地描述为与磁矩的平方 M^2 具有线性关系。

某些过渡族及镧系元素，其电子结构在一定条件下易处在不稳定的状态，在外界条件 (温度、压力等) 作用下，电子会发生跃迁。当电子构型发生变化的时候，由于电子、声子、晶格之间的强烈耦合，物质在宏观上体积产生变化，负热膨胀现象产生，此类负热膨胀的产生机制称为电荷转移。与电荷转移相关的负热膨胀材料包括 $BiNiO_3$、$LaCu_3Fe_4O_{12}$、SmS、YbCuAl、$Yb_8Ge_3Sb_5$、NiS 等，这是由于过渡金属氧化物中涉及电子的跃迁往往会导致较大的体积收缩。纳米尺寸效应也影响着材料的热膨胀性能。对于纳米材料，其局域结构与体相相比存在着较大差异。由于结构–热膨胀的强关联性，以及与尺寸效应的耦合作用，纳米材料的热膨胀也会表现出与体相不同的特性。

前文简要介绍了负热膨胀/零热膨胀的产生机制，下面选取几种典型的负热膨胀材料来举例说明。ZrW_2O_8 属于框架结构类负热膨胀材料的一种。框架结构类负热膨胀材料指晶体结构中多面体或原子团共定点连接成三维立体网状结构，其负热膨胀机制主要是桥联原子或基团的横向振动，从而引起两端多面体中心原子靠近，以带动整体晶格收缩。框架结构类负热膨胀材料主要分为氧化物类、氟化物类、氰化物与普鲁士蓝类、沸石分子筛及金属有机框架 (MOF) 类。

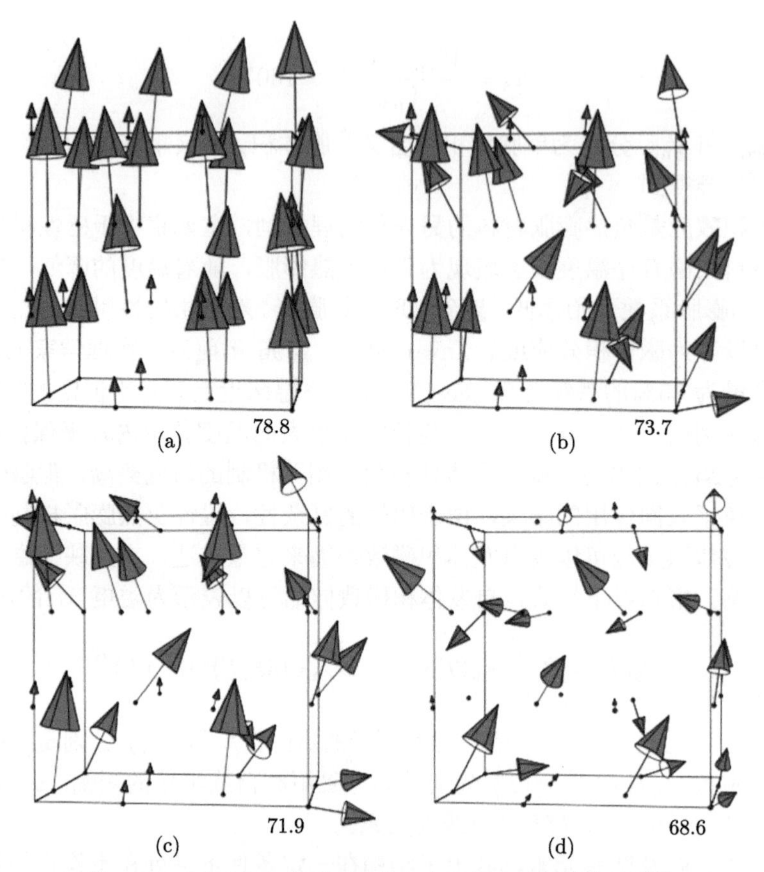

图 5.35 因瓦合金在不同磁有序度下晶胞体积的大小 [68]

ZrW_2O_8 的晶体结构为简单立方，图 5.36 显示了 ZrW_2O_8 在 2～1443K 范围内的立方晶胞参数。ZrW_2O_8 在温度高达 1050K 时动力学稳定，在虚线区域不稳定，在 1443K 时热力学稳定。在其整个动力学稳定范围内，ZrW_2O_8 表现出各向同性的负热膨胀，热膨胀系数 α_l 为 -9.07×10^{-6}K(0～350K)。ZrW_2O_8 的晶格结构如图 5.37 所示，表现为 ZrO_6 八面体和 WO_4 四面体组成的框架结构，ZrO_6 八面体占据立方布拉菲晶胞的 8 个顶角与 6 个面心，四面体 WO_4 占据晶胞内 8 个位置。其晶体结构可以看作是由 ZrO_6 八面体共用 6 个桥氧原子与 WO_4 四面体连接，而 WO_4 四面体只共用 3 个桥氧原子与 ZrO_6 构成骨架网状结构。每一个 WO_4 四面体有一个端基氧原子形成单键的 W—O 悬挂键。这种排列在固体中是极为反常的, 也被认为是 ZrW_2O_8 在室温下处于亚稳定的原因之一。ZrW_2O_8 之所以产生负热膨胀，是由于 Zr—W—O 中桥氧原子的低能横向振动，使共顶角 ZrO_6 的 WO_4 和多面体发生耦合转动，由于 W—O 键和 Zr—O 键是强键，因此这种多面体的协同耦合转动不会引起多面体畸变，结果使非键合的 Zr 和 W 之间的距离减小。随着温度增加，氧原子的振动幅度加大，温度升高时体积不断收缩，导致负热膨胀效应。表 5.1 给出了几种典型的氧化物框架结构负热膨胀化合物。在随后的研究中，关于氰化物、氟化物、普鲁士蓝类似物、沸石分子筛和 MOF 类负热膨胀机制的探索也在进行中。

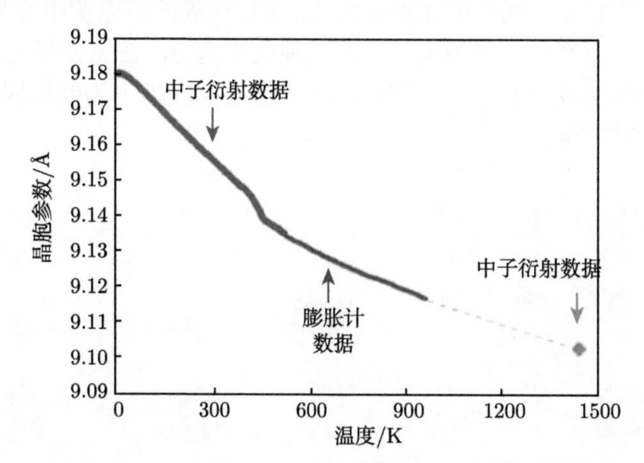

图 5.36 ZrW_2O_8 在 2～1443K 范围内的立方晶胞参数 [70]

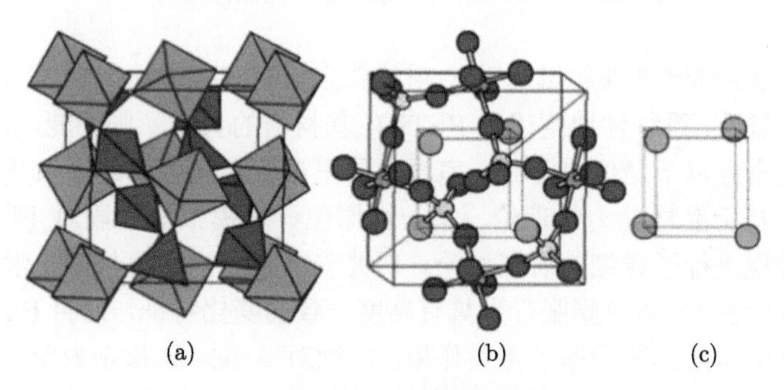

图 5.37 ZrW_2O_8 的晶格结构 [70]

(a) 绿色为 ZrO_6 八面体，红色为 WO_4 四面体；(b) 绿色为 Zr，黄色是 W，红色为 O，蓝色为桥氧原子；(c) 单配位氧原子三维结构

表 5.1 典型氧化物框架结构负热膨胀化合物性能汇总

	α_v/MK^{-1}	温度/K
ZrW_2O_8	−27.3	10～300
HfW_2O_8	−26.4	90～300
$ZrMo_2O_8$	−15.0	11～573
$HfMo_2O_8$	−12.0	77～573

自 1921 年 Valasek 发现铁电材料的自发极化性能至今，已有数千种铁电材料被研究。值得一提的是，一些铁电化合物在铁电相下出现负热膨胀或热膨胀系数较小，而在居里温度以上表现出正常的热膨胀性能，如 $PbTiO_3$、$Sn_2P_2S_6$、$PbNb_2O_6$ 等。显然，晶格负热膨胀与铁电性之间存在密切的关系。$PbTiO_3$ 是一种钙钛矿结构化合物 (图 5.38)，其铁电性来自由 Ti、Pb 构成的正电荷中心与 O 的负电荷中心不重合，从而产生电偶极矩，电极化强度不为 0，在无外界电场的情况下具有自发极化。$PbTiO_3$ 的居里温度为 763K。居里温度以下为铁电四方相，居里温度以上为顺电立方相。

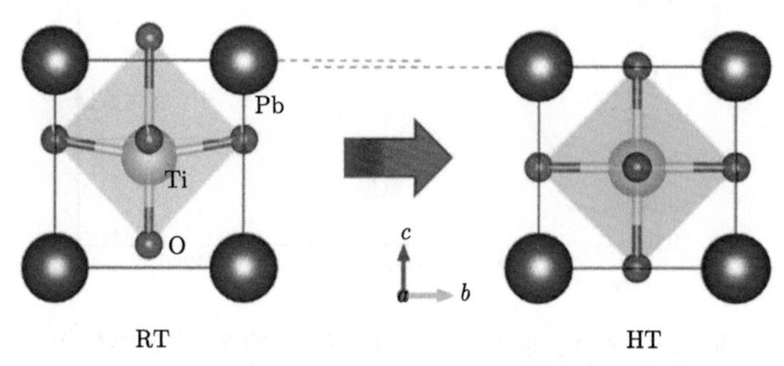

图 5.38　$PbTiO_3$ 室温和高温下的晶体结构 [75]

前文提及，邢献然课题组基于 X 射线粉末衍射表征方法得到 $PbTiO_3$ 不同温度下的单胞参数，系统性地阐述了 $PbTiO_3$ 基材料的负热膨胀性能，指出 $PbTiO_3$ 单胞体积在室温以下是低热膨胀，室温至居里温度之间为非线性负热膨胀。随后的研究中，基于晶格动力学理论、第一性原理计算模拟等手段对 $PbTiO_3$ 的正、负热膨胀过程进行了详细的研究讨论。研究表明，纵光学模与横光学模的劈裂程度及 Pb—O 键距与负热膨胀行为具有高度一致的变化特征，说明 Pb—O 轨道杂化在 $PbTiO_3$ 负热膨胀中起了重要作用。后续对 A 位 Cd 掺杂表明，A 位原子与 O 之间的共价性是其负热膨胀的重要因素。当前 $PbTiO_3$ 的负热膨胀物理机制为铁电热致收缩。在居里温度以上，顺电相的 $PbTiO_3$ 没有自发极化的贡献，表现出晶格非简谐效应引起的正常热膨胀行为；在居里温度以下，$PbTiO_3$ 的热膨胀是自发极化和非谐效应竞争的结果。当铁电自发极化贡献大于声子振动的热膨胀贡献时，体系呈负热膨胀行为；当铁电自发极化贡献小于声子振动的热膨胀贡献时，体系呈现正膨胀行为。

大多数磁性材料磁体积效应较弱，且热膨胀行为主要由声子振动控制。若加热时磁体积效应超过声子对晶格体积的贡献，将发生负热膨胀行为，因瓦合金是典型代表。图 5.39 给出了因瓦合金的热膨胀特性示意图，可以用自发体积磁致伸缩来定量描述磁体积效应对热膨胀的贡献。从图中可以看出，$Fe_{65}Ni_{35}$ 因瓦合金在居里温度以下具有正的磁体积效应，ω_s 的最大值为 $T=0$ 时的 $\omega_{s0}=1.9\times10^{-2}$。$\alpha_m$(T) 在从 0K 到居里温度的区间都是负值，补偿了由晶格热振动引起的热膨胀，造成了因瓦合金中的零热膨胀现象。磁体积效应引起的对负热膨胀/零热膨胀材料的探究在过去的一个多世纪以来一直是材料和物理领域的热点。研究者们采取不同的方法来解释磁体积效应，如早期的局域电子图像 (Heisenberg 模型) 及基于磁学的巡游模式 (Stoner 模型)，但无法完全解释因瓦合金的低热膨胀机制。1963 年，Weiss 提出了广为人知也备受争议的“2γ 态模型”，即 γ-Fe 存在两种不同的磁态，在铁镍合金中，这两种状态之间的能量差是 Ni 浓度的函数，因此在 $Fe_{65}Ni_{35}$ 合金中 $\gamma2$ 态是基态，随着温度升高，小体积 $\gamma1$ 态不断增加，从而导致了晶格膨胀的补偿。随后的研究中，国内外研究者提出了不同的观点，试图揭开因瓦合金的热膨胀机制，但到目前为止，对相关机制仍不完全清楚，有些理论需要进一步完善、验证。随着社会的进步、科研手段的提高，因瓦合金膨胀系数低之谜将被逐步揭开。

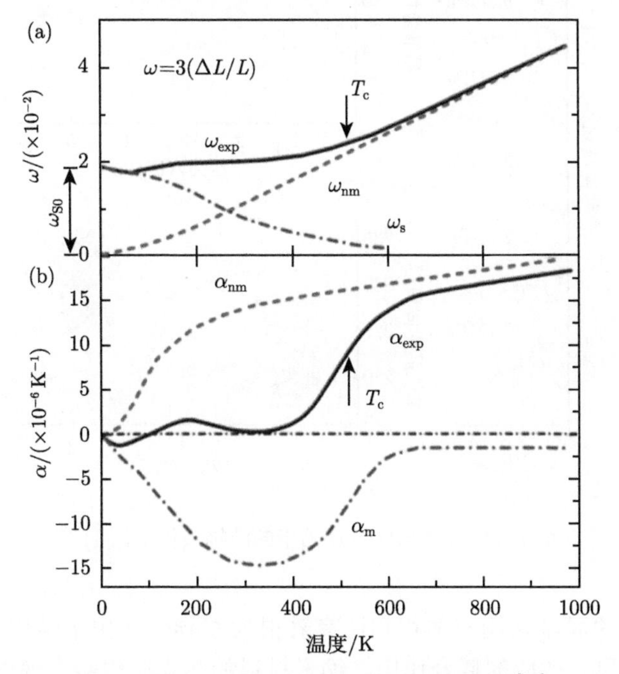

图 5.39 $Fe_{65}Ni_{35}$ 因瓦合金的热膨胀特性 [68]

(a)ω_{exp} 为由实验得到的热膨胀，ω_{nm} 根据 Debye-Gru-Grüneisen 方程拟合得到，ω_s 是自发体积磁致伸缩；(b) 实线表示实验测定热膨胀系数随温度变化示意图，虚线为根据 Grüneisen 函数拟合的处于非磁性状态时的热膨胀系数与温度的关系

$BiNiO_3$ 是与电荷转移相关的负热膨胀材料的典型代表，其热膨胀性能受压力、温度等外界因素的影响较为明显。Azuma 等通过对施加压力的改变发现了

$BiNiO_3$ 中的金属间电荷转移。在常压室温下，$BiNiO_3$ 晶体结构为三斜相，并具有 $Bi^{3+}_{0.5}Bi^{5+}_{0.5}Ni^{2+}O_3$ 的电荷分布，通过中子粉末衍射和 X 射线吸收光谱研究了 $BiNiO_3$ 在不同压力下的价态变化及结构演化 (图 5.40)。通过施加压力能够诱导电荷从 Ni 转移到 Bi，使高压相转变为金属型 $Bi^{3+}Ni^{3+}O_3$。通过拟合数据得出的晶格常数和单位晶胞体积如图 5.40(b)、(c) 所示。结果表明，尽管变化幅度不同，但所有晶格常数在整个转变过程中都会减小，晶胞体积减小了 2.5%。这种变化是由于 Ni^{2+} 在被氧化为较小的 Ni^{3+} 时，Ni—O 钙钛矿骨架的收缩超过了将 Bi^{5+} 还原为 Bi^{3+} 的晶格膨胀，表现出负热膨胀现象。为了研究压力和温度的协同作用对 $BiNiO_3$ 热膨胀性能的影响，Azuma 等通过实验得到了 1.8GPa 压力下 $BiNiO_3$ 的晶格常数和晶胞体积随温度变化的结构演变 (图 5.41)。

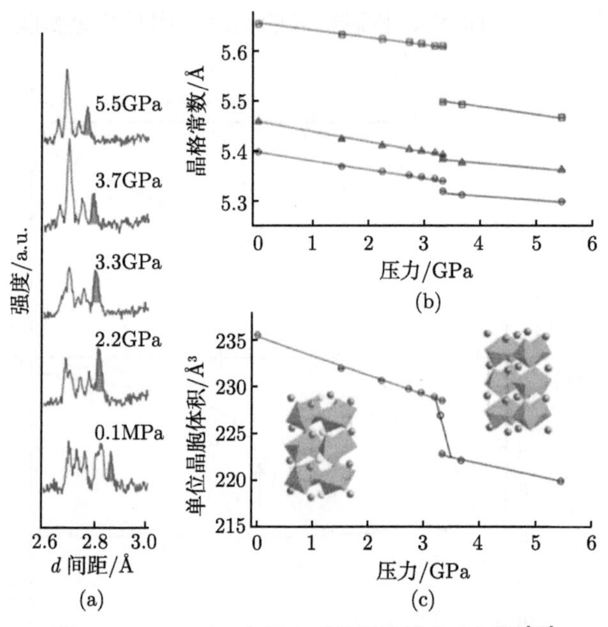

图 5.40　$BiNiO_3$ 在压力下的结构演化 (室温)[68]

纳米材料的局域结构与体相相比有着很大差异。而由于结构–热膨胀的强关联性，以及与尺寸效应的耦合作用，纳米材料的热膨胀也会表现出与体相不同的特性。2002 年，有研究发现在 125K 时 4nm 金颗粒的热膨胀系数由正转为负，这种现象与量子尺寸效应诱导的价电子能级间隙增大有关。在磁性纳米颗粒中，尺寸效应使得磁性发生变化，因此其热膨胀性能也会相应发生变化。例如，当磁性纳米晶 CuO(5nm) 和 MnF_2(10nm) 在温度高于居里温度时为正常的正热膨胀，而当温度低于居里温度时则表现出负热膨胀行为；另外，磁性反钙钛矿 $Mn_3Cu_2Ge_{0.5}N$

可通过降低晶粒尺寸来调节居里温度附近的热膨胀行为，当尺寸减小至 12nm 时可以得到宽温区 ($\Delta T = 218\text{K}$) 零膨胀性能。对于铁电材料而言，晶粒尺寸的减小会引起铁电性削弱，陈骏等在 $PbTiO_3$-$BiFeO_3$ 纳米颗粒中进行了一系列探究，发现随着颗粒尺寸减小，原先块体的负热膨胀转变为零膨胀，最终变为正热膨胀，从而实现了热膨胀性能的可控调节。该热膨胀的转变与尺寸效应引起的铁电性削弱有密切的关联 [75]。

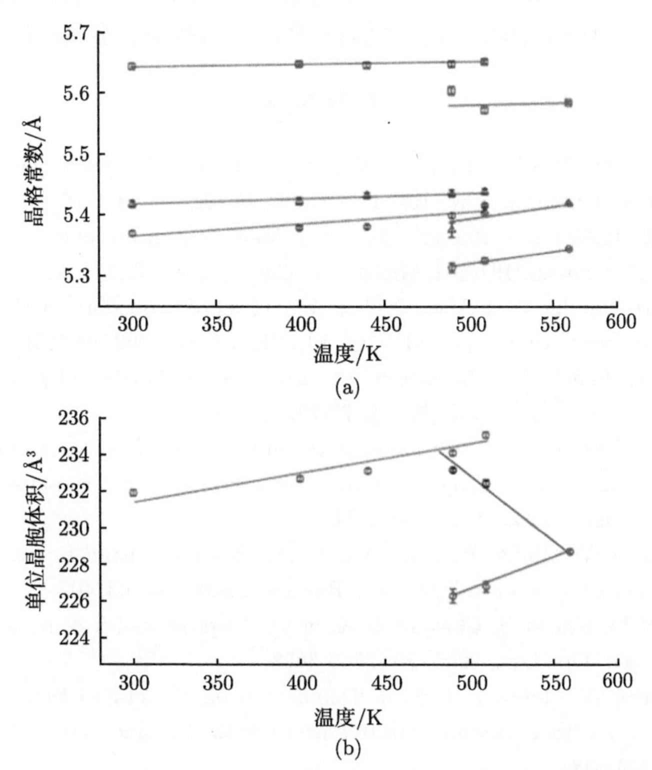

图 5.41 $BiNiO_3$ 在 1.8GPa 恒压下随温度变化的结构演变 [68]

(a) 晶格常数；(b) 单位晶胞体积 (蓝色和红色符号分别为低压和高压室温环境下的数据)

随着高精密技术的发展，负热膨胀材料的研究备受各国物理学家、化学家和材料学家等科研人员重视，负热膨胀材料成了材料科学的一个重要分支学科，并成为材料科学中一大研究热点，因此对负热膨胀材料的研究也越来越深入。负热膨胀材料与一般材料复合而成的低热膨胀材料或零膨胀材料的应用十分广泛，如建筑交通、精密仪器、生物医学等。总体来说，现在所发现的此系列的负热膨胀材料还不多，有些材料的负热膨胀性或者温度范围过窄，处于低温区。对于负热膨胀材料的机制也有待深入研究。例如，目前关于磁性负热膨胀化合物的实验研究主要集中在磁化强度、磁矩、晶格、原子间距和价态电子等方面，磁性转变和声子与磁自旋之间的相互作用密切相关，因此应加强自旋–声子耦合方面的理论研究。因此，如何通过实验手段进一步研究磁性负热膨胀机制是值得深入研究的问题。最后是如何推动负热膨胀材料的进一步工业化应用。为了使负热膨胀化合物得到广泛应用，需要提高负热膨胀金属间化合物的塑性，以及将负热膨胀工作温区调控至高温。高热导率、低热膨胀的电子封装材料需求很大，通过将铜、铝或树脂与负热膨胀金属基材料复合，制备低热膨胀的电子封装材料，但是复合材料的热导率相对较低，因此急需研究高热导率、负热膨胀金属基化合物。

参考文献

[1] Pendry J B, Holden A J, Stewart W J, et al. Extremely low frequency plasmons in metallic mesostructures. Phys Rev Lett, 1996, 76 (25): 4773-4776.

[2] Pendry J B, Holden A J, Robbins D J, et al. Magnetism from conductors and enhanced nonlinear phenomena. IEEE T Microwave Theory, 1999, 47(11): 2075-2084.

[3] Smith D R, Padilla W J, Vier D C, et al. Composite medium with simultaneously negative permeability and permittivity. Phys Rev Lett, 2000, 84 (18): 4184-4187.

[4] Shelby R A, Smith D R, Schultz S. Experimental verification of a negative index of refraction. Science, 2001, 292 (5514): 77-79.

[5] Shalaev V M. Optical negative-index metamaterials. Nat Photonics, 2007, 1: 41-48.

[6] Yen T J, Padilla W J, Fang N, et al. Terahertz magnetic response from artificial materials. Science, 2004, 303: 1494-1496.

[7] Zhang S, Fan W, Minhas B, et al. Midinfrared resonant magnetic nanostructures exhibiting a negative permeability. Phys Rev Lett, 2005, 94: 037402.

[8] Shalaev, V M, Cai W S, Chettiar U K, et al. Negative index of refraction in optical metamaterials. Opt Lett, 2005, 30: 3356-3358.

[9] Zhang S, Fan W, Malloy K J, et al. Demonstration of metal-dielectric negative-index metamaterials with improved performance at optical frequencies. J Opt Soc Am B, 2006, 23: 434-438.

[10] Dolling, G, Enkrich C, Wegener M, et al. Low-loss negative-index metamaterial at telecommunication wavelengths. Opt Lett, 2006, 31, 1800-1802.

[11] Linden S, Enkrich C, Wegener M, et al. Magnetic response of metamaterials at 100 terahertz. Science, 2004, 306(5700): 1351-1353.

[12] Dolling G, Wegener M, Soukoulis C M, et al. Negative-index metamaterial at 780nm wavelength. Opt Lett, 2007, 32(1): 53-55.

[13] Fan K, Strikwerda A C, Tao H, et al. Stand-up magnetic metamaterials at terahertz frequencies. Opt Express, 2011, 19 (13): 12619-12627.

[14] Jahani S, Jacob Z. All-dielectric metamaterials. Nat Nanotechnol, 2016, 11 (1): 23-36.

[15] Zhao Q, Kang L, Du B, et al. Experimental demonstration of isotropic negative permeability in a three-dimensional dielectric composite. Phys Rev Lett, 2008, 101 (2):

027402.

[16] Zywietz U, Evlyukhin A B, Reinhardt C, et al. Laser printing of silicon nanoparticles with resonant optical electric and magnetic responses. Nat commun, 2014, 5: 3402.

[17] Moitra P, Yang Y, Anderson Z, et al. Realization of an all-dielectric zero-index optical metamaterial. Nat Photonics, 2013, 7 (10): 791-795.

[18] 杜云峰, 姜交来, 廖俊生. 超材料的应用及制备技术研究进展. 材料导报, 2016, 30(9): 115-121.

[19] Pendry J B. Negative refraction makes a perfect lens. Phys Rev Lett, 2000, 85 (18): 3966.

[20] Freire M J, Marques R, Jelinek L. Experimental demonstration of a $\mu = -1$ metamaterial lens for magnetic resonance imaging. Appl Phys Lett, 2008, 93 (23): 231108.

[21] Fan W, Yan B, Wang Z, et al. Three-dimensional all-dielectric metamaterial solid immersion lens for subwavelength imaging at visible frequencies. Sci Adv, 2016, 2(8): e1600901.

[22] Pendry J B, Schurig D, Smith D R. Controlling electromagnetic fields. Science, 2006, 312 (5781): 1780-1782.

[23] Schurig D, Mock J, Justice B, et al. Metamaterial electromagnetic cloak atmicrowave frequencies. Science, 2006, 314(5801): 977-980.

[24] Liu R, Ji C, Mock J, et al. Broadband ground-plane cloak. Science, 2009, 323 (5912): 366-369.

[25] Ergin T, Stenger N, Brenner P, et al. Three-dimensional invisibility cloak at optical wavelengths. Science, 2010, 328 (5976): 337-339.

[26] 彭华新, 周济, 崔铁军, 等. 超材料. 北京: 中国铁道出版社有限公司, 2020.

[27] 田源, 葛浩, 卢明辉, 等. 声学超构材料及其物理效应的研究进展. 物理学报, 2019, 68 (19): 194301.

[28] Liu Z Y, Zhang X X, Mao Y W, et al. Locally resonant sonic materials. Science, 2000, 289 (5485): 1734-1736.

[29] Milton G W, Willis J R. On modifications of Newton's second law and linear continuum elastodynamics. P Roy Soc A-Math Phy, 2007, 463 (2079): 855-880.

[30] Yang Z, Mei J, Yang M, et al. Membrane-type acoustic metamaterial with negative dynamic mass. Phys Rev Lett, 2008, 101 (20): 204301.

[31] Fang N, Xi D, Xu J, et al. Ultrasonic metamaterials with negative modulus. Nat Materials, 2006, 5 (6): 452-456.

[32] Lee S H, Park C M, Seo Y M, et al. Acoustic metamaterial with negative modulus. J Phys-condens Mat, 2009, 21 (17): 175704.

[33] Ding Y Q, Liu Z Y, Qiu C W, et al. Metamaterial with simultaneously negative bulk modulus and mass density. Phys Rev Lett, 2007, 99: 093904.

[34] Lee S H, Park C M, Seo Y M, et al. Composite acoustic medium with simultaneously negative density and modulus. Phys Rev Lett, 2010, 104: 054301.

[35] Chen H J, Zeng H C, Ding C L, et al. Double-negative acoustic metamaterial based on hollow steel tube meta-atom. J Appl Phys, 2013, 113: 104902.

[36] Chen H J, Li H, Zhai S L, et al. Ultrasound acoustic metamaterials with double-negative parameters. J Appl Phys, 2016, 119: 204902.

[37] Yang M, Ma G C, Yang Z Y, et al. Coupled membranes with doubly negative mass density and bulk modulus. Phys Rev Lett, 2013, 110: 134301.

[38] Lai Y, Wu Y, Sheng P, et al. Hybrid elastic solids. Nat Mater, 2011, 10: 620.

[39] Zhu R, Liu X N, Hu G K, et al. Negative refraction of elastic waves at the deep-subwavelength scale in a single-phase metamaterial. Nat Commun, 2014 (5): 5510.

[40] Zhang J Y, Hu B, Wang S B. Review and perspective on acoustic metamaterials: From fundamentals to applications. Appl Phys Lett, 2023, 123 (1): 010502.

[41] Liao G X, Luan C C, Wang Z W, et al. Acoustic metamaterials: A review of theories, structures, fabrication approaches, and applications. Adv Mater Technol, 2021, 6: 2000787.

[42] Sanchis L, Garcia-Chocano V M, Llopis-Pontiveros R, et al. Three-dimensional axisymmetric cloak based on the cancellation of acoustic scattering from a sphere. Phys Rev Lett, 2013, 110: 124301.

[43] Kan W, García-Chocano V M, Cervera F, B, et al. Broadband acoustic cloaking within an arbitrary hard cavity. Phys Rev Appl, 2015, 3: 064019.

[44] Jia H, Ke M, Hao R, et al. Subwavelength imaging by a simple planar acoustic superlens. Appl Phys Lett, 2010, 97: 173507.

[45] Peng P, Xiao B, Wu Y, Flat acoustic lens by acoustic grating with curled slits. Phys Lett A, 2014, 378: 3389.

[46] Chen J, Xiao j, Lisevych D, et al. Deep-subwavelength control of acoustic waves in an ultra-compact metasurface lens. Nat Commun, 2018, 9: 4920.

[47] Lu C X, Hsieh M T, Huang Z F, et al. Architectural design and additive manufacturing of mechanical metamaterials: A review. Engineering, 2022, 17: 44-63.

[48] 高玉魁, 负泊松比超材料和结构. 材料工程, 2021, 49(5): 38-47.

[49] 于靖军, 谢岩, 裴旭. 负泊松比超材料研究进展. 机械工程学报, 2018, 54 (13): 1-14.

[50] Lakes R. Foam structures with a negative Poisson's ratio. Science, 1987, 235: 1038-1041.

[51] Caddock B D, Evans K E. Microporous materials with negative Poisson's ratios. I. Microstructure and mechanical properties. J Phys D Appl Phys, 1989, 22(12): 1877-1882.

[52] Evans K E, Caddock B D. Microporous materials with negative Poisson's ratios. II. Mechanisms and interpretation. J Phys D Appl Phys, 1989, 22(12): 1883-1887.

[53] Gibson L J, Ashby M F, Schajer G S, et al. The mechanics of two-dimensional cellular materials. P Roy Soc A-Math Phy, 1982, 382 (1782): 25.

[54] Liu Y P, Hu L. A review on auxetic structures and polymeric materials. Sci Res Essays, 2010, 5 (10): 1052-1063.

[55] Grima J N, Gatt R, Alderson A, et al. On the auxetic properties of rotating rectangles' with different connectivity. J Phys Soc Jpn, 2005, 74: 2866-2867

[56] Prall D, Lakes R S, Properties of a chiral honeycomb with a Poisson's ratio of −1. Int J Mech Sci, 1997, 39 (3): 305-314.

[57] Miller W, Hook P B, Smith C W, et al. The manufacture and characterisation of a novel, low modulus, negative Poisson's ratio composite. Compos Sci Technol, 2009, 69: 651-655.

[58] Yu X, Zhou J, Liang H, et al. Mechanical metamaterials associated with stifiness, rigidity and compressibility: A brief review. Prog Mater Sci, 2018, 94: 114-173.

[59] Schenk M, Guest S D. Geometry of Miura-folded metamaterials. Proc Natl Acad Sci, 2013, 110 (9): 3276-3281.

[60] 姚宇. 负泊松比材料的仿晶设计与变形机理研究. 合肥: 中国科学技术大学, 2021.

[61] Haines J, Chateau C, Léger J M, et al. Collapsing cristobalite like structures in silica analogues at high pressure. Phys Rev Lett, 2003, 91: 015503.

[62] McCann D R, Cartz L, Schmunk R E, et al. Compressibility of hexagonal selenium by X-ray and neutron diffraction. J Appl Phys, 1972, 43(4): 1432-1436.

[63] Cairns A B, Thompson A L, Tucker M G, et al. Rational design of materials with extreme negative compressibility: Selective soft-mode frustration in $KMn[Ag(CN)z]_3$. J Am Chem Soc, 2012, 134 (10): 4454-4456.

[64] Grima J N, Caruana-Gauci R, Attard D, et al. Three-dimensional cellular structures with negative Poisson's ratio and negative compressibility properties. Proc Math Phys Eng Sci, 2012,468(2146): 3121-3138.

[65] Dudek K K, Attard D, Caruana-Gauci R, et al. Unimode metamaterials exhibiting negative linear compressibility and negative thermal expansion. Smart Mater and Struct, 2016, 25 (2): 025009.

[66] Hewage T A M, Alderson K L, Alderson A, et al. Double-negative mechanical metamaterials displaying simultaneous negative stifiness and negative Poisson's ratio properties. Adv Mater, 2016, 28 (46): 10323-10332.

[67] Jia Z, Wang L. Instability-triggered triply negative mechanical metamaterial. Phys Rev Appl, 2019, 12(2): 024040.

[68] Chen J, Hu L, Deng J, et al. Negative thermal expansion in functional materials: controllable thermal expansion by chemical modifications. Chem Soc Rev, 2015, 44 (11): 3522-3567.

[69] 孙秀娟. 化学法制备负热膨胀性 ZrW_2O_8 粉体及薄膜. 镇江: 江苏大学, 2009.

[70] Evans J. Negative thermal expansion materials. J Chem Soc Dalton Trans, 1999, 3317-3326.

[71] Mary T A, Evans J S O, Vogt T, et al. Negative thermal expansion from 0.3 to 1050 Kelvin in ZrW_2O_8. Science, 1996, 272 (5258): 90-92.

[72] Liang E, Sun Q, Yuan H, et al. Negative thermal expansion: Mechanisms and materials. Front Phys, 2021, 16 (5): 53302.

[73] Li Q, Lin K, Liu Z, et al. Chemical diversity for tailoring negative thermal expansion. Chem Rev, 2022, 122 (9): 8438-8486.
[74] 杨涛. 钙钛矿化合物负热膨胀增强与调控. 北京: 北京科技大学, 2021.
[75] Chen J, Fan L, Ren Y, et al. Unusual transformation from strong negative to positive thermal expansion in $PbTiO_3$-$BiFeO_3$ perovskite. Phys Rev Lett, 2013, 110: 115901.

索　引

S

T

X

Y

Z